Access 2021
数据库应用技术
上机实训与专项习题

李向群 高娟 赵玉钧 ◎ 主编

王娟 王新 袁力 ◎ 副主编

清華大学出版社

北 京

内容简介

本书是《Access 2021 数据库应用技术》的配套实验教材，内容包括上机实训和专项习题两部分。上机实训由实验验证和实验设计组成，在实验验证中，每个题目都有详细的操作步骤，读者可以按照提示步骤逐步掌握各章的操作重点和难点，从而在实验设计中独立完成针对特定知识点的实训任务。专项习题部分包括章节理论习题、综合理论习题和综合实践习题三类，难度循序渐进。本书是学习 Access 2021 和通过全国计算机等级考试必备的学习用书。

本书适合作为本科院校、专科院校和各类社会培训机构数据库课程的实验教材，也可供爱好 Access 数据库开发的读者自学参考。

图书在版编目(CIP)数据

Access 2021 数据库应用技术上机实训与专项习题 / 李向群，高娟，赵玉钧主编. -- 北京：清华大学出版社，2024. 7. -- ISBN 978-7-302-66684-4

Ⅰ. TP311.132.3

中国国家版本馆 CIP 数据核字第 2024LL2076 号

责任编辑：刘向威　李薇濛
封面设计：文　静
责任校对：李建庄
责任印制：曹婉颖

出版发行：清华大学出版社
网　　址：https://www.tup.com.cn，https://www.wqxuetang.com
地　　址：北京清华大学学研大厦 A 座　　**邮　　编**：100084
社 总 机：010-83470000　　**邮　　购**：010-62786544
投稿与读者服务：010-62776969，c-service@tup.tsinghua.edu.cn
质量反馈：010-62772015，zhiliang@tup.tsinghua.edu.cn
印 装 者：北京嘉实印刷有限公司
经　　销：全国新华书店
开　　本：185mm×260mm　　**印　　张**：17　　**字　　数**：414 千字
版　　次：2024 年 7 月第 1 版　　**印　　次**：2024 年 7 月第1次印刷
印　　数：1～1500
定　　价：49.00 元

产品编号：095319-01

前言 Preface

在人工智能和大数据技术突飞猛进的时代背景下，数据库技术已成为各行各业决策与发展所必须掌握的主流技术。Access作为一个小型关系数据库管理系统，简单易学，可以轻松开发出功能丰富的小型数据库应用系统。编者根据教育部关于高等学校非计算机专业的大学计算机教学的基本要求，结合全国计算机等级考试二级Access数据库程序设计最新版的大纲要求，编写了本书。

本书内容包括上机实训和专项习题两部分。上机实训部分共9章，读者可以按照实验验证的操作步骤完成实验，巩固各章知识点，并在实验设计中动手实践。专项习题分为章节理论习题、综合理论习题和综合实践习题，力求知识点全覆盖，难易度适中，为掌握Access 2021应用技术和通过全国计算机等级考试助力。本书是主教材《Access 2021数据库应用技术》（李向群等主编，清华大学出版社出版）的配套实验教材，书中的实验和习题答案都在Microsoft Office Access 2021环境下运行通过。

参与本书编写工作的都是从事数据库一线教学工作多年的教师，有丰富的教学经验和项目开发经历，分别于2013年、2014年出版《Access数据库应用技术实验指导与习题》、《Access数据库应用技术实验指导与习题》（第2版），本书采用的Access 2021版本就是在前期工作的基础上升级软件版本完成的。上机实训部分的编写工作主要由李向群和高娟完成，其中李向群负责第1～3、5章，高娟负责第4、6～9章，赵玉钧、王新和袁力共同负责专项习题部分的编写工作，李向群、高娟和王娟共同负责本书的统稿和审校工作。

虽然作者对本书的内容精心审校，力求精益求精，但也难免存在疏漏之处，恳请同行和广大读者批评指正。

编　者

2024年4月

目录

第一部分 上机实训

第二部分　专项习题

第一部分

上 机 实 训

第1章 Access 2021系统概述

本章内容主要包括 Access 2021 启动和退出的常用方法。要求熟悉 Access 2021 的启动界面和用户界面的组成，熟练掌握在 Access 2021 中创建数据库的方法，了解 Access 2021 帮助系统的使用。请根据实验验证题目的要求和步骤完成实验的验证内容，本章没有实验设计任务。

实验验证

【实验验证 1】 启动 Access 2021。

可以使用多种方法启动 Access 2021,常用的两种方法如下:

(1) 从“开始”菜单启动 Access 2021。在 Windows 10 操作系统下,选择“开始”→“所有程序”→Access 命令,打开 Access 2021 的启动界面。

(2) 双击数据库文件启动 Access 2021。如果有已经存在的数据库文件,双击数据库文件,就可以打开 Access 2021 的用户界面。

【实验验证 2】 退出 Access 2021。

可以使用多种方法退出 Access 2021,常用的两种方法如下:

(1) 使用窗口中的“关闭”按钮。单击 Access 2021 用户界面右上角的“关闭”按钮×。

(2) 使用快捷菜单。右击 Access 主窗口的标题栏,在弹出的快捷菜单中选择“关闭”命令。

【实验验证 3】 熟悉 Access 2021 启动界面的组成。

操作步骤如下:

(1) 启动 Access 2021 后,即打开新建数据库的启动窗口,如图 1-1 所示。

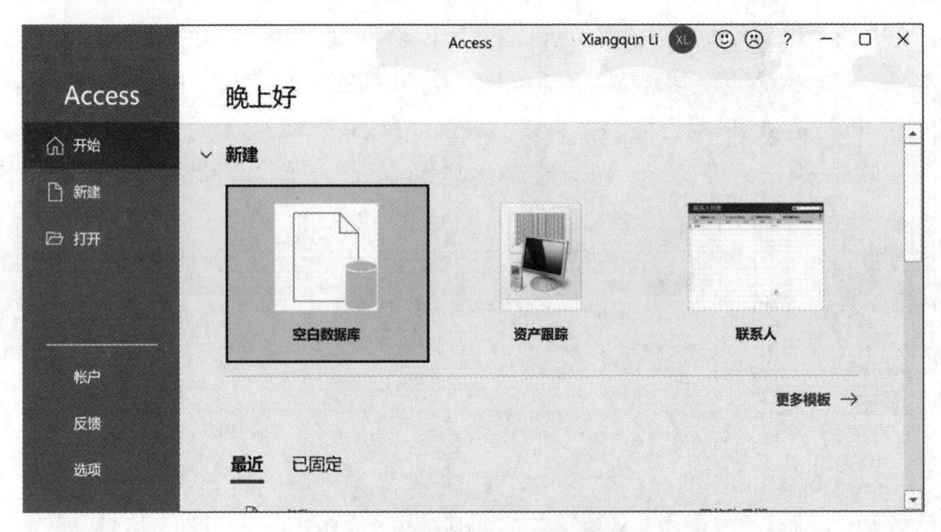

图 1-1 新建数据库的启动窗口

(2) 单击“新建”选项卡下方的“空白数据库”按钮,打开修改空白数据库文件名和路径的对话框,如图 1-2 所示。

(3) 默认的数据库文件名为 Database1.accdb,可以根据需要修改文件名。

(4) 数据库文件的默认保存路径在 C:盘下,把鼠标移动到修改文件名文本框右侧的按钮上方,可以看到该按钮的功能提示信息,即“浏览到某个位置来存放数据库”。单击该按钮,用户可以同时修改文件名和路径信息。

(5) 单击“创建”按钮,完成空白数据库的创建并打开 Access 的主界面。

(6) 在打开的 Access 主界面上观察标题栏和“文件”“开始”“创建”“外部数据”“数据库

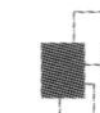

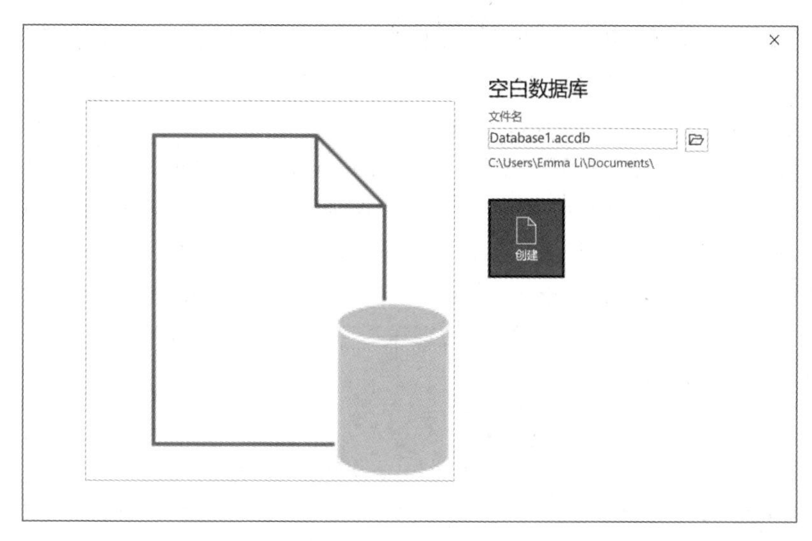

图 1-2 修改数据库文件名和路径的对话框

工具"等选项卡的组成和常用功能。

【实验验证 4】 自定义功能区。

实验步骤如下：

(1) 打开"自定义功能区"窗格。单击功能区"文件"选项卡中的"选项"按钮，打开"Access 选项"对话框，如图 1-3 所示，单击对话框左侧窗格中的"自定义功能区"选项，打开"自定义功能区"窗格。

图 1-3 "Access 选项"对话框

（2）新建选项卡和新建组。单击图 1-3 中右侧下方的“新建选项卡”按钮，“主选项卡”列表框的最下方添加了“新建选项卡”和“新建组”两个选项，如图 1-4 所示。

（3）为选项卡和组命名。如图 1-4 所示，选中“主选项卡”列表框中的“新建选项卡”，单击“重命名”按钮，打开“重命名”对话框，在对话框中输入“我定义的选项卡”，单击“确定”按钮。选中“主选项卡”列表框中的“新建组”，单击“重命名”按钮，打开“重命名”对话框，在对话框中输入“我定义的常用工具”，并选择一个图标，单击“确定”按钮。“Access 选项”对话框会关闭，回到 Access 主界面。再次单击 Access 主界面上“文件”选项卡中的“选项”按钮，打开“Access 选项”对话框，可以看到“主选项卡”下方修改名称后的选项卡和组，如图 1-5 所示。

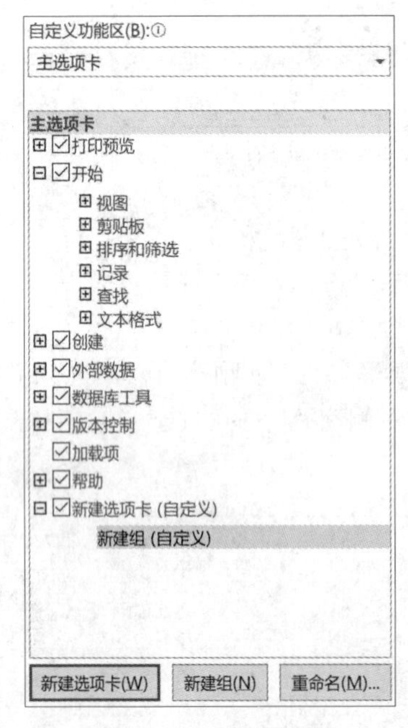

图 1-4 主选项卡

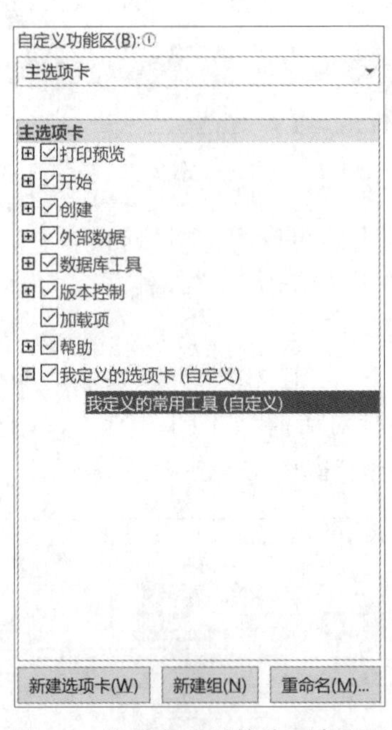

图 1-5 修改名称后的选项卡和组

（4）添加新命令到自定义选项卡的组中。单击“我定义的常用工具”，在如图 1-3 所示的对话框左上角的“从下列位置选择命令”下方的下拉列表框中选择“不在功能区中的命令”，在其下方的列表框中单击需要添加的命令，如“查找下一处”，单击“添加”按钮，可以将其添加到“我定义的选项卡”的“我定义的常用工具”组中。通过同样的操作可以添加“撤销”和“新建字段”两个命令到“我定义的常用工具”组中。

（5）完成自定义功能区。单击如图 1-3 所示的“Access 选项”对话框中的“确定”按钮，完成自定义功能区。返回 Access 主界面，可以看到在功能区中多了一个“我定义的选项卡”选项卡，并且在“我定义的常用工具”里有三个新增的命令，如图 1-6 所示。

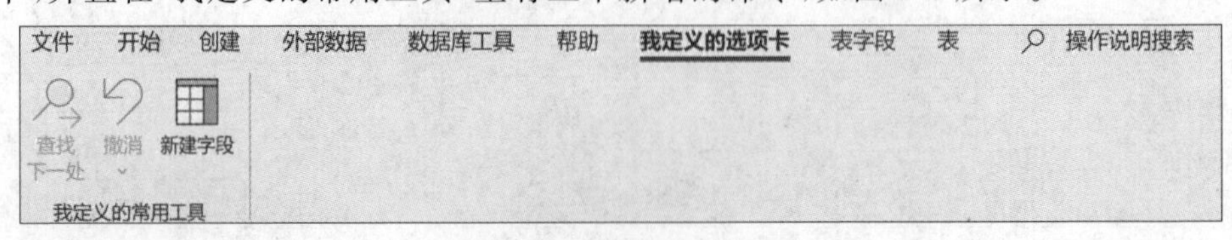

图 1-6 完成的自定义功能区

【实验验证 5】 自定义快速访问工具栏。

实验提示：单击功能区“文件”选项卡的“选项”命令按钮，打开“Access 选项”对话框，如图 1-3 所示，单击对话框左侧窗格中的“快速访问工具栏”选项，打开“自定义快速访问工具栏”窗格，根据用户需要添加或者删除命令即可。

【实验验证 6】 在 Access 2021 中创建一个名为“教学管理系统”的数据库，并将其存放在 D:盘(或其他目录下)的“Access2021 实验素材\第 1 章”文件夹中。

实验步骤如下：

(1) 打开启动界面。启动 Access 2021，在启动界面，系统默认新建“空白数据库”。

(2) 单击“空白数据库”按钮，即打开修改空白数据库文件名和路径的对话框，如图 1-2 所示。

(3) 参考实验验证 3 中的操作步骤，按照题目的要求修改新建数据库的文件名和路径，如图 1-7 所示。

(4) 完成数据库的建立。单击图 1-7 中的“创建”按钮，Access 2021 在“D:\Access2021 实验素材\第 1 章”文件夹下创建一个名为“教学管理系统”的数据库，并在数据库中自动创建一个名为“表 1”的数据表。

【实验验证 7】 使用 Access 2021 帮助系统中的“搜索”功能，搜索关于“查询”的帮助信息。

实验步骤如下：

(1) 打开 Access 主界面。启动 Access 2021，打开 Access 2021 的主界面。

(2) 显示“Access 帮助”窗格。在 Access 2021 的主界面中，单击“帮助”选项卡中的“帮助”命令，则会在主界面的右侧显示“帮助”窗格，如图 1-8 所示。单击下方列表中的“查询”项，Access 2021 的帮助系统会提供大量有关查询的内容，用户可以直接选择相应内容或者在搜索框中输入需要查询的帮助信息。

图 1-7　定义新建数据库的文件名和路径

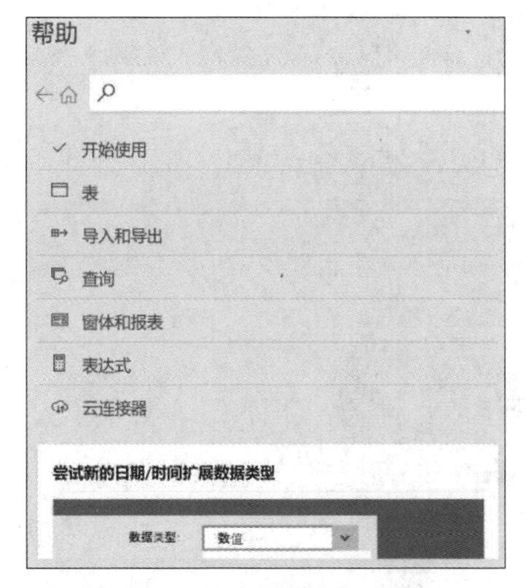

图 1-8　Access 2021 的帮助系统

第2章 表的建立和操作

本章要求读者熟练掌握表结构的建立、字段属性的设置、向表中输入数据的方法以及表记录的相关操作、表间关系的建立和参照完整性规则的实施，掌握表的复制、重命名和删除，表的格式化、查找与替换数据、记录的筛选和排序。请根据题目的要求和步骤完成实验验证与实验设计任务。

实验说明

(1) 第 2 章～第 8 章的实验均使用已经创建好的教学管理系统数据库，各章所使用的数据库都存放于“Access2021 实验素材”中对应的章节目录下。

(2) 上机实验时，先把“Access2021 实验素材.rar”解压到 D:盘(或其他目录下)，然后打开对应的章节目录，双击其中的“教学管理系统.accdb”，即可打开数据库进行操作。

(3) 为了便于读者使用，在此将教学管理系统中所使用的表结构一并给出，如表 2-1～表 2-6 所示。

表 2-1 学院表结构

字段名	类型	字段大小	说明
学院编号	短文本	2	主键
学院名称	短文本	10	

表 2-2 教师表结构

字段名	类型	字段大小	说明
工号	短文本	6	主键
姓名	短文本	12	
性别	短文本	1	
出生日期	日期/时间		
工作日期	日期/时间		
学历	短文本	2	
职称	短文本	3	
工资	货币		
照片	OLE 对象		
学院编号	短文本	2	

表 2-3 学生表结构

字段名	类型	字段大小	说明
学号	短文本	8	主键
姓名	短文本	12	
性别	短文本	1	
出生日期	日期/时间		
党员否	是/否		
省份	短文本	3	

续表

字 段 名	类 型	字段大小	说 明
民族	短文本	5	
班级	短文本	20	
照片	OLE对象		
学院编号	短文本	2	

表 2-4 课程表结构

字 段 名	类 型	字段大小	说 明
课程编号	短文本	4	主键
课程名称	短文本	20	
课程性质	短文本	5	
学时	数字	字节	
学分	数字	字节	
学期	短文本	1	
学院编号	短文本	2	

表 2-5 选课表结构

字 段 名	类 型	字段大小	说 明
学号	短文本	8	组合主键
课程编号	短文本	4	组合主键
成绩	数字	字节	

表 2-6 授课表结构

字 段 名	类 型	字段大小	说 明
工号	短文本	6	组合主键
课程编号	短文本	4	组合主键

一、实验验证

在教学管理系统数据库中已经创建了6个表，分别为学院、教师、学生、课程、选课和授课，请在此数据库的基础上完成以下实验验证内容。

【实验验证1】 根据“表2-2教师表结构”创建表名称为“教师2”的表结构，并输入2条记录。

操作步骤如下：

(1) 打开表设计视图。在路径“D:\Access2021实验素材\第2章”文件夹中找到“教学管理系统.accdb”文件，双击打开教学管理系统数据库，选择“创建”选项卡，单击“表格”组中的“表设计”按钮，打开表设计视图，其表名默认为“表 1”。

(2) 建立“教师 2”表结构。表设计视图分上下两个部分，上半部分是字段输入区，下半部分是字段属性区。参照表 2-2，在字段输入区的“字段名称”栏输入字段名，在“数据类型”栏选择合适的数据类型，在“常规”选项卡中设置字段大小，设置效果如图 2-1 所示。

表1

字段名称	数据类型	说明(可选)
工号	短文本	
姓名	短文本	
性别	短文本	
出生日期	日期/时间	
工作日期	日期/时间	
学历	短文本	
职称	短文本	
工资	货币	
照片	OLE 对象	
学院编号	短文本	

字段属性

常规 查阅

字段大小	2
格式	
输入掩码	

图 2-1 建立表结构

(3) 保存表结构。执行“文件”选项卡中的“保存”命令，弹出“另存为”对话框，修改表名称为“教师 2”，如图 2-2 所示，单击“确定”按钮完成表结构的保存。

图 2-2 保存表结构

(4) 输入表记录。单击“表设计”选项卡中“视图”组中的“数据表视图”，将“教师 2”由表结构的设计状态转换为表记录的输入状态，按照各个字段的数据类型和字段长度的要求输入记录内容。

【实验验证 2】 为“教师 2”表中的职称字段设置查阅属性，实现从下拉列表框中选择教师的职称。

操作步骤如下：

(1) 打开“教师 2”的表设计视图。

(2) 设置字段的查阅属性。单击职称字段，在“查阅”属性选项卡的“显示控件”下拉列表框中选择“组合框”选项，将行来源类型设置为“值列表”，行来源设置为“教授;副教授;讲师;助教”，设置效果如图 2-3 所示。

(3) 保存并查看效果。单击快速访问工具栏上的“保存”按钮，保存所做的设置，然后切换到数据表视图，单击职称字段下的单元格，出现下拉按钮，单击即可从下拉列表框中选择教师的职称。

【实验验证 3】 为“教师 2”表中的学历字段设置默认值为博士。

操作步骤如下：

(1) 打开“教师 2”的表设计视图。

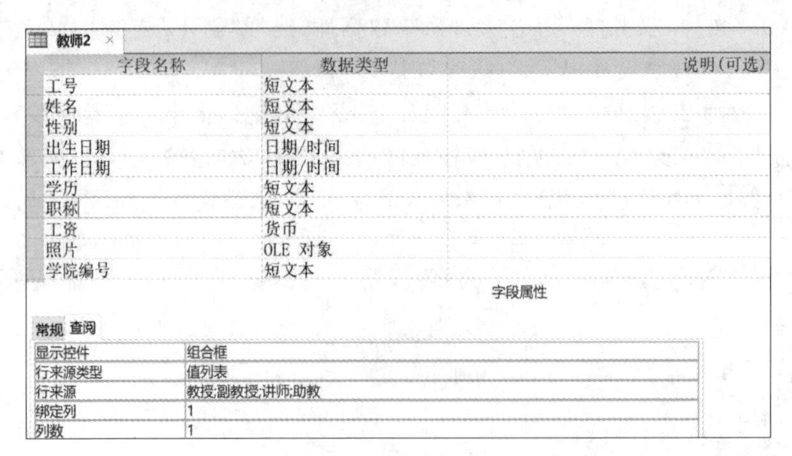

图 2-3　设置查阅属性

(2) 设置字段的默认值。单击学历字段，在“常规”属性选项卡中单击“默认值”属性框，在右侧的文本框中输入“博士”。

(3) 保存。单击快速访问工具栏上的“保存”按钮对设置进行保存，切换至数据表视图，最末行的“添加新记录”行中“学历”列出现字符“博士”，即设置了学历的默认值为博士。

【实验验证 4】 为“教师 2”表的工作日期字段设置输入掩码为短日期(中文)格式。

操作步骤如下：

(1) 打开表设计视图。打开教学管理系统数据库，在导航窗格中右击“教师 2”表，在弹出的快捷菜单中选择“设计视图”，打开该表的设计视图。

(2) 设置字段的格式。单击工作日期字段，在“常规”属性选项卡中单击“输入掩码”属性框右侧的下拉框，打开“输入掩码向导”对话框，如图 2-4 所示，选择“短日期(中文)”格式选项，单击“下一步”按钮，确定是否更改掩码；再次单击“下一步”按钮，然后单击“完成”按钮，即可实现掩码的设置，如图 2-5 所示。

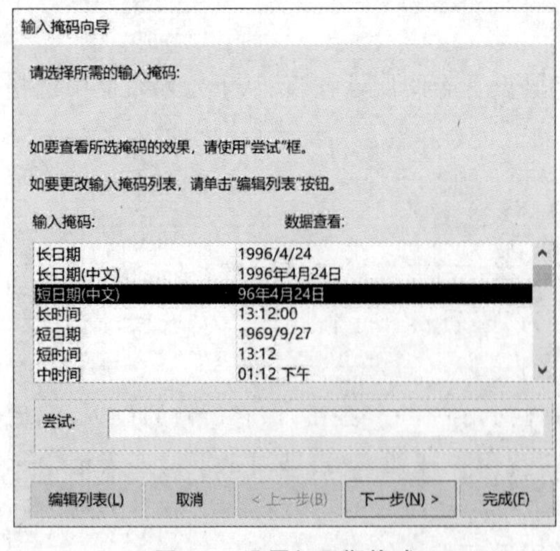

图 2-4　设置短日期格式

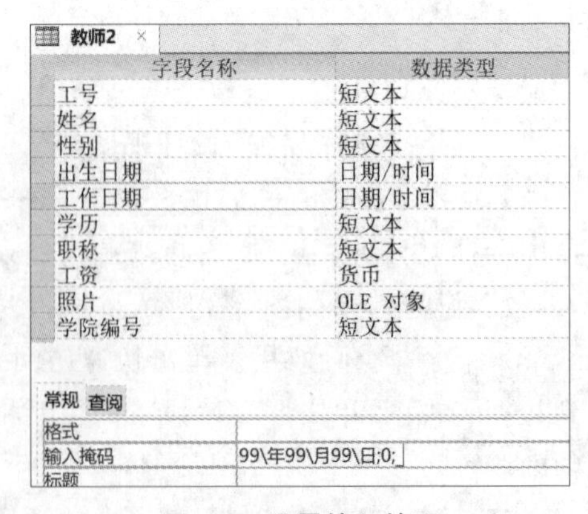

图 2-5　设置输入掩码

(3) 保存。单击快速访问工具栏的“保存”按钮，保存所做的设置。

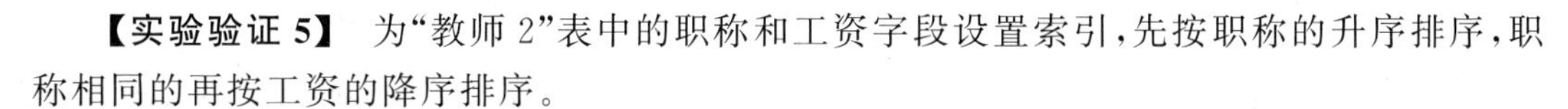

【实验验证 5】 为"教师 2"表中的职称和工资字段设置索引，先按职称的升序排序，职称相同的再按工资的降序排序。

操作步骤如下：

（1）打开表设计视图。

（2）设置基于多个字段的索引。在"表设计"选项卡中的"显示/隐藏"组中单击"索引"，打开索引对话框。设置索引名称为"职称＋工资"，职称字段的排序次序设置为升序，工资字段的排序次序设置为降序，如图 2-6 所示。

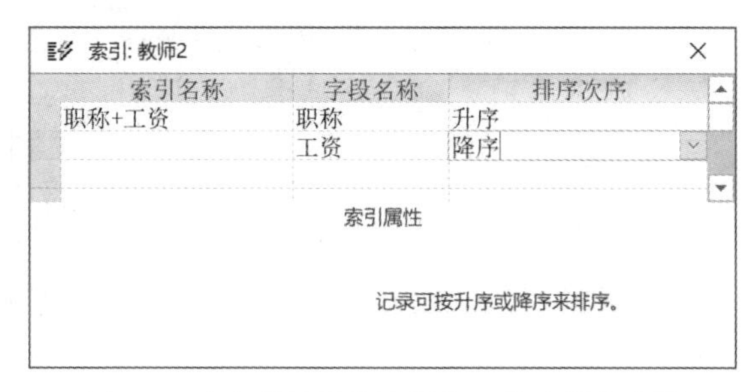

图 2-6　建立基于职称字段和工资字段的索引

（3）保存。单击快速访问工具栏上的"保存"按钮，保存所做的设置。如果表中已经输入了表记录，切换至数据表视图时，表中记录将先按照职称字段值的升序排列，职称相同的记录再按照工资的降序排列。

【实验验证 6】 为选课表中的成绩字段设置验证规则和验证文本，要求成绩必须介于 0 和 100 分之间，自定义验证文本。

操作步骤如下：

（1）打开选课表的设计视图。

（2）设置验证规则和验证文本。单击成绩字段，在"常规"属性选项卡的"验证规则"文本框输入">=0 And <=100"，在"验证文本"文本框中输入"成绩要介于 0 与 100 之间"，如图 2-7 所示。

常规　查阅

字段大小	字节
格式	常规数字
小数位数	自动
输入掩码	
标题	
默认值	
验证规则	>=0 And <=100
验证文本	成绩要介于0与100之间
必需	否
索引	无
文本对齐	常规

图 2-7　设置成绩字段的验证规则和验证文本

（3）保存并输入数据验证。单击快速访问工具栏上的"保存"按钮对设置进行保存，然后单击"视图"按钮，打开数据表视图，修改第一条记录的成绩为 101，按 Enter 键，则弹出如图 2-8 所示的对话框，提示用户输入的成绩无效，需要重新输入一个在合法范围内的成绩；单击"确定"按钮，返回数据表视图重新

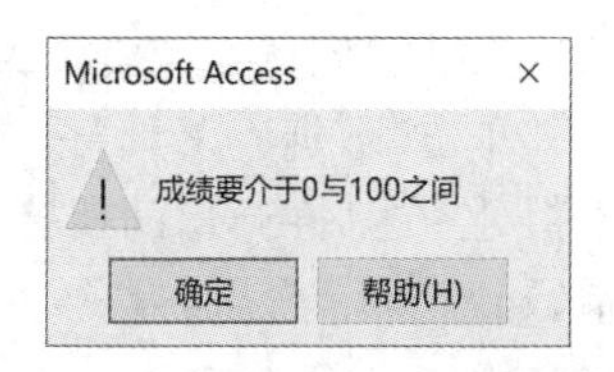

图 2-8　"验证文本"提示信息

输入。

【实验验证 7】 表关系的建立。分别为表 2-1～表 2-6 设置主键，进而分析并建立所有表之间的关系。

实验分析：教学管理系统的 E-R 图如图 2-9 所示，根据分析，学生表中学号是主键，教师表中工号是主键，学院表中学院编号是主键，课程表中课程编号是主键，选课表中以学号和课程编号为组合主键，授课表中以工号和课程编号为组合主键。

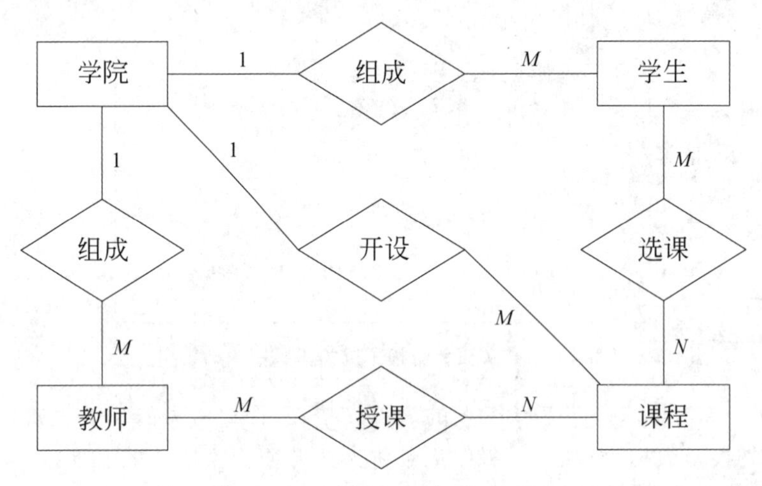

图 2-9 教学管理系统的 E-R 图

操作步骤如下：

(1) 打开表设计视图。首先以学生表为例，为学生表建立主键，打开学生表的表设计视图。

(2) 设置主键。选择要设置主键的学号字段，单击“表设计”选项卡中“工具”组的“主键”按钮，学号字段前即出现一个钥匙图标，如图 2-10 所示，表明学号是学生表的主键。此时，学号字段的索引属性自动设置为“有(无重复)”。

使用同样的方法，为教师表设置工号为主键，为学院表设置学院编号为主键，为课程表设置课程编号为主键。

(3) 组合主键的设置。选课表中以学号和课程编号为组合主键，授课表中以工号和课程编号为组合主键。设置的方法以选课表为例，在表设计视图下，将鼠标移动至学号左侧灰色选择区域，按住鼠标左键向下拖动直至同时选中学号和课程编号两个字段，单击“表设计”选项卡中“工具”组的“主键”按钮，学号和课程编号两个字段的左侧均出现一个钥匙图标，即完成了组合主键的设置，如图 2-11 所示。

(4) 建立所有表之间的关系。在建立表之间的关系之前，首先要确保关闭了所有正在打开的表，否则在建立关系的过程中，系统会给出警告对话框，如图 2-12 所示(假设选课表处于设计视图状态或者数据表视图状态)。

单击“数据库工具”选项卡中“关系”组中的“关系”按钮，打开关系编辑窗口，在工作区的空白处右击，在弹出的快捷菜单中选择“显示表”命令，则在窗口的右侧出现“添加表”对话框，如图 2-13 所示。按住 Ctrl 键，依次选择需要添加的表，单击下方的“添加所选表”，则所选的表显示在关系窗口的工作界面中。

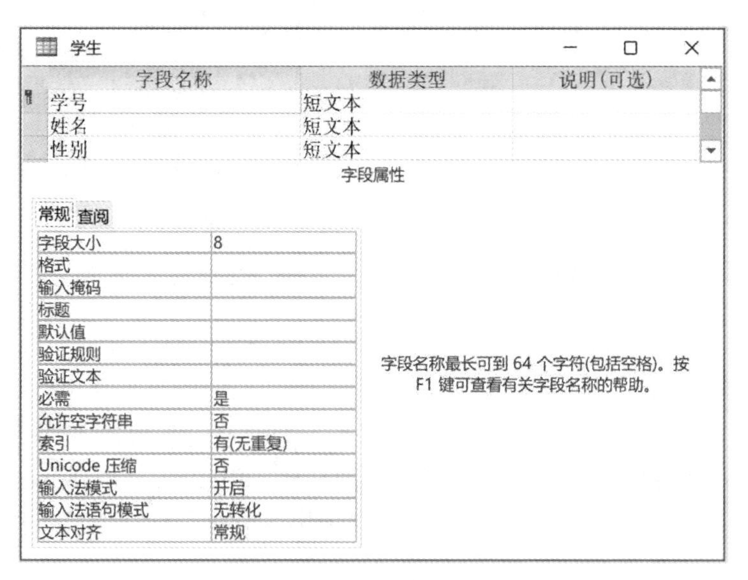

图 2-10　为学生表设置主键

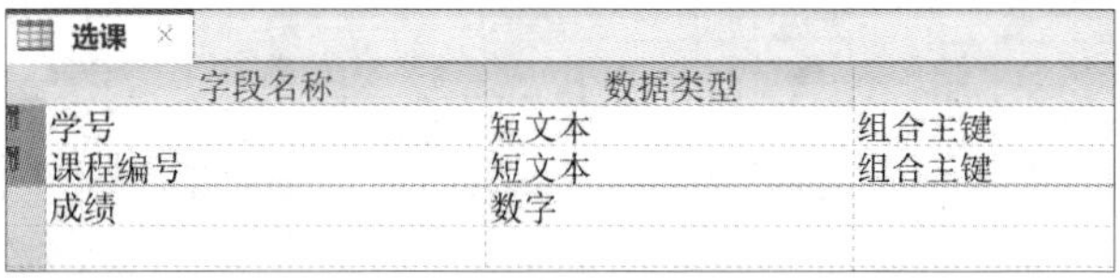

选课

字段名称	数据类型	
学号	短文本	组合主键
课程编号	短文本	组合主键
成绩	数字	

图 2-11　为选课表设置组合主键

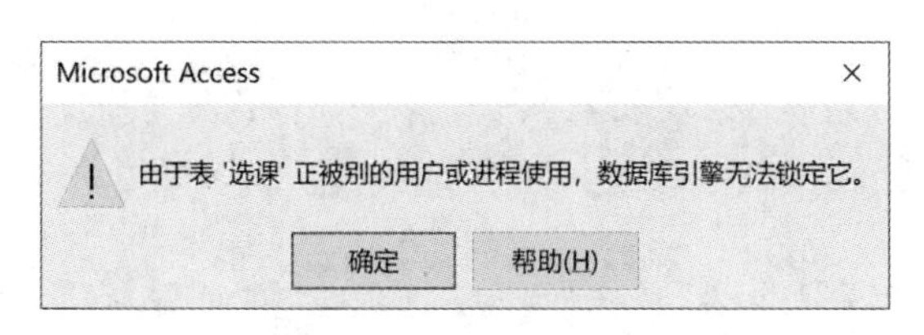

图 2-12　系统警告对话框

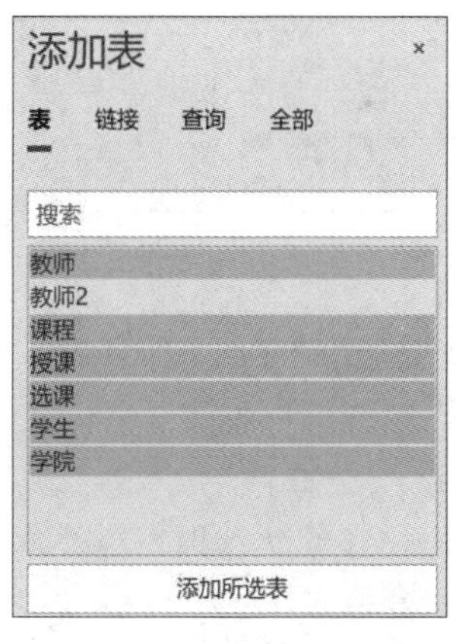

图 2-13　“添加表”对话框

建立表间的关系。使用鼠标左键拖动各表到合适的位置，然后根据前面的分析，选定学院表的学院编号字段，按住鼠标左键将其拖动到学生表的学院编号字段上。松开鼠标左键，弹出“编辑关系”对话框，如图 2-14 所示。选中“实施参照完整性”复选框，“级联更新相关字段”和“级联删除相关记录”复选框都变成可选的状态。分别选中“级联更新相关字段”复选框和“级联删除相关记录”复选框，单击“创建”按钮，返回“关系”窗口。此时，在学院表和学生表之间产生了一条连线，在连线的两端分别出现 1 和∞两个字符，表明建立了两个表之间的一对多关系。

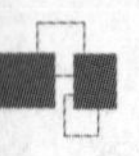

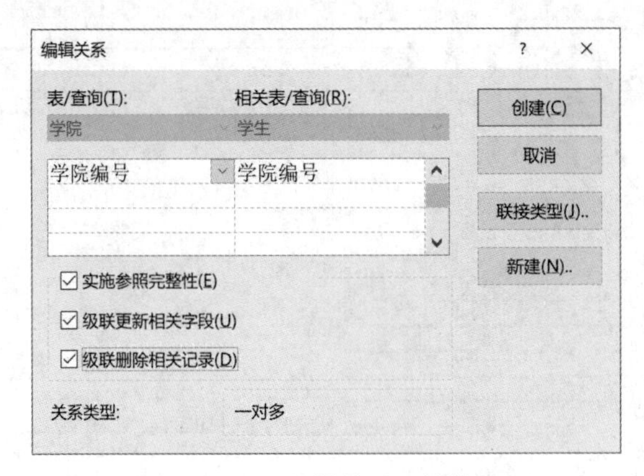

图 2-14 “编辑关系”对话框

采用同样的方法依次建立其他几个表之间的关系，如图 2-15 所示。单击“关系”窗口的“关闭”按钮，弹出对话框询问是否保存对“关系”布局的更改。单击“是”按钮，保存建立的关系。

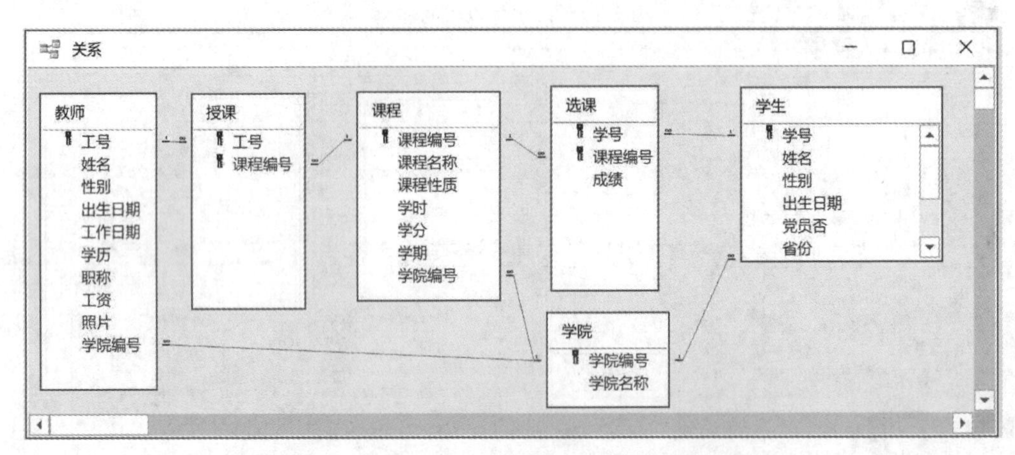

图 2-15 “教学管理系统”数据库各表之间的关系

【实验验证 8】 表的复制。复制学生表和选课表到当前数据库中，表名分别为“学生 2”和“选课 2”。

操作步骤如下：

(1) 打开教学管理系统数据库。

(2) 复制学生表。在导航窗格中选择学生表，单击“开始”选项卡中“剪贴板”组的“复制”按钮，再单击“剪贴板”组的“粘贴”按钮，弹出“粘贴表方式”对话框。在“表名称”文本框中输入表名称“学生 2”，粘贴选项默认为“结构和数据”，如图 2-16 所示，单击“确定”按钮，导航窗格中出现“学生 2”表。按照同样的方法可复制出“选课 2”表并自动添加到当前数据库中，添加两张复制的表后的当前数据库如图 2-17 所示。

【实验验证 9】 级联删除。建立“学生 2”表和“选课 2”表之间的关系，之后从“学生 2”表中删除学号为 10010001 的学生的记录，要求在删除这个学生的记录之后，“选课 2”表中可以自动删除这名学生的所有相关记录。

操作步骤如下：

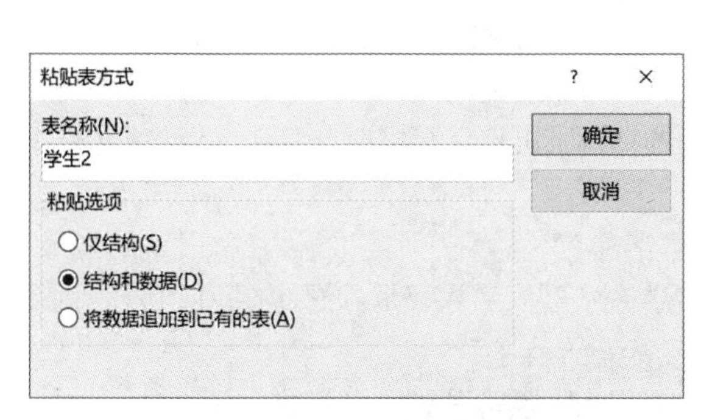

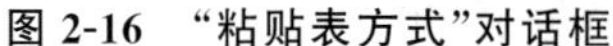
图 2-16 “粘贴表方式”对话框

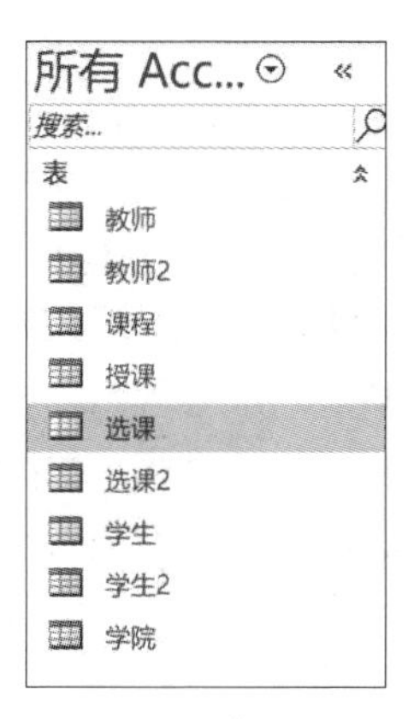

图 2-17 当前数据库

(1) 关系的建立可以参考实验验证 7 中的操作步骤，打开关系编辑窗口，添加“学生 2”表和“选课 2”表到关系窗口，用鼠标拖动“选课 2”表中的学号到“学生 2”表中的学号，系统弹出“编辑关系”对话框，分别选中“实施参照完整性”“级联更新相关字段”“级联删除相关记录”复选框，如图 2-18 所示，单击“创建”按钮，返回“关系”窗口。此时，在两张表之间产生了一条连线，连线的两端分别出现 1 和∞两个字符，表明建立了两个表之间的一对多关系。

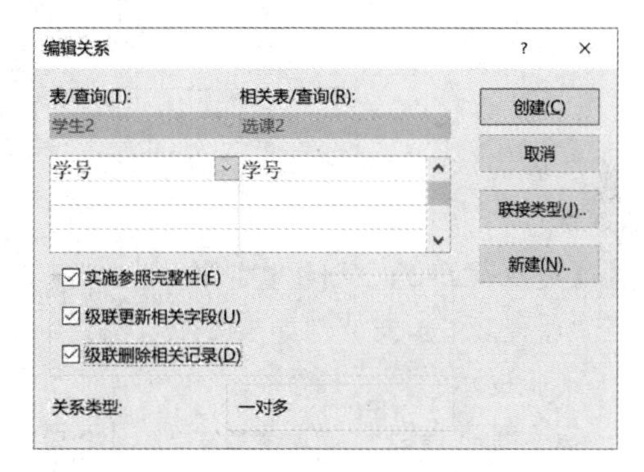

图 2-18 “编辑关系”对话框

(2) 级联删除测试。双击“学生 2”表，打开其数据表视图，选中学号为 10010001 的学生的记录，右击，在弹出的快捷菜单中选择“删除记录”命令，弹出警告对话框，如图 2-19 所示，提示用户“指定级联删除的关系将导致该表中的 1 条记录和相关表中的相关记录都被删除”。单击“是”按钮，关闭当前对话框，回到“学生 2”表的数据表视图中，可以看到学号为 10010001 的学生的记录已经被删除。双击“选课 2”表，可以看到学号为 10010001 的学生的所有记录也已经被删除。

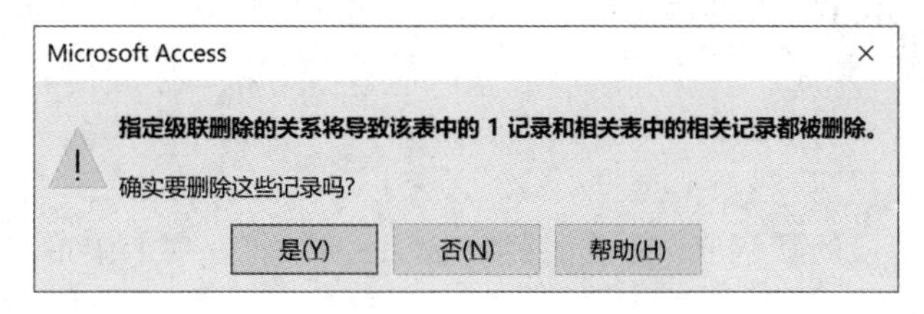

图 2-19 级联删除警告对话框

二、实验设计

【实验设计 1】 创建表结构。在教学管理系统数据库中使用设计视图创建“学院 2”表，表结构如表 2-1 所示。

实验提示：

（1）创建表结构是在表设计视图下完成的。

（2）根据表2-1定义的字段名称、数据类型和字段大小来定义表结构。

（3）设置主键。单击学院编号字段行，单击功能区“表设计”选项卡的“工具”组中的“主键”按钮，学院编号字段左侧的字段选择器上出现一个钥匙形图标，说明学院编号是学院表的主键。

（4）保存表结构，将表名称另存为“学院2”。

【实验设计2】 输入数据记录。为“学院2”表输入记录，记录内容如图2-20所示。

学院

学院编号	学院名称	单击以添加
01	经济管理学院	
02	人文与艺术学院	
03	外文学院	
04	力学与土木工程学院	
05	计算机学院	
*		

图2-20 “学院2”表记录

实验提示：打开“学院2”的数据表视图，按照图2-20中所示的内容向表中输入数据记录并保存。

【实验设计3】 创建表结构并输入3条记录。在教学管理系统数据库中使用设计视图创建“课程2”表，表结构如表2-4所示。

实验提示：

（1）创建表结构是在表设计视图下完成的。

（2）根据表2-4中的字段名称、数据类型和字段大小完成表结构的定义。

（3）设置主键。单击课程编号字段行，单击功能区“表设计”选项卡的“工具”组中的“主键”按钮，课程编号字段左侧的字段选择器上出现一个钥匙形图标，说明课程编号是学院表的主键。

（4）保存表结构，将表名称另存为“课程2”。

（5）输入3条符合条件的记录。

【实验设计4】 设置字段的默认值。将教师表中性别字段的默认值设置为“男”，添加一个“在职否”字段，其数据类型为“是/否”型，将其默认值设置为True。

实验提示：

（1）打开表设计视图。

（2）设置性别字段的默认值。单击性别字段，在“常规”选项卡中单击“默认值”属性框，在属性框中输入“男”。

（3）添加字段。在教师表最后添加一个字段，字段名称为“在职否”，选择字段类型为“是/否”。

（4）设置“在职否”字段的默认值。单击“在职否”字段，在“常规”选项卡中单击“默认值”属性框，在属性框中输入True。

（5）保存设置。单击快速访问工具栏上的“保存”按钮。

【实验设计5】 设置字段的有效性规则。将教师表中工作日期字段的有效性规则设置为在“2023/8/1”以前工作，如果输入其他值，则提示“工作时间必须在 2023/8/1 以前!”；将教师表中学历字段的有效性规则设置为“硕士”或者“博士”，如果输入其他值，则禁止输入并提示“学历必须是硕士或博士!”。

实验提示：

(1) 打开教师表的表设计视图。

(2) 设置工作日期字段的有效性规则和有效性文本。单击工作日期字段，在“常规”选项卡的“有效性规则”属性框中输入“＜＃2023/8/1＃”；在“有效性文本”属性框中输入“工作日期必须在 2023/8/1 以前!”。设置结果如图 2-21 所示。

图 2-21 设置工作日期字段的有效性规则和有效性文本

(3) 设置学历字段的有效性规则和有效性文本。单击学历字段，在“常规”选项卡的“有效性规则”属性框中输入“"硕士" Or "博士"”(注意双引号必须是半角字符)；在“有效性文本”属性框中输入“学历必须是硕士或博士!”。

(4) 保存设置并测试。保存并测试在输入新记录或修改表中原有记录内容时，有效性规则和有效性文本的作用。

【实验设计 6】 设置字段的查阅属性。设置教师表中的学院编号字段和职称字段的查阅属性，用组合框为这两个字段提供数据。

实验提示：

(1) 打开教师表的设计视图。

(2) 设置学院编号字段的查阅属性。单击学院编号字段，在“查阅”选项卡的“显示控件”下拉列表框中选择“组合框”，“行来源类型”选择“表/查询”，“行来源”选择“学院”，如图 2-22 所示。

(3) 设置职称字段的查阅属性。单击职称字段，在“查阅”选项卡的“显示控件”下拉列表框中选择“组合框”；“行来源类型”选择“值列表”；“行来源”输入“教授；副教授；讲师；助教”。

(4) 保存设置并切换至数据表视图下进行查阅属性的测试。

【实验设计 7】 输入数据记录。根据教师表中各个字段的数据类型、字段长度、有效性规则等属性完成 3 条新记录的输入。

实验提示：

(1) 短文本型、数值型、货币型数据在输入时直接输入内容即可。

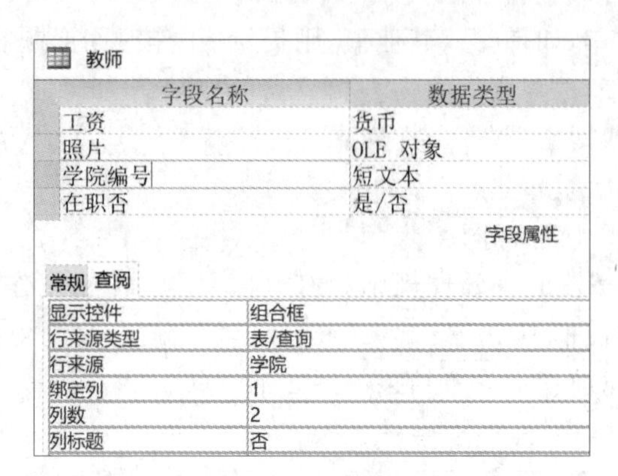

图 2-22 设置学院编号的“查阅”属性

(2) 日期型数据在输入时由数字和“-”或“/”组成，或使用日历控件。

(3) “是/否”型字段直接在复选框中单击勾选。

(4) 职称字段和学院编号字段在实验设计 6 中已设置过查阅属性，在输入时单击单元格右侧的下拉列表按钮▼，打开下拉列表框，选择所需数据即可。

(5) 插入 OLE 对象型数据需要右击，在弹出的快捷菜单中选择“插入对象”命令，弹出 Microsoft Access 对话框，选择“由文件创建”单选按钮，单击“浏览”按钮，在“浏览”对话框中选择要插入文件的路径和文件名，单击“确定”按钮返回数据表视图。

(6) 性别字段和在职否字段在实验设计 4 中已设置了默认值，输入记录时，如果不使用默认值，重新输入数据即可。

(7) 工作日期字段和学历字段在实验设计 5 中已设置了有效性规则和有效性文本，在输入时只能输入符合规则的数据。如，在“工作日期”字段输入 2023-8-10，按 Enter 键，将弹出如图 2-23 所示的警示信息对话框；单击“确定”按钮，返回重新输入。

【实验设计 8】 设置字段的格式属性。将教师表中出生日期字段的显示格式设置为“××××年××月××日”的形式，例如 1993 年 05 月 04 日，要求年份为四位，月和日分别为两位。

实验提示：

(1) 打开表设计视图。

(2) 设置字段的格式属性。单击出生日期字段，在“常规”选项卡中单击“格式”属性框，在属性框中输入“yyyy\年 mm\月 dd\日”，如图 2-24 所示。

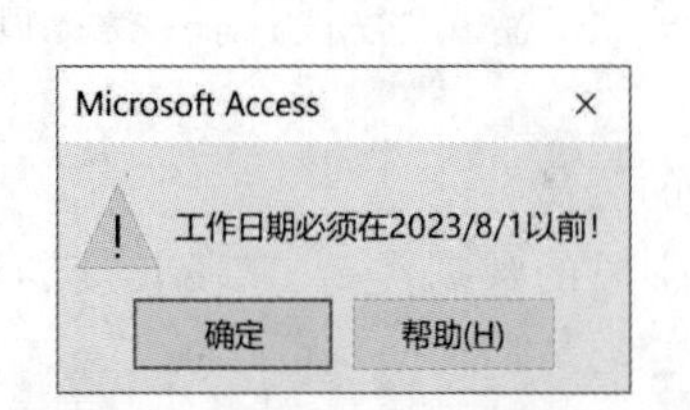

图 2-23 “有效性文本”提示信息

图 2-24 设置出生日期的格式属性

(3) 保存设置并查看设置结果。打开教师表的数据表视图，查看出生日期字段的显示格式。

【实验设计 9】 设置字段的输入掩码。在教师表的最后添加一个"E-mail 地址"字段，地址中包含 10 个字符的用户名，6 个字符的邮件服务器名(不包括"@"和".")。按________@____.____格式创建一个掩码，方便用户输入类似 1234567890@163.com 形式的邮件地址。

实验提示：

(1) 打开表设计视图并添加新字段。字段名称为"E-mail 地址"，数据类型为短文本，字段大小为 16。

(2) 打开"输入掩码向导"对话框。单击"常规"选项卡中的"输入掩码"属性框，属性框右侧出现…按钮，单击此按钮，弹出警告对话框，提示保存表。单击"是"按钮，弹出如图 2-25 所示的"输入掩码向导"对话框。

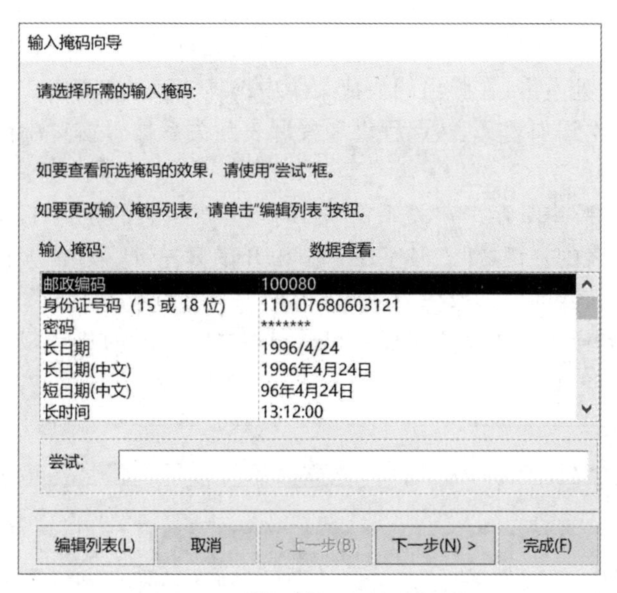

图 2-25　"输入掩码向导"对话框

(3) 设置输入掩码。单击图 2-25 左下角的"编辑列表"按钮，打开自定义"输入掩码向导"对话框，单击该对话框底部记录导航按钮中的"新(空白)记录"按钮，添加一个新的自定义"输入掩码"，具体设置如图 2-26 所示。

单击"关闭"按钮，返回"输入掩码向导"对话框，其中增加了新建的"E-mail 地址"输入掩码。选择"E-mail 地址"输入掩码，单击"完成"按钮，返回表设计视图，在"输入掩码"属性框中出现自定义掩码"AAAAAAAAAA\@AAA\.AAA"。

(4) 保存设置，在数据表视图中测试当输入 E-mail 地址时输入掩码的作用。

【实验设计 10】 建立表间关系。建立教学管理系统数据库中教师表、课程表和授课表之间的关系。

实验提示：

(1) 在建立表之间的关系之前，首先要确保关闭了教师表、课程表和授课表，否则在建

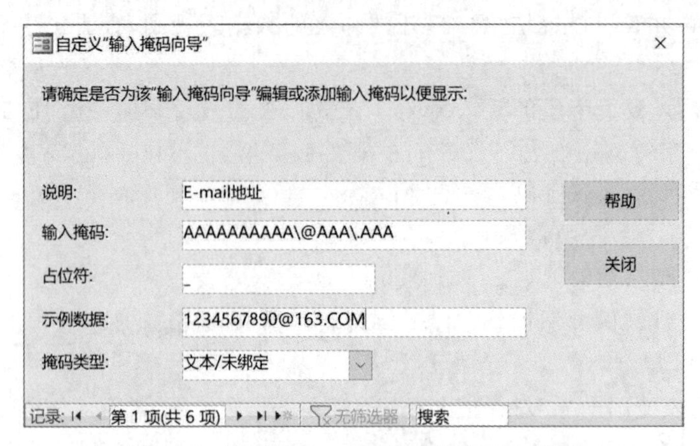

图 2-26 设置"E-mail 地址"字段的输入掩码

立关系的过程中,系统会给出警告对话框,提示用户关闭已经打开的表。

(2) 添加表。单击"数据库工具"选项卡中"关系"组中的"关系"按钮,打开关系编辑窗口。在工作区的空白处右击,在弹出的快捷菜单中选择"显示表"命令,则在窗口的右侧出现"添加表"对话框,依次添加教师表、课程表和授课表到关系编辑窗口中(具体操作可以参考【实验验证 7】)。

(3) 建立表间关系并保存。在关系窗口中,选定教师表的主键工号字段,按住鼠标左键,将其拖动到授课表的外键(即工号字段)上,松开鼠标左键,弹出"编辑关系"对话框。直接单击"创建"按钮,在教师表和授课表之间产生了一条连线,表明已经建立了两个表之间的一对多关系。采用同样的方法完成课程表和授课表之间关系的建立,建立好的表间关系如图 2-27 所示。

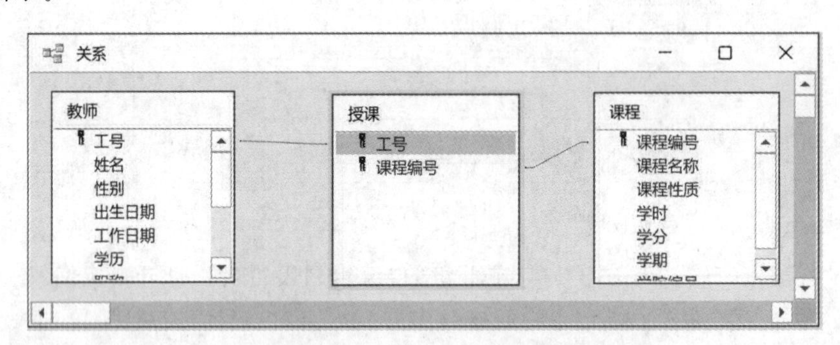

图 2-27 教师表、课程表和授课表之间的关系

【实验设计 11】 设置参照完整性。对教学管理系统数据库中的教师表和授课表实施参照完整性,实现教师表更新、删除记录时,授课表同步更新、删除相关记录。对课程表和授课表也进行相同的设置。

实验提示:

(1) 打开"关系"窗口。

(2) 打开"编辑关系"对话框。在"关系"窗口中,单击教师表和授课表之间的连线,连线变粗。单击功能区"关系设计"选项卡的"工具"组中的"编辑关系"按钮,或者直接双击关系连线,打开"编辑关系"对话框。

(3) 实施参照完整性。在"编辑关系"对话框中,选中"实施参照完整性"复选框,"级联更新相关字段"和"级联删除相关记录"复选框变成可选状态,单击复选框选中。

(4) 完成设置。单击"编辑关系"对话框中的"确定"按钮返回"关系"窗口,关闭当前窗口。

(5) 验证级联更新相关字段。在数据库窗口中,双击打开教师表,修改某个教师的工号字段值;打开授课表,表中相关记录的工号字段值已经随之更改。

(6) 验证级联删除相关记录。双击打开教师表,删除教师表中某个教师的记录;打开授课表,表中与该工号字段值相同的所有记录已经自动删除。

(7) 设置课程表和授课表的参照完整性,如图 2-28 所示。

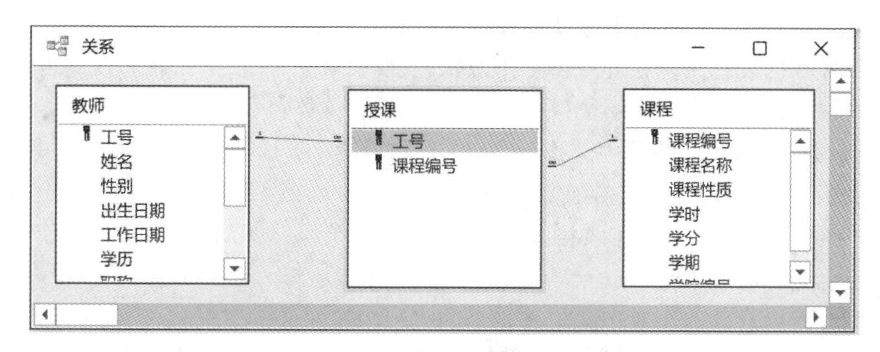

图 2-28 设置好参照完整性的关系窗口

实验思考:

观察图 2-27 和图 2-28 关系连线,两者有何不同?说明什么?

【实验设计 12】 同一数据库中表的复制。在教学管理系统数据库中,复制课程表,复制后的表名为"课程-备份"。

实验提示:

(1) 选择表。打开教学管理系统数据库,在导航窗格中单击要复制的课程表。

(2) 复制表。单击功能区"开始"选项卡的"剪贴板"组中的"复制"按钮。

(3) 粘贴表。单击功能区"开始"选项卡的"剪贴板"组中的"粘贴"按钮,弹出"粘贴表方式"对话框,在"表名称"文本框中输入"课程-备份","粘贴选项"使用默认值"结构和数据",单击"确定"按钮完成"课程"表的复制操作。其中,复制和粘贴表的操作也可以使用快捷键完成,按 Ctrl+C 进行复制,按 Ctrl+V 进行粘贴。

【实验设计 13】 不同数据库之间表的复制。新建一个"教学备份"数据库,将教学管理系统数据库中的课程表复制到教学备份数据库中,复制后的表名为"课程-复制"。

实验提示:

(1) 新建一个文件名为"教学备份"的空白数据库。注意,当新建一个空白数据库时,会默认新建表 1,本例中直接关闭表 1 即可。

(2) 复制表。打开教学管理系统数据库,在导航窗格中选择课程表,按快捷键 Ctrl+C。

(3) 粘贴表。打开"教学备份"数据库,在导航窗格中按快捷键 Ctrl+V,弹出"粘贴表方式"对话框。在"表名称"文本框中输入"课程-复制",单击"确定"按钮,完成课程表从一个数据库到另一个数据库的复制操作。

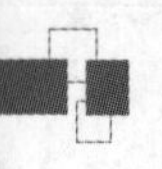

【实验设计 14】 表的删除操作。删除教学管理系统数据库中的“课程-备份”表。

实验提示：

(1) 选择表。打开教学管理系统数据库，在导航窗格中单击“课程-备份”表。

(2) 删除表。单击功能区“开始”选项卡的“记录”组中的“删除”按钮，按 Delete 键，或者在右键快捷菜单中选择“删除”命令，弹出警告对话框，询问用户是否确定要删除表。单击“是”按钮即可将表删除。

【实验设计 15】 表的格式化。在教学管理系统数据库中复制课程表，重命名为“实验设计 15”，在数据表视图中将表中文字设置成“蓝色”“12”号，将表的单元格效果设置成“凹陷”。

实验提示：

(1) 复制表。复制后的表名为实验设计 15。

(2) 打开数据表视图。在导航窗格中双击“实验设计 15”表，打开数据表视图。

(3) 设置字体格式。单击功能区“开始”选项卡的“文本格式”组中的“字体颜色”按钮旁的下拉箭头，打开调色板，在其中选择“蓝色”；单击“字号”下拉箭头，在下拉列表中选择 12。

(4) 设置单元格格式。单击功能区“开始”选项卡的“文本格式”组右下角的“设置数据表格式”按钮，打开“设置数据表格式”对话框，在“单元格效果”区域选择“凹陷”，单击“确定”按钮。

(5) 保存设置。单击快速访问工具栏上的“保存”按钮。

【实验设计 16】 表的格式化。将“实验设计 15”表的学时字段列的列宽设置为“最佳匹配”；行高设置为 16。

实验提示：

(1) 打开数据表视图。

(2) 设置列宽。右击学时字段列的字段名区域，在弹出的快捷菜单中选择“字段宽度”命令，弹出“列宽”对话框，单击“最佳匹配”按钮，完成列宽的设置。

(3) 设置行高。右击记录选择器区域，在弹出的快捷菜单中选择“行高”命令，弹出“行高”对话框，在行高文本框中输入“16”，单击“确定”按钮，完成行高的修改操作。

(4) 保存设置。

【实验设计 17】 表的格式化。隐藏教师表中的出生日期、工作日期和学历字段。

实验提示：

(1) 打开数据表视图。

(2) 选择要隐藏的字段列。将鼠标指针移到出生日期字段的字段名称区域，鼠标指针变成向下的箭头⬇。按住鼠标左键拖动，连续选择出生日期、工作日期和学历列，释放鼠标左键。

(3) 隐藏字段列。右击被选择区域，在弹出的快捷菜单中选择“隐藏字段”命令，则出生日期、工作日期和学历字段列被隐藏。

(4) 保存设置。

【实验设计 18】 表的格式化。显示教师表中被隐藏的出生日期、工作日期和学历字段。

实验提示：

(1) 打开数据表视图。

（2）打开“取消隐藏列”对话框。右击任一字段名称区域，在弹出的快捷菜单中选择“取消隐藏字段”命令，弹出如图 2-29 所示的“取消隐藏列”对话框。

（3）显示被隐藏的字段列。在图 2-29 所示的对话框中，单击出生日期、工作日期和学历字段名称前的复选框，使其呈选中状态；单击“关闭”按钮，被隐藏的字段列在数据表视图中重新显示出来。

（4）保存设置。

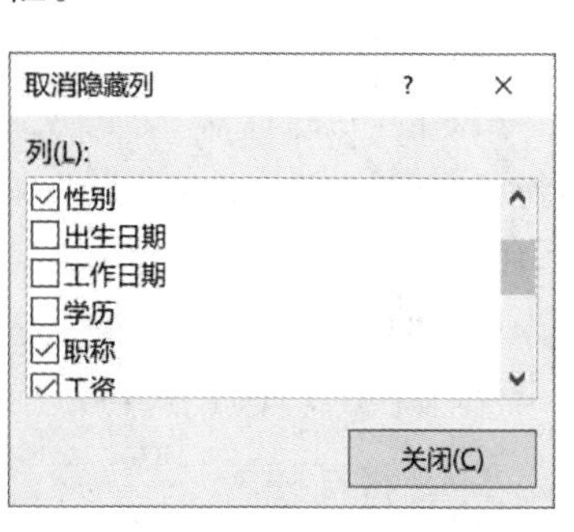

图 2-29　“取消隐藏列”对话框

【实验设计 19】　表的格式化。冻结教师表的姓名列，观察记录内容的变化后再取消冻结列。

实验提示：

（1）打开数据表视图。

（2）冻结列。右击姓名字段名称区域，在弹出的快捷菜单中选择“冻结字段”命令，此时姓名字段列移动到表的第一列。拖动水平滚动条，姓名列始终出现在表的最左侧。

（3）取消冻结列。右击任一字段名称区域，在弹出的快捷菜单中选择“取消冻结所有字段”命令，可以撤销对列的冻结操作。

（4）保存设置。

【实验设计 20】　查找与替换数据。复制教师表，定义表名称为“实验设计 20”，并把 2010 年工作的教师修改成 2009 年工作。

实验提示：

（1）复制表。

（2）打开“实验设计 20”表的数据表视图。

（3）打开“查找和替换”对话框。单击工作日期字段列的任一单元格，单击功能区“开始”选项卡的“查找”组中的“替换”按钮，打开“查找和替换”对话框。

（4）输入查找和替换的内容。在“替换”选项卡中，在“查找内容”文本框中输入“2010”，在“替换为”文本框中输入“2009”，单击“匹配”文本框右侧的下拉箭头按钮，在下拉列表中选择“字段开头”，设置结果如图 2-30 所示。

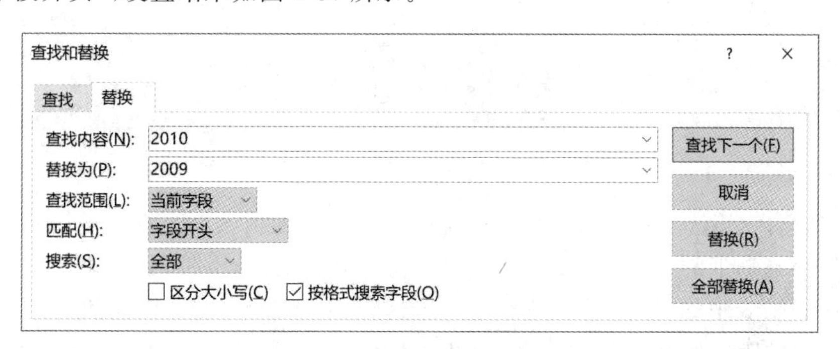

图 2-30　“查找和替换”对话框

（5）查找并替换。单击“查找下一个”按钮，找到第一个“工作日期”字段开头为 2010 的记录，“2010”呈选中状态。单击“全部替换”按钮，完成整个表的查找与替换操作。

（6）保存。

【实验设计21】 记录筛选。筛选出教师表中2008年以后工作的男教师记录。

实验提示：

（1）打开教师表的数据表视图。

（2）按照"筛选器"筛选方式筛选。将光标定位在工作日期字段的任一单元格中，单击功能区"开始"选项卡的"排序和筛选"组中的"筛选器"按钮，在光标处打开一个下拉列表，如图2-31所示。

单击"日期筛选器"右侧的箭头，在弹出的子菜单中选择"之后"命令，弹出"自定义筛选"对话框，在"工作日期 不早于"文本框中输入"2008-1-1"，如图2-32所示。

图2-31 "筛选器"快捷菜单

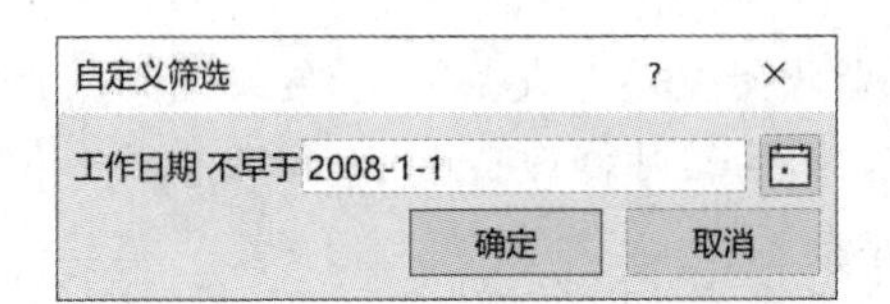

图2-32 "自定义筛选"对话框

（3）显示筛选结果。单击"自定义筛选"对话框中的"确定"按钮，筛选出2008年以后工作的教师记录，如图2-33所示。

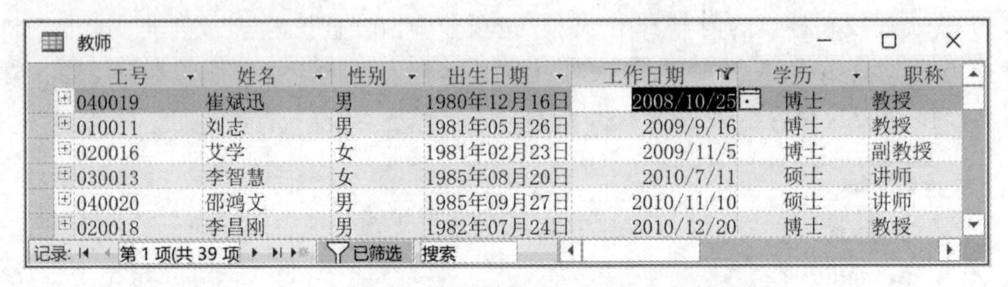

图2-33 按照"筛选器"筛选方式筛选的结果

（4）按"选择"筛选方式筛选。将光标定位在性别字段值为"男"的任一单元格中，单击功能区"开始"选项卡的"排序和筛选"组中的"选择"按钮，打开下拉列表，如图2-34所示。

选择下拉列表中的"等于""男"""命令，筛选出性别为"男"的教师，如图2-35所示。

（5）取消筛选。单击功能区"开始"选项卡的"排序和筛选"组中的"切换筛选"按钮，恢复原始的数据表视图。

（6）保存结果。

【实验设计22】 记录筛选。复制课程表，表名为"实验设计22"，完成筛选表中学院编号为01、课程性质为"专业必修课"的记录和所有学院编号为05的记录。

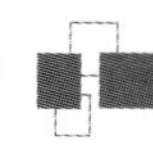

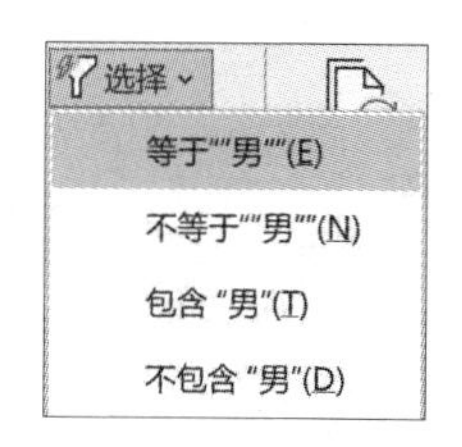

图 2-34　"选择筛选"菜单列表

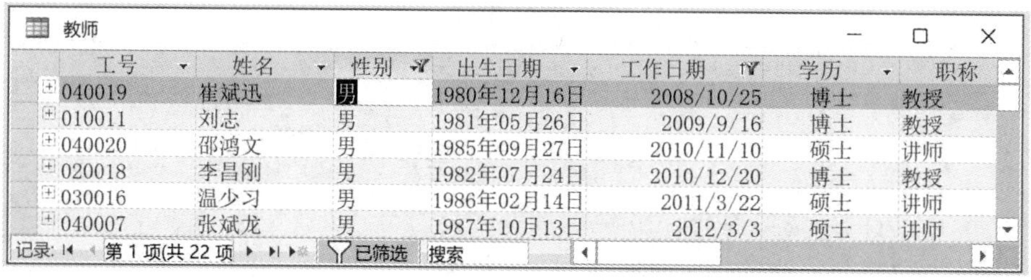

教师

工号	姓名	性别	出生日期	工作日期	学历	职称
040019	崔斌迅	男	1980年12月16日	2008/10/25	博士	教授
010011	刘志	男	1981年05月26日	2009/9/16	博士	教授
040020	邵鸿文	男	1985年09月27日	2010/11/10	硕士	讲师
020018	李昌刚	男	1982年07月24日	2010/12/20	博士	教授
030016	温少习	男	1986年02月14日	2011/3/22	硕士	讲师
040007	张斌龙	男	1987年10月13日	2012/3/3	硕士	讲师

记录: 第 1 项(共 22 项　已筛选　搜索

图 2-35　按"选择"筛选方式筛选的结果

实验提示：

（1）复制表。

（2）打开"实验设计 22"表的数据表视图。

（3）以"按窗体筛选"筛选方式筛选。单击功能区"开始"选项卡的"排序和筛选"组中的"高级"按钮，从下拉列表中选择"按窗体筛选"命令，切换至"按窗体筛选"窗口。

（4）设置第一个筛选条件。单击学院编号字段下方的箭头按钮，打开下拉列表，选择01；单击"课程性质"字段下方的箭头按钮，打开下拉列表，选择"专业必修课"，如图 2-36 所示。

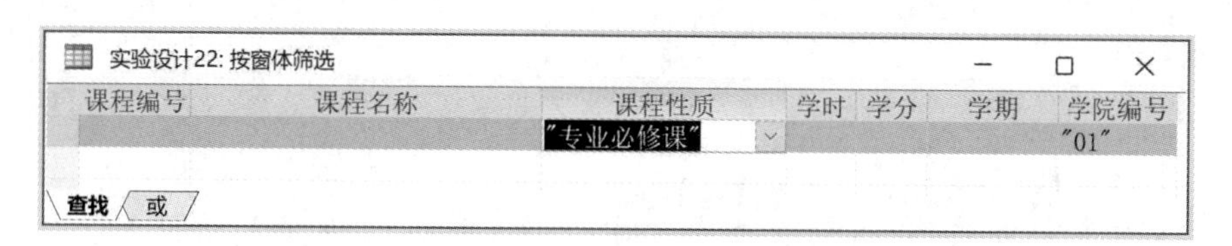

图 2-36　设置第一个筛选条件的窗口

（5）设置第二个筛选条件。单击图 2-36 所示筛选窗口左下角的"或"选项卡，单击"学院编号"字段下方的箭头按钮，打开下拉列表，选择 05，如图 2-37 所示。

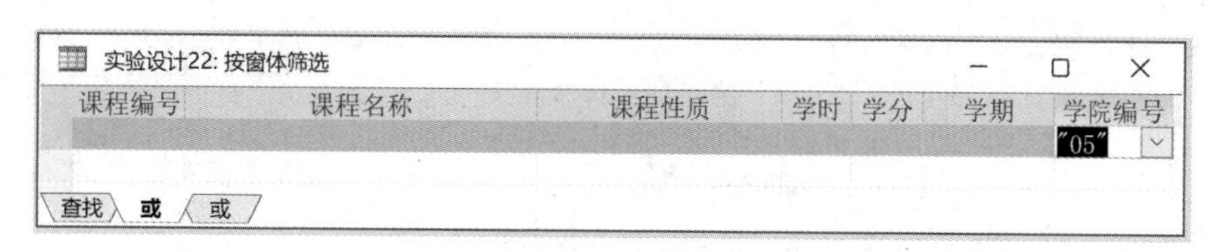

图 2-37　设置第二个筛选条件的窗口

（6）显示筛选结果。单击功能区"开始"选项卡的"排序和筛选"组中的"切换筛选"按钮，得到符合筛选条件的结果，如图 2-38 所示。

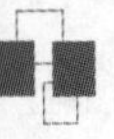

实验设计22

课程编	课程名称	课程性质	学时	学分	学期	学院编
0101	管理学	专业必修课	40	2	1	01
0102	人力资源管理	专业必修课	40	2	2	01
0103	微观经济学	专业必修课	40	2	2	01
0104	市场营销学	专业必修课	40	2	2	01
0105	宏观经济学	专业必修课	40	2	3	01
0106	会计学	专业必修课	40	2	2	01
0107	金融学	专业必修课	40	2	3	01
0108	电子商务基础	专业必修课	40	2	4	01
0109	企业战略管理	专业必修课	40	2	4	01
0501	大学生心理健康教育	选修课	16	1	1	05
0502	军事理论	公共必修课	40	2	2	05
0503	Python程序设计基础	公共必修课	40	2	2	05

记录: 第 1 项(共 17 项　已筛选　搜索

图 2-38　按窗体筛选的结果

（7）保存设置的筛选条件。

【实验设计 23】 记录排序。复制课程表，表名为“实验设计 23”。将“实验设计 23”表按“课程性质”字段的升序排序。

实验提示：

（1）复制表。

（2）打开“实验设计 23”表的数据表视图。

（3）排序并保存。单击课程性质字段下方的任一单元格，单击功能区“开始”选项卡的“排序和筛选”组中的“升序”按钮，则表中数据按“课程性质”字段值的升序排序，排序结果如图 2-39 所示。

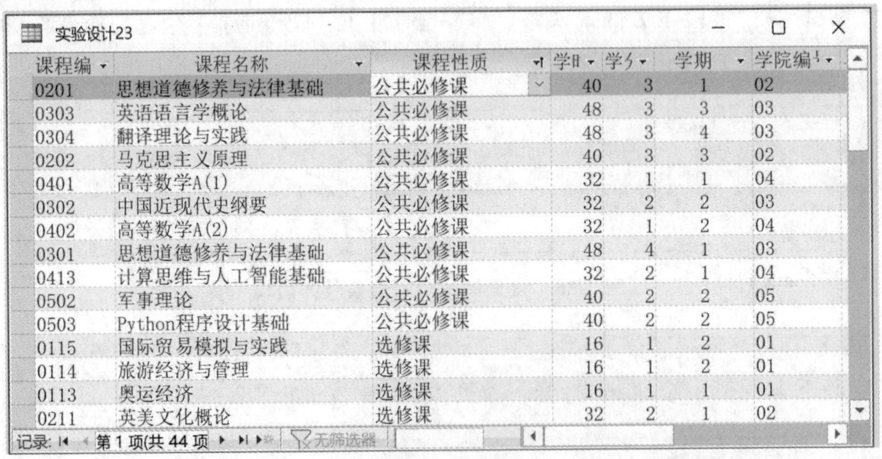

实验设计23

课程编	课程名称	课程性质	学时	学分	学期	学院编
0201	思想道德修养与法律基础	公共必修课	40	3	1	02
0303	英语语言学概论	公共必修课	48	3	3	03
0304	翻译理论与实践	公共必修课	48	3	4	03
0202	马克思主义原理	公共必修课	40	3	3	02
0401	高等数学A(1)	公共必修课	32	1	1	04
0302	中国近现代史纲要	公共必修课	32	2	2	03
0402	高等数学A(2)	公共必修课	32	1	2	04
0301	思想道德修养与法律基础	公共必修课	48	4	1	03
0413	计算思维与人工智能基础	公共必修课	32	2	1	04
0502	军事理论	公共必修课	40	2	2	05
0503	Python程序设计基础	公共必修课	40	2	2	05
0115	国际贸易模拟与实践	选修课	16	1	2	01
0114	旅游经济与管理	选修课	16	1	2	01
0113	奥运经济	选修课	16	1	1	01
0211	英美文化概论	选修课	32	2	1	02

记录: 第 1 项(共 44 项　无筛选器

图 2-39　排序结果

（4）若要取消排序，则单击功能区“开始”选项卡的“排序和筛选”组中的“取消排序”按钮即可恢复原始的数据表视图。

第3章 数据查询

本章主要掌握选择查询、参数查询、交叉表查询、操作查询和SQL查询的建立方法，请根据实验验证题目的要求和步骤完成实验的验证内容，并根据题目的要求完成实验设计任务。

3.1 选择查询

要求掌握简单条件查询的建立方法、使用通配符设计查询、查询的有序输出、使用合计函数完成查询中的统计和分组。

一、实验验证

【实验验证 1】 单表查询：创建查询，显示学生表中民族是满族的党员，字段只显示学号、姓名、性别、出生日期、党员否和民族，查询名称为 Q1。

图 3-1 “添加表”对话框

实验步骤如下：

(1) 新建查询并添加学生表。打开教学管理系统数据库，选择“创建”选项卡，单击“查询”组中的“查询设计”按钮，弹出“添加表”对话框，如图 3-1 所示。

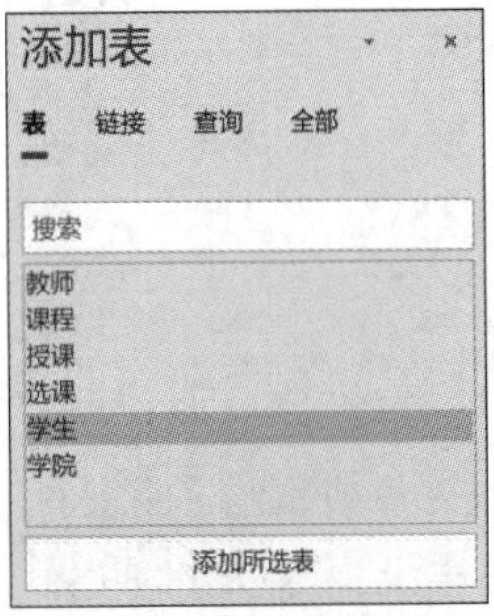

在“添加表”对话框中选择“学生”，单击“添加所选表”按钮，学生表将被添加到“查询 1”对话框中。单击右上角的“关闭”按钮，关闭“添加表”对话框。

(2) 选择字段。在如图 3-2 所示的“查询 1”对话框中，依次选择学号、姓名、性别、出生日期、党员否和民族字段。有两种常用的选择字段的操作方法，可以在学生表中直接双击字段或者直接拖动字段（* 表示全部字段）到“字段”选项框，也可以在“字段”下拉列表框中选择字段，字段选择完成之后，系统自动在“显示”行中的方框中画“√”，表示在运行查询时，显示该字段。若想取消某字段在运行“数据表视图”时的显示状态，可以单击该字段下方的“√”，方框呈空白状态。

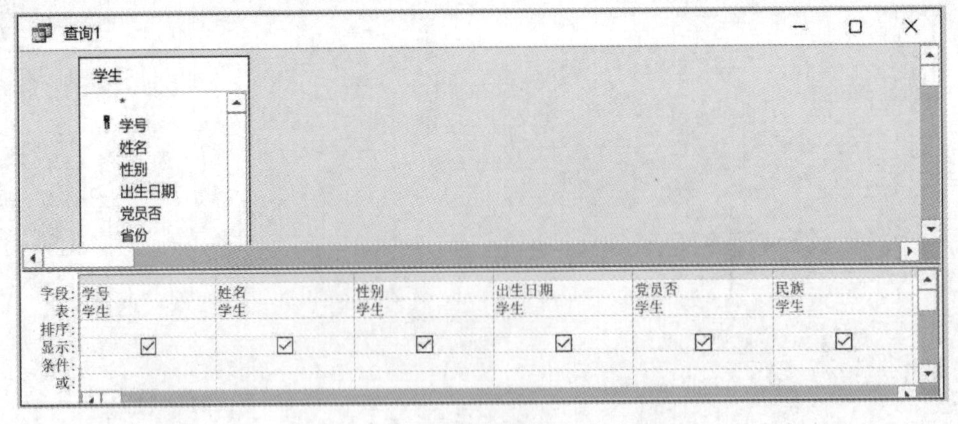

图 3-2 选择字段

(3) 设置查询条件。在民族字段下方的“条件”行中输入“满族”，按 Enter 键后，系统会自动在输入的文字两边加英文的双引号，双引号表示民族字段的数据类型是短文本型。在是否党员字段下方输入 True,其设置的结果如图 3-3 所示。

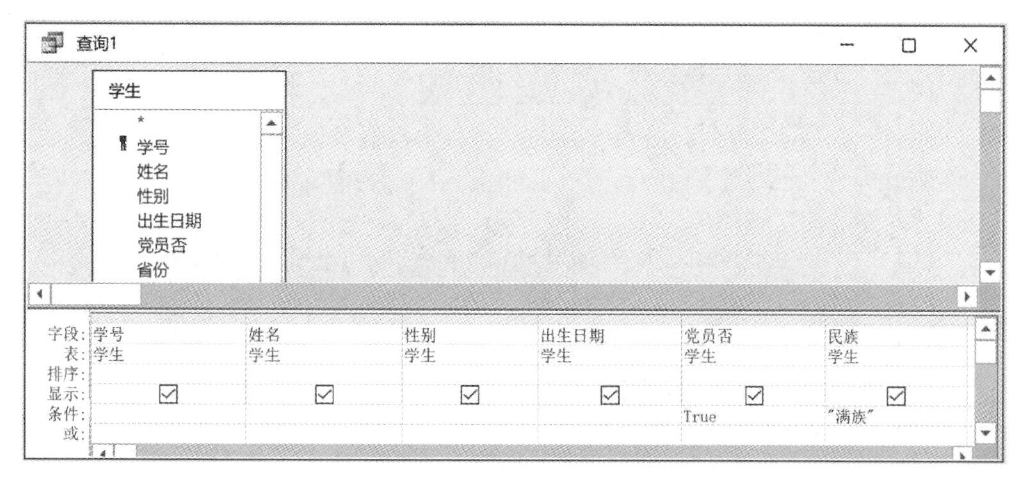

图 3-3 Q1 查询条件的设置

(4) 运行并保存查询。单击“查询设计”选项卡“结果”组中的“运行”按钮,查询将从设计视图状态切换至运行状态。选择“文件”选项卡,单击“保存”,在“另存为”对话框中输入文件名 Q1。单击“确定”按钮,关闭“另存为”对话框即可完成对查询的保存。查询的运行结果如图 3-4 所示。

Q1

学号	姓名	性别	出生日期	党员否	民族
10010173	董秀荣	女	2003年4月1日	☑	满族
10010541	耿占明	男	2003年9月26日	☑	满族
*				☐	汉族

记录: 第 1 项(共 2 项) 无筛选器 搜索

图 3-4 Q1 查询运行结果

【实验验证 2】 单表查询:创建查询,仅显示教师表中所有年龄小于 40 岁的教授,字段只显示工号、姓名、出生日期、职称和工资,查询名称为 Q2。

实验步骤如下:

(1) 新建查询并添加教师表。

(2) 选择字段。依次选择工号、姓名、出生日期、职称和工资字段。

(3) 设置查询条件。题目要求查询年龄小于 40 岁的教授,但教师表中仅有出生日期字段,没有年龄字段,因此需要使用表达式计算出年龄。其中,Year()函数的功能是提取参数中的年份,Date()函数的功能是提取当前的系统日期,其设置的结果如图 3-5 所示。

(4) 保存并运行查询。保存查询名称为 Q2,查询的运行结果如图 3-6 所示。

【实验验证 3】 多表查询:创建查询,显示教师表中工作年限大于 25 年的教师的工号、姓名、出生日期、工龄、职称和学院名称,查询名称为 Q3。

数据源分析:教师表中只有学院编号字段,没有学院名称字段,但学院表中有学院名称字段,而学院表和教师表通过学院编号字段建立了一对多关系,因此,本查询的数据源基于两张表,即学院表和教师表。

实验步骤如下:

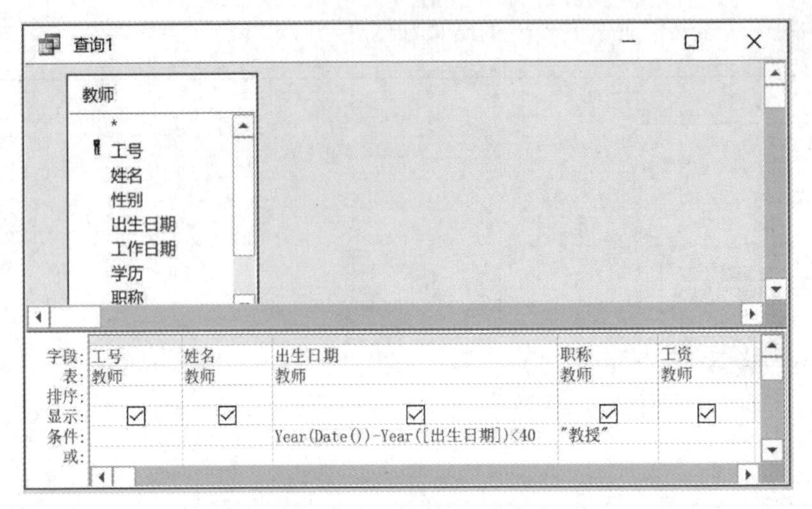

图 3-5　Q2 查询条件的设置

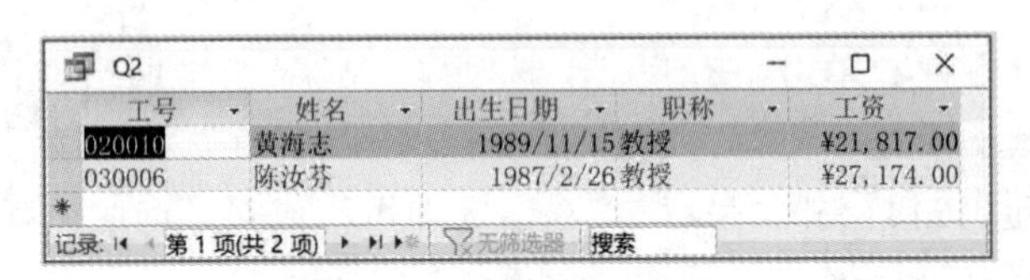

工号	姓名	出生日期	职称	工资
020010	黄海志	1989/11/15	教授	¥21,817.00
030006	陈汝芬	1987/2/26	教授	¥27,174.00

记录: 第 1 项(共 2 项)　无筛选器　搜索

图 3-6　Q2 查询运行结果

（1）新建查询并添加学院表和教师表。由于学院表和教师表已经建立了表之间一对多的关系，所以两张表被添加后会自动显示关系连线。

（2）选择字段。从两张表中依次选择工号、姓名、出生日期、工作日期、职称和学院名称字段，其中工作日期字段用于计算并生成工龄字段。

（3）设置条件。根据题目的要求，查询工作年限超过 25 年的教师，可以使用 Year()函数将"工作日期"字段中的年份提取出来，再与系统日期进行运算得到。设置的结果如图 3-7 所示。

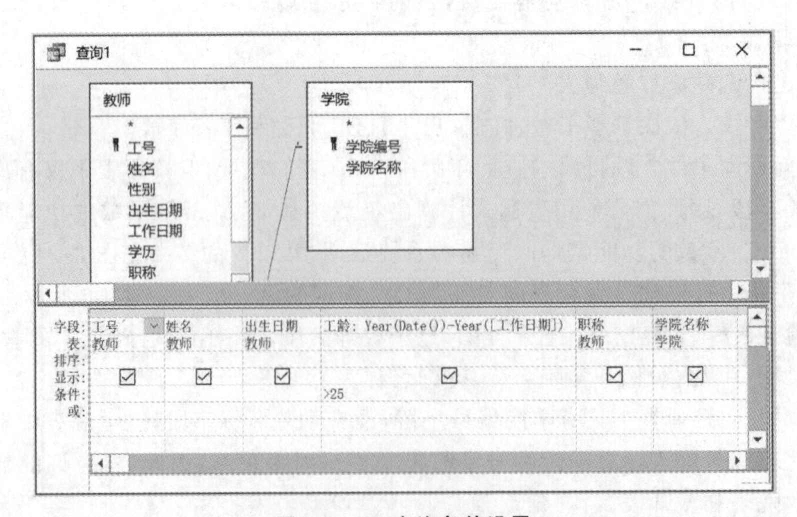

图 3-7　Q3 查询条件设置

（4）保存并运行查询。保存查询名称为 Q3，查询的运行结果如图 3-8 所示。

Q3

工号	姓名	出生日期	工龄	职称	学院名称
010007	黄杰侠	1965/1/15	35	教授	经济管理学院
040013	王林东	1968/7/3	32	教授	力学与土木工程学院
050009	吴海	1969/9/10	31	教授	计算机学院
050014	夏来凤	1961/10/9	37	教授	计算机学院

记录：第 1 项(共 4 项) 无筛选器 搜索

图 3-8 Q3 查询运行结果

【实验验证 4】 多表查询：创建查询，显示"Python 程序设计基础"课程中满分成绩的学生的学号、姓名、班级、课程名称和成绩，查询名称为 Q4。

数据源分析：学生表中有学号、姓名和班级字段，课程表中有课程名称字段，选课表中有成绩字段，学生表和选课表由学号字段作为公共字段建立了一对多关系，课程表和选课表由课程编号作为公共字段建立了一对多关系。由此可知，本查询的数据源由多表组成，分别是学生、选课和课程表。

实验步骤如下：

（1）新建查询并添加学生、选课和课程表。因为 3 张表之间已经事先建立了两个一对多的关系，所以 3 张表被添加后会自动显示关系连线。

（2）选择字段。从 3 张表中依次选择学号、姓名、班级、课程名称和成绩。

（3）设置条件。在课程名称字段下的"条件"行中输入"Python 程序设计基础"，在成绩字段下的"条件"行中输入 100，其设置的结果如图 3-9 所示。

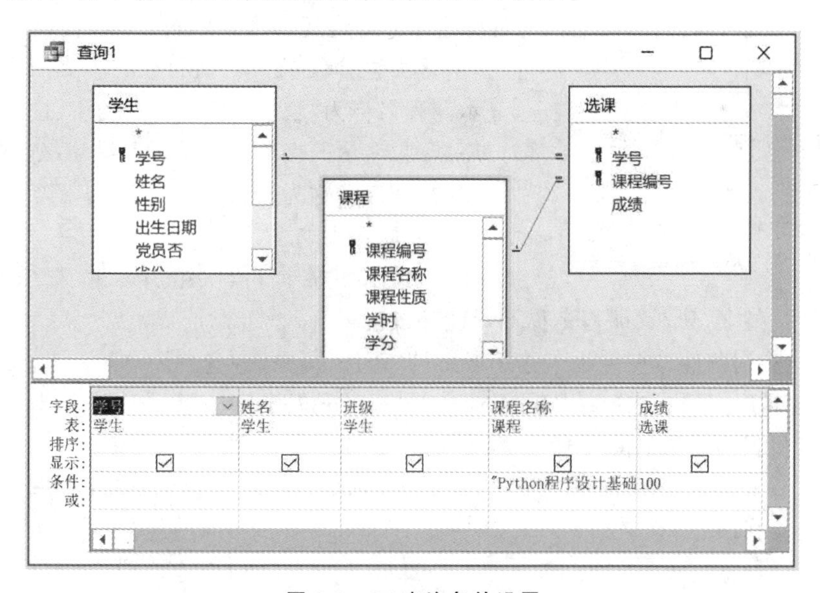

图 3-9 Q4 查询条件设置

（4）保存并运行查询。保存查询名称为 Q4，查询的运行结果如图 3-10 所示。

【实验验证 5】 使用通配符设计查询：创建查询，显示教师表中四十几岁姓李的教师的工号、姓名、性别、年龄和学历，查询名称为 Q5。

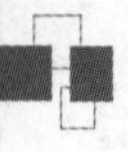

Q4

学号	姓名	班级	课程名称	成绩
10030005	赵小庆	英语2021－1班	Python程序设计基础	100
10030078	杨旭	英语2021－3班	Python程序设计基础	100

记录：第 1 项(共 2 项)　无筛选器　搜索

图 3-10　Q4 查询运行结果

查询分析：教师表中只有出生日期，没有年龄，但可以使用出生日期字段，利用 Year()函数计算并生成年龄新字段。

实验步骤如下：

（1）新建查询并添加教师表。

（2）选择字段。依次添加工号、姓名、性别、出生日期和学历。

（3）查询条件的设置。如图 3-11 所示，其中的通配符 * 指的是任意一个或者多个字符。可以使用表达式“Like "4#"”替换图中的“＞＝40 And ＜50”来表达“四十几岁”，其中的#表示任意一个数字。

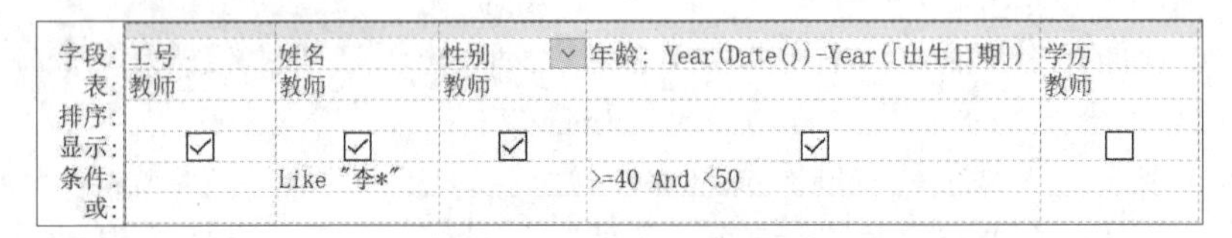

字段:	工号	姓名	性别	年龄: Year(Date())-Year([出生日期])	学历
表:	教师	教师	教师		教师
排序:					
显示:	☑	☑	☑	☑	☐
条件:		Like "李*"		>=40 And <50	
或:					

图 3-11　Q5 查询条件的设置

（4）保存并运行查询。保存查询名称为 Q5，查询运行结果如图 3-12 所示。

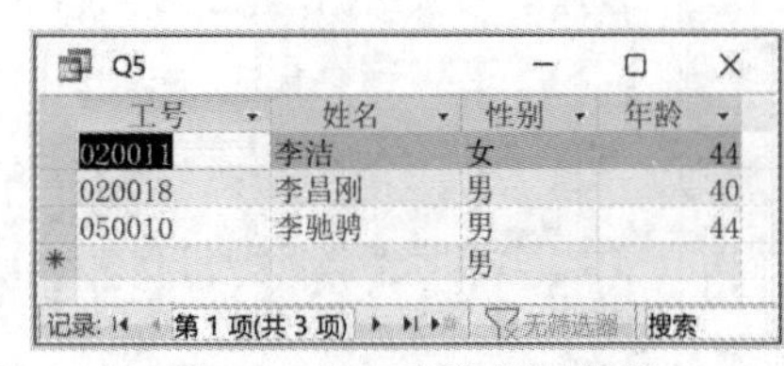

Q5

工号	姓名	性别	年龄
020011	李洁	女	44
020018	李昌刚	男	40
050010	李驰骋	男	44
		男	

记录：第 1 项(共 3 项)　无筛选器　搜索

图 3-12　Q5 查询运行结果

【实验验证 6】 查询的有序输出：创建查询，显示课程名称为“会计学”的学生成绩，按照成绩的降序排列，显示的字段为学号、姓名、班级、课程名称和成绩，查询名称为 Q6。

实验步骤如下：

（1）新建查询，依次添加学生、选课和课程表，然后添加学号、姓名、班级、课程名称和成绩字段。

（2）设置查询条件。在课程名称字段下的“条件”行中输入“会计学”。

（3）设置排序字段。在成绩字段对应的“排序”下拉列表中选择“降序”，即成绩由高分到低分排列，设置的结果如图 3-13 所示。

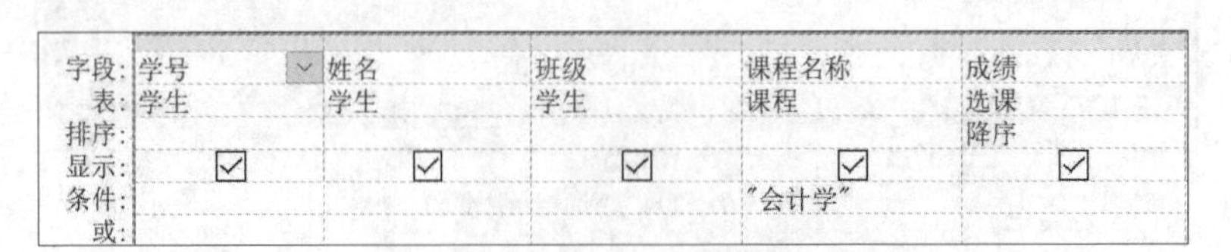

字段:	学号	姓名	班级	课程名称	成绩
表:	学生	学生	学生	课程	选课
排序:					降序
显示:	☑	☑	☑	☑	☑
条件:				"会计学"	
或:					

图 3-13　Q6 查询条件及排序的设置

（4）保存并运行查询。保存查询名称为 Q6，查询的运行结果如图 3-14 所示。

【实验验证 7】 查询的有序输出：创建查询，按照教师表中的职称和出生日期显示教师

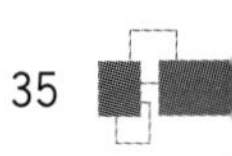

Q6

学号	姓名	班级	课程名称	成绩
10010173	董秀荣	工商2021-6班	会计学	100
10010117	王霞	工商2021-4班	会计学	100
10010353	陶琦	经济2021-1班	会计学	100
10010029	金雪松	工商2021-1班	会计学	100
10010106	崔晶晶	工商2021-4班	会计学	100
10010385	张彬	经济2021-2班	会计学	99
10010535	林义裕	会计2021-4班	会计学	99
10010006	李楠	工商2021-1班	会计学	98
10010187	朱晓方	工商2021-7班	会计学	98
10010437	陈黎波	会计2021-1班	会计学	97

记录：第 1 项(共 564 项 无筛选器 搜索

图 3-14　Q6 查询运行结果

的工资情况。先按照职称的降序排序，职称相同的再按照出生日期的升序排序，按照工号、姓名、出生日期、职称和工资的顺序显示字段，查询名称为 Q7。

例题分析：因为按照字段从左向右的显示顺序，其排序优先级依次降低，所以出生日期字段比职称字段排序的优先级高，即排序的顺序是先按照出生日期排序，出生日期相同的才按照职称排序。因此，若要降低出生日期字段的排序优先级，可以在字段选择时，两次选择出生日期字段：第一个出生日期字段仅用于显示，第二个出生日期字段则排在职称字段后面，只用于排序而不显示。

实验步骤如下：

(1) 新建查询，添加教师表，依次按顺序添加工号、姓名、出生日期、职称和工资字段，在工资字段右侧再次选择出生日期字段，将其"显示"选项设置为不显示状态，如图 3-15 所示。

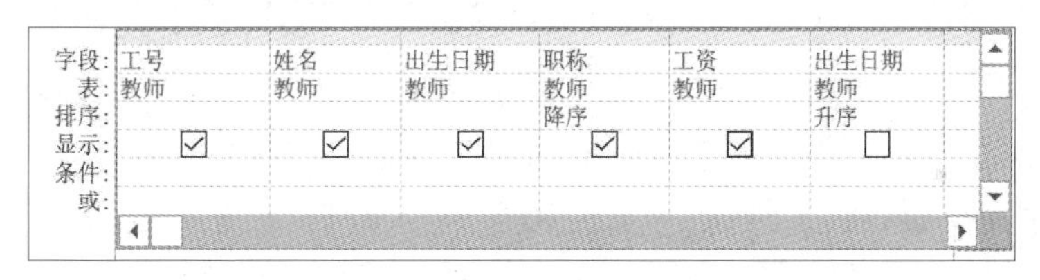

字段:	工号	姓名	出生日期	职称	工资	出生日期
表:	教师	教师	教师	教师	教师	教师
排序:				降序		升序
显示:	☑	☑	☑	☑	☑	☐
条件:						
或:						

图 3-15　Q7 查询条件与排序的设置

(2) 设置排序字段。先在职称字段对应的"排序"下拉列表中选择"降序"，然后在其右侧的出生日期字段对应的"排序"下拉列表中选择"升序"，设置的结果如图 3-15 所示。

(3) 保存并运行查询。保存查询名称为 Q7，查询的运行结果如图 3-16 所示。

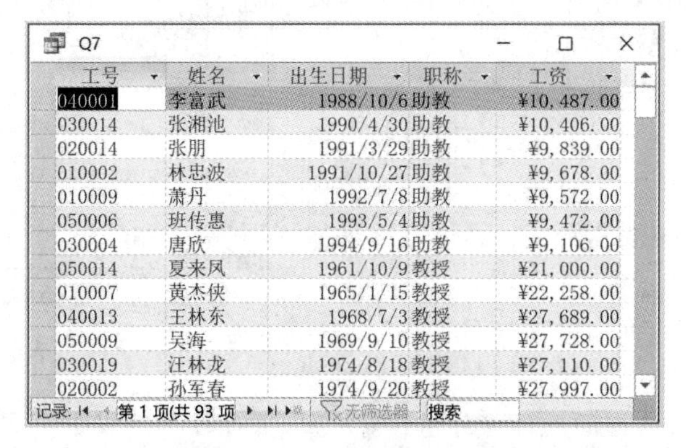

Q7

工号	姓名	出生日期	职称	工资
040001	李富武	1988/10/6	助教	¥10,487.00
030014	张湘池	1990/4/30	助教	¥10,406.00
020014	张朋	1991/3/29	助教	¥9,839.00
010002	林忠波	1991/10/27	助教	¥9,678.00
010009	萧丹	1992/7/8	助教	¥9,572.00
050006	班传惠	1993/5/4	助教	¥9,472.00
030004	唐欣	1994/9/16	助教	¥9,106.00
050014	夏来凤	1961/10/9	教授	¥21,000.00
010007	黄杰侠	1965/1/15	教授	¥22,258.00
040013	王林东	1968/7/3	教授	¥27,689.00
050009	吴海	1969/9/10	教授	¥27,728.00
030019	汪林龙	1974/8/18	教授	¥27,110.00
020002	孙军春	1974/9/20	教授	¥27,997.00

记录：第 1 项(共 93 项 无筛选器 搜索

图 3-16　Q7 查询运行结果

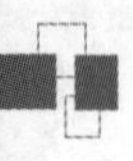

【实验验证 8】 查询的统计与分组：创建查询，统计学生表中党员和非党员各有多少人，查询名称为 Q8。

实验步骤如下：

(1) 新建查询，添加学生表，依次添加党员否和学号字段，重新定义学号字段的名称为“人数”。查询的“字段”行设置如图 3-17 所示。

(2) 设置“总计”行。选择“查询设计”选项卡的“显示/隐藏”组，单击“汇总”按钮，查询设计视图会在“表”和“排序”之间添加一个“总计”行，在“总计”行中分别选择“Group By”和“计数”，“总计”行的设置结果如图 3-17 所示。

(3) 保存并运行查询。保存查询名称为 Q8，查询的运行结果如图 3-18 所示。

字段:	党员否	人数: 学号
表:	学生	学生
总计:	Group By	计数
排序:		
显示:	☑	☑
条件:		
或:		

图 3-17 Q8 查询的“字段”行与“总计”行的设置

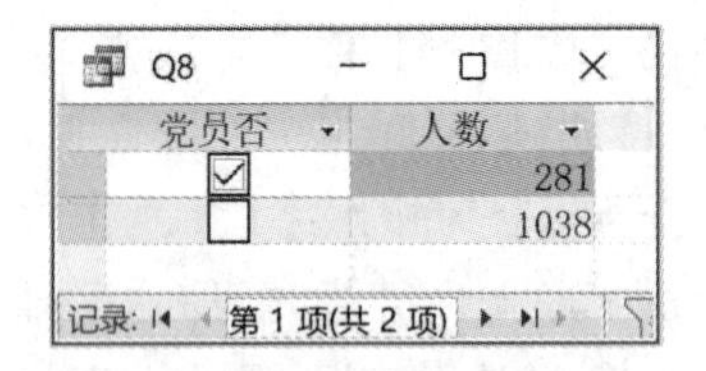

图 3-18 Q8 查询运行结果

【实验验证 9】 查询的统计与分组：创建查询，分别统计教师表中全校男女教师的人数、平均工资、最高工资和最低工资，其中，平均工资的小数位数保留 1 位，查询名称为 Q9。

实验步骤如下：

(1) 新建查询，添加教师表，先依次添加性别和工号字段，再重复添加 3 个工资字段并定义各个统计字段的新字段名。“字段”行的设置结果如图 3-19 所示。

字段:	性别	人数: 工号	平均工资: 工资	最高工资: 工资	最低工资: 工资
表:	教师	教师	教师	教师	教师
总计:	Group By	计数	平均值	最大值	最小值
排序:					
显示:	☑	☑	☑	☑	☑
条件:					
或:					

图 3-19 Q9 查询的“字段”行与“总计”行的设置

(2) 设置“总计”行。选择“查询设计”选项卡的“显示/隐藏”组，单击“汇总”按钮，则查询设计视图会在“表”和“排序”之间添加一个“总计”行。在“总计”行中分别选择 Group By、计数、平均值、最大值和最小值。“总计”行的设置结果如图 3-19 所示。

(3) 设置平均工资的小数位数并保留 1 位。在平均工资字段列上右击，在弹出的快捷菜单中选择“属性”，打开属性表对话框，设置“格式”项为“标准”，设置“小数位数”项为 1，其设置结果如图 3-20 所示。

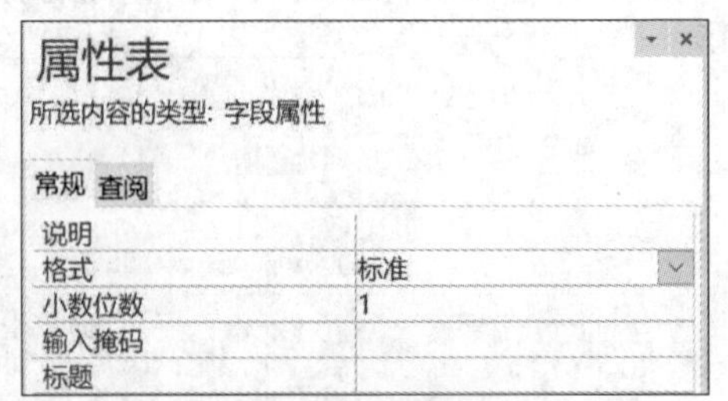

图 3-20 设置字段属性对话框

(4) 保存并运行查询。保存查询名称为 Q9，查询的运行结果如图 3-21 所示。

【实验验证 10】 查询的统计与分组：创建查询，统计学生表中不同省份的学生的平均年龄(小数位数保留 1 位)，并按照平均年龄字段的降序排序，查询名称为 Q10。

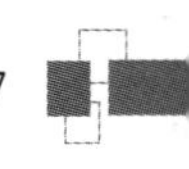

Q9

性别	人数	平均工资	最高工资	最低工资
男	60	17,999.2	¥29,825.00	¥9,472.00
女	33	15,792.6	¥27,174.00	¥9,106.00

记录: 第 1 项(共 2 项)　无筛选器　搜索

图 3-21　Q9 查询运行结果

实验步骤如下:

(1) 新建查询,添加学生表,添加省份字段。平均年龄字段可以利用 Avg()、Year()和 Date()函数计算得到,其计算表达式如图 3-22 所示。

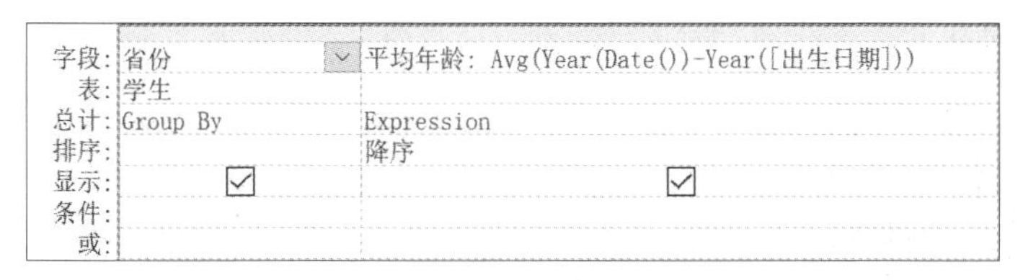

字段:	省份	平均年龄: Avg(Year(Date())-Year([出生日期]))
表:	学生	
总计:	Group By	Expression
排序:		降序
显示:	☑	☑
条件:		
或:		

图 3-22　Q10 查询的“字段”行与“总计”行的设置

(2) 设置“总计”行。选择“查询设计”选项卡的“显示/隐藏”组,单击“汇总”按钮,则查询设计视图会在“表”和“排序”之间显示“总计”行,在“总计”行分别为省份字段和平均年龄字段选择 Group By 和 Expression,其设置结果如图 3-22 所示。

(3) 设置平均年龄保留 1 位小数位数。在平均年龄字段列上右击,在弹出的快捷菜单中选择“属性”,打开属性表对话框,设置“格式”项为“标准”,设置“小数位数”项为 1,其设置结果如图 3-20 所示。

(4) 保存并运行查询。保存查询为 Q10,查询的运行结果如图 3-23 所示。

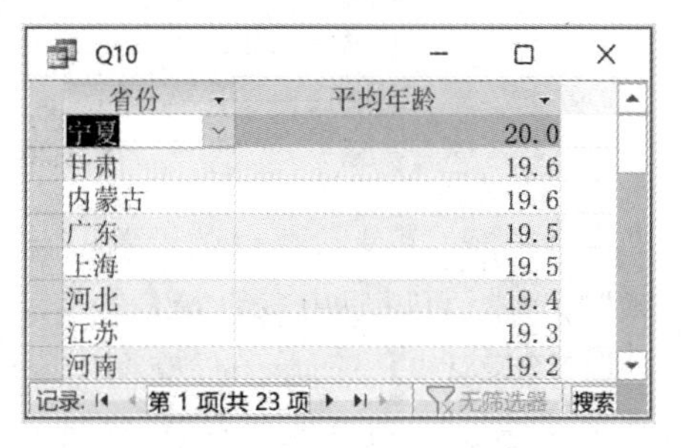

Q10

省份	平均年龄
宁夏	20.0
甘肃	19.6
内蒙古	19.6
广东	19.5
上海	19.5
河北	19.4
江苏	19.3
河南	19.2

记录: 第 1 项(共 23 项　无筛选器　搜索

图 3-23　Q10 查询运行结果

【实验验证 11】 查询的统计与分组:创建查询,统计教师表中不同学历的教师的人数和平均工龄(小数位数保留 1 位),查询名称为 Q11。

实验步骤如下:

(1) 新建查询,添加教师表。首先添加学历字段,再添加工号字段并为其设置新的字段名称“人数”,平均工龄字段可以利用工作日期字段和 Avg()、Year()和 Date()函数计算得到,其计算表达式如图 3-24 所示。

字段:	学历	人数: 工号	平均工龄: Avg(Year(Date())-Year([工作日期]))
表:	教师	教师	
总计:	Group By	计数	Expression
排序:			
显示:	☑	☑	☑
条件:			

图 3-24　“字段”行和“总计”行的设置

(2) 设置“总计”行。选择“查询设计”选项卡的“显示/隐藏”组,单击“汇总”按钮,则查询设计视图会在“表”和“排序”之间显示“总计”行。在“总计”行分别为学历、人数和平均工龄字段选择 Group By、计数和 Expression，其设置结果如图 3-24 所示。

(3) 保存并运行查询。保存查询名称为 Q11，查询的运行结果如图 3-25 所示。

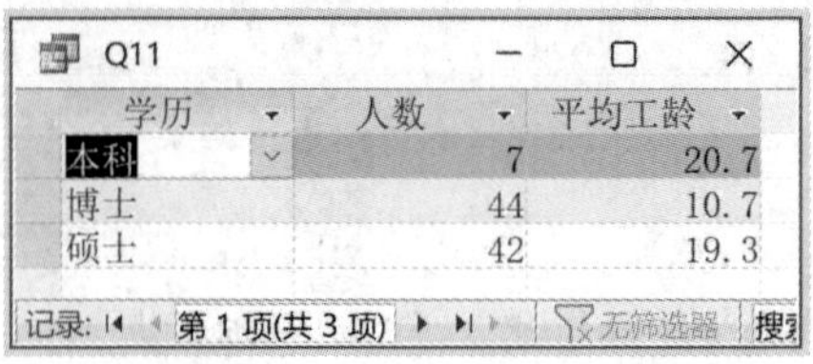

Q11

学历	人数	平均工龄
本科	7	20.7
博士	44	10.7
硕士	42	19.3

记录：第 1 项(共 3 项) 无筛选器 搜索

图 3-25　Q11 查询运行结果

二、实验设计

【实验设计 1】 简单条件查询。创建查询，显示学生表中少数民族学生的信息，字段显示学号、姓名、省份、民族和班级，保存查询名称为 QD1，查询的运行结果如图 3-26 所示。

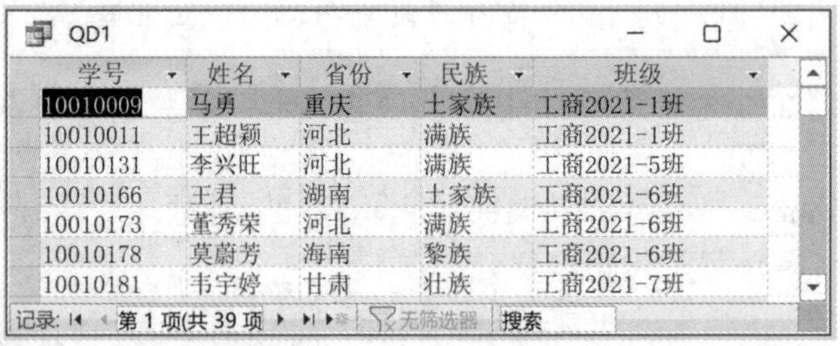

QD1

学号	姓名	省份	民族	班级
10010009	马勇	重庆	土家族	工商2021-1班
10010011	王超颖	河北	满族	工商2021-1班
10010131	李兴旺	河北	满族	工商2021-5班
10010166	王君	湖南	土家族	工商2021-6班
10010173	董秀荣	河北	满族	工商2021-6班
10010178	莫蔚芳	海南	黎族	工商2021-6班
10010181	韦宇婷	甘肃	壮族	工商2021-7班

记录：第 1 项(共 39 项) 无筛选器 搜索

图 3-26　QD1 查询运行结果

实验提示：在查询条件的设置中，筛选少数民族的学生可以理解为筛选民族字段“不是汉族”的学生，可以使用多种方式表达，如：Not "汉族"或者<>"汉族"。

【实验设计 2】 简单条件查询。创建查询，显示课程表中第 1 学期开设的课程中学时数小于或等于 32 的课程信息，字段显示课程编号、课程名称、学时、学分和学期，保存查询名称为 QD2。

实验提示：查询设计视图的条件设置有两个，在学时字段的“条件”行中输入<=32，在学期字段的“条件”行中输入“1”。查询的运行结果如图 3-27 所示。

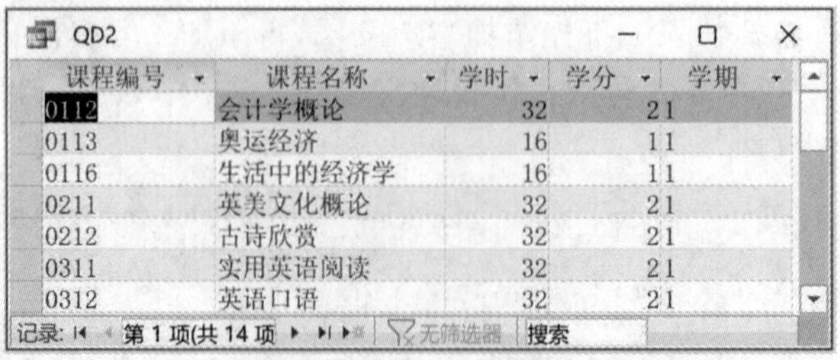

QD2

课程编号	课程名称	学时	学分	学期
0112	会计学概论	32	2	1
0113	奥运经济	16	1	1
0116	生活中的经济学	16	1	1
0211	英美文化概论	32	2	1
0212	古诗欣赏	32	2	1
0311	实用英语阅读	32	2	1
0312	英语口语	32	2	1

记录：第 1 项(共 14 项) 无筛选器 搜索

图 3-27　QD2 查询运行结果

【实验设计 3】 简单条件查询。创建查询，显示所有年龄大于 20 岁的学生党员信息，字段显示学院名称、学号、姓名、出生日期和党员否，保存查询名称为 QD3。

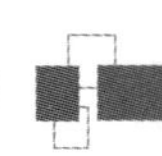

实验提示：

(1) 需要选择两张表：学院表和学生表。

(2) 查询条件需设置两个：年龄大于 20 岁并且是党员。其中，年龄的计算需要使用出生日期字段结合 Year()函数和 Date()函数来完成。查询的运行结果如图 3-28 所示。

QD3

学院名称	学号	姓名	出生日期	党员否
经济管理学院	10010001	王萌	2001年9月21日	☑
经济管理学院	10010010	宋志慧	2000年1月28日	☑
经济管理学院	10010016	祝闯	2001年12月9日	☑
经济管理学院	10010034	申自强	2001年4月30日	☑
经济管理学院	10010086	姚利芳	2001年9月1日	☑
经济管理学院	10010191	柴建	2001年6月28日	☑

记录：第 1 项(共 26 项　无筛选器　搜索

图 3-28　QD3 查询运行结果

【实验设计 4】 简单条件查询。创建查询，显示讲授“管理学”课程的教师信息，字段显示课程名称、工号、姓名和职称，保存查询名称为 QD4。

实验提示：需要在“显示表”对话框中选择三张表：教师、授课和课程。查询的运行结果如图 3-29 所示。

QD4

课程名称	工号	姓名	职称
管理学	010001	刘芳	教授
管理学	010006	祁晓宇	讲师
管理学	010007	黄杰侠	教授
*			

记录：第 1 项(共 3 项)　无筛选器　搜索

图 3-29　QD4 查询运行结果

【实验设计 5】 在查询中使用通配符。创建查询，显示学生表中姓名是两个汉字并且姓李的学生，字段显示学号、姓名、性别、班级和年龄，保存查询名称为 QD5。

实验提示：

(1) 学生表中只有出生日期字段，没有年龄字段，因此，生成年龄字段可以使用的表达式为“年龄：Year(Date())－Year([出生日期])”。

(2) 查询条件可以使用通配符表达式“Like "李?"”来表达姓李并且姓名只有两个汉字。查询的运行结果如图 3-30 所示。

QD5

学号	姓名	性别	班级	年龄
10010006	李楠	男	工商2021-1班	18
10010044	李莉	女	工商2021-2班	20
10010045	李敏	女	工商2021-2班	20
10010095	李青	男	工商2021-4班	20
10010130	李辉	男	工商2021-5班	21
10010143	李梅	女	工商2021-5班	19
10010175	李睿	女	工商2021-6班	18

记录：第 1 项(共 51 项　无筛选器　搜索

图 3-30　QD5 查询运行结果

【实验设计 6】 在查询中使用通配符。创建查询，显示学生表中不满 20 岁的女生信息，字段显示学号、姓名、性别、班级和年龄，保存查询名称为 QD6。

实验提示：

(1) 年龄字段的生成可参考实验设计 5。

(2) 条件的设置中，不满 20 岁可使用“Like "1?"”。

(3) 保存并运行查询。保存查询的名称为 QD6，查询的运行结果如图 3-31 所示。

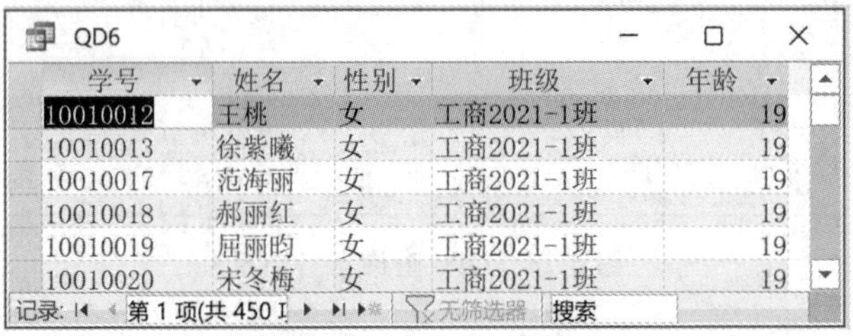

QD6

学号	姓名	性别	班级	年龄
10010012	王桃	女	工商2021-1班	19
10010013	徐紫曦	女	工商2021-1班	19
10010017	范海丽	女	工商2021-1班	19
10010018	郝丽红	女	工商2021-1班	19
10010019	屈丽昀	女	工商2021-1班	19
10010020	宋冬梅	女	工商2021-1班	19

记录: 第 1 项(共 450 I 无筛选器 搜索

图 3-31　QD6 查询运行结果

【实验设计 7】 查询的有序输出。创建查询，显示学生表中“经济管理学院”的学生信息，按照性别的降序排序，性别相同的再按照出生日期的升序排序，字段的显示顺序为学院名称、学号、姓名、性别、出生日期和党员否，保存查询名称为 QD7。

实验提示：

(1) 需要选择两张表：学院表和学生表。

(2) 注意排序的顺序，查询的运行结果如图 3-32 所示。

QD7

学院名称	学号	姓名	性别	出生日期	党员否
经济管理学院	10010358	赵同梅	女	1999年1月24日	☐
经济管理学院	10010219	卢秀珍	女	1999年11月7日	☐
经济管理学院	10010235	祁长洲	女	1999年12月31日	☐
经济管理学院	10010010	宋志慧	女	2000年1月28日	☑
经济管理学院	10010247	周丽丽	女	2000年11月30日	☐
经济管理学院	10010052	信思杰	女	2001年1月31日	☐
经济管理学院	10010174	郭春红	女	2001年4月1日	☐
经济管理学院	10010545	顾雪梅	女	2001年4月23日	☐
经济管理学院	10010429	滕红艳	女	2001年8月14日	☐
经济管理学院	10010002	董兆芳	女	2001年8月16日	☐

记录: 第 1 项(共 564 I 无筛选器 搜索

图 3-32　QD7 查询运行结果

【实验设计 8】 查询的有序输出。创建查询，不改变实验设计 7 中的查询条件和排序顺序，只将字段的显示顺序调整为学院名称、学号、姓名、出生日期、性别和党员否，保存查询名称为 QD8。

实验提示：若按照字段的显示顺序，“出生日期”字段比“性别”字段排序的优先级高，即排序的顺序是先按照“出生日期”排序，出生日期相同的才按照“性别”排序。因此，若要提高“性别”的排序优先级，可以在字段选择时，在不同的字段位置重复两次选择“性别”字段，第一个“性别”字段不显示，字段位置在出生日期字段的左侧，只用于排序；第二个“性别”字段只用于显示，字段位置在出生日期字段的右侧。查询的运行结果如图 3-33 所示。

【实验设计 9】 查询的统计与分组。创建查询，统计选课表中课程编号是 0101 的课程

学院名称	学号	姓名	出生日期	性别	党员否
经济管理学院	10010358	赵同梅	1999年1月24日	女	☐
经济管理学院	10010219	卢秀珍	1999年11月7日	女	☐
经济管理学院	10010235	祁长洲	1999年12月31日	女	☐
经济管理学院	10010010	宋志慧	2000年1月28日	女	☑
经济管理学院	10010247	周丽丽	2000年11月30日	女	☐
经济管理学院	10010052	信思杰	2001年1月31日	女	☐
经济管理学院	10010174	郭春红	2001年4月1日	女	☐
经济管理学院	10010545	顾雪梅	2001年4月23日	女	☐
经济管理学院	10010429	滕红艳	2001年8月14日	女	☐
经济管理学院	10010002	董兆芳	2001年8月16日	女	☐

图 3-33 QD8 查询运行结果

的平均成绩、最高成绩和最低成绩，平均成绩要求保留 1 位小数，保存查询名称为 QD9。

实验提示：

(1) 添加课程编号字段，再重复添加 3 个成绩字段并分别更改其字段名为平均成绩、最高成绩和最低成绩。

(2) 在课程编号字段的条件行输入条件“0101”。

(3) 添加“总计”行，为 4 个字段分别选择 Group By、平均值、最大值和最小值。

(4) 设置平均成绩字段的显示格式。在平均成绩字段列内右击，在弹出的快捷菜单中选择“属性”，在弹出的属性表对话框中设置“格式”为“标准”，“小数位数”为“1”。查询的运行结果如图 3-34 所示。

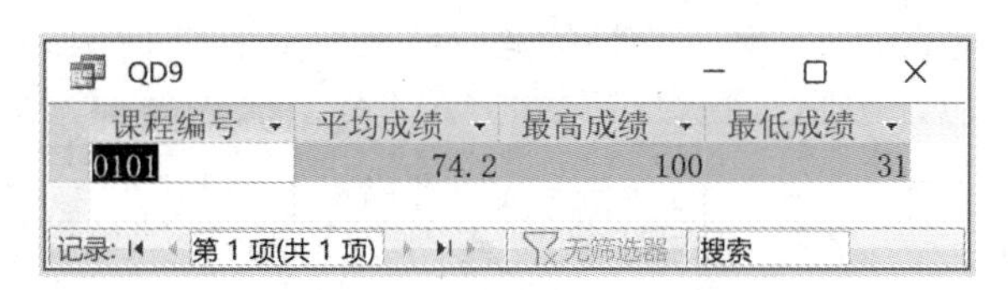

课程编号	平均成绩	最高成绩	最低成绩
0101	74.2	100	31

图 3-34 QD9 查询运行结果

【实验设计 10】 查询的统计与分组。创建查询，统计学生表中来自山东省的学生人数和平均年龄，平均年龄保留 1 位小数，保存查询名称为 QD10。

实验提示：

(1) 添加省份和学号字段，设置学号字段的新字段名称为人数。平均年龄字段可以使用表达式“平均年龄：Avg(Year(Date())－Year([出生日期])) ”生成。

(2) 在省份字段的条件行输入条件“山东”。

(3) 添加“总计”行，为 3 个字段分别选择 Group By、计数和 Expression。

(4) 设置平均年龄字段的显示格式。在平均年龄字段列内右击，在弹出的快捷菜单中选择“属性”，在弹出的属性表对话框中设置“格式”为“标准”，“小数位数”为 1。查询的运行结果如图 3-35 所示。

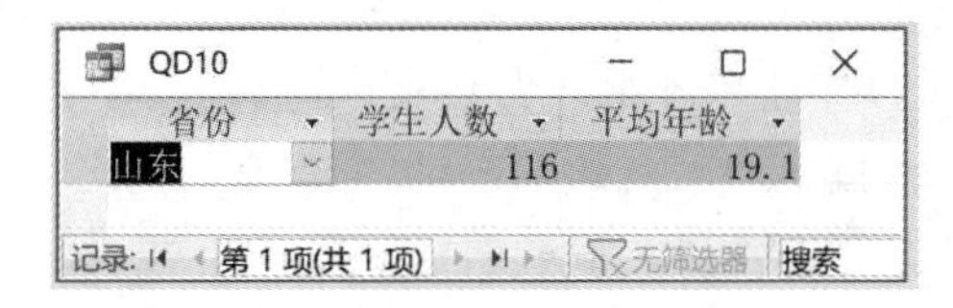

省份	学生人数	平均年龄
山东	116	19.1

图 3-35 QD10 查询运行结果

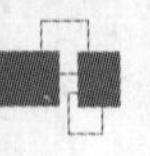

【实验设计 11】 查询的统计与分组。创建查询，统计教师表中职称是“副教授”的人数、平均工资、最高工资和最低工资，保存查询名称为 QD11。

实验提示：可以参考实验设计 9 与实验设计 10 完成。查询的运行结果如图 3-36 所示。

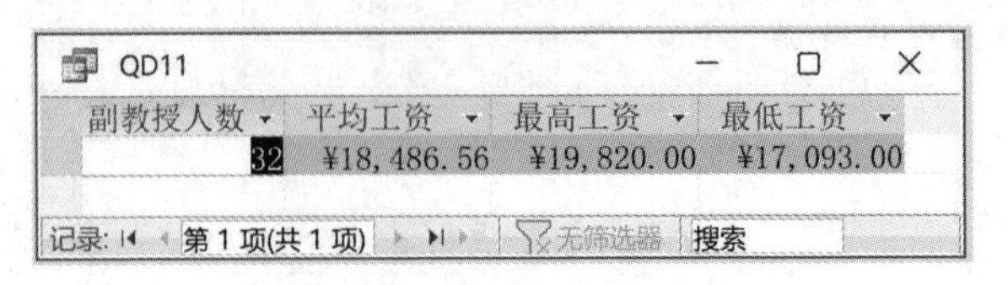

QD11

副教授人数	平均工资	最高工资	最低工资
32	¥18,486.56	¥19,820.00	¥17,093.00

记录: 第 1 项(共 1 项) 无筛选器 搜索

图 3-36 QD11 查询运行结果

【实验设计 12】 查询的统计与分组。创建查询，统计选课表中各门已考课程的选课人数、平均成绩、最高成绩和最低成绩，平均成绩要求保留 1 位小数。字段显示课程编号、选课人数、平均成绩、最高成绩和最低成绩，保存查询名称为 QD12。

实验提示：

（1）分别添加课程编号字段和 5 个成绩字段，设置前 4 个成绩字段的新字段名称分别为选课人数、平均成绩、最高成绩和最低成绩。设置最后一个成绩字段的显示属性为不显示。

（2）设置条件。在最后一个成绩字段的条件行输入条件“Is Not Null”。

（3）添加“总计”行，为前 5 个字段分别选择 Group By、计数、平均值、最大值和最小值。

（4）设置平均成绩的小数位数。查询的运行结果如图 3-37 所示。

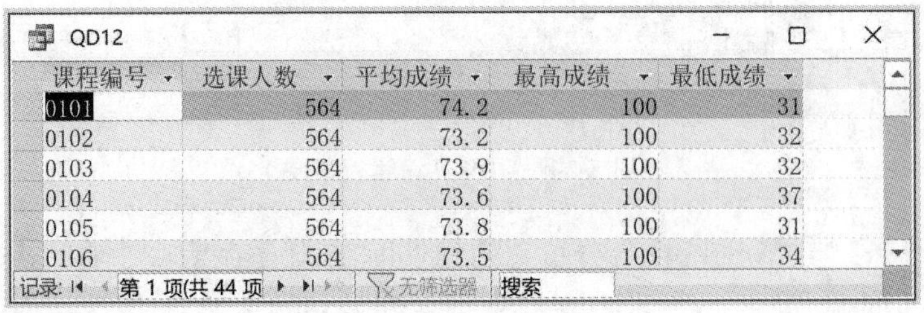

QD12

课程编号	选课人数	平均成绩	最高成绩	最低成绩
0101	564	74.2	100	31
0102	564	73.2	100	32
0103	564	73.9	100	32
0104	564	73.6	100	37
0105	564	73.8	100	31
0106	564	73.5	100	34

记录: 第 1 项(共 44 项 无筛选器 搜索

图 3-37 QD12 查询运行结果

【实验设计 13】 查询的统计与分组。创建查询，统计学生表中来自各个省份的学生人数和平均年龄，平均年龄字段的值保留 1 位小数，保存查询名称为 QD13。

实验提示：

（1）添加省份和学号字段，并为学号字段设置新的字段名称“学生人数”，平均年龄字段可以使用表达式“平均年龄:Avg(Year(Date())−Year([出生日期]))”生成。

（2）添加“总计”行，为 3 个字段分别选择 Group By、计数和 Expression。

（3）设置平均年龄字段的小数位数。查询的运行结果如图 3-38 所示。

【实验设计 14】 查询的统计与分组。创建查询，统计教师表中各类职称的人数、平均工资、最高工资和最低工资，按平均工资的降序排序，保存查询名称为 QD14。

实验提示：其设计过程可以参考实验设计 9～实验设计 13。查询运行结果如图 3-39 所示。

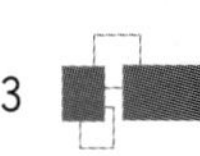

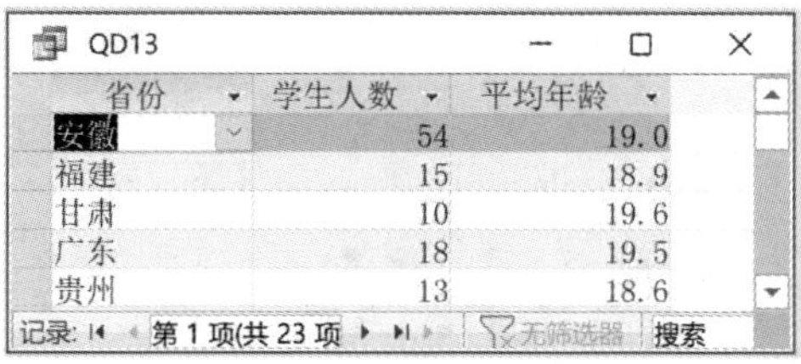

省份	学生人数	平均年龄
安徽	54	19.0
福建	15	18.9
甘肃	10	19.6
广东	18	19.5
贵州	13	18.6

记录: 第1项(共23项) 无筛选器 搜索

图 3-38 QD13 查询运行结果

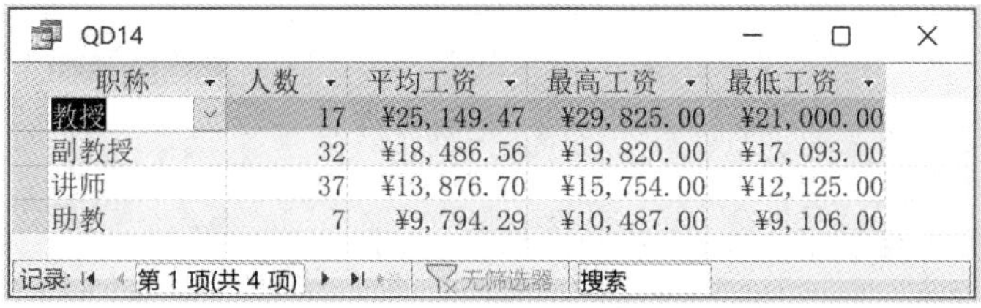

职称	人数	平均工资	最高工资	最低工资
教授	17	¥25,149.47	¥29,825.00	¥21,000.00
副教授	32	¥18,486.56	¥19,820.00	¥17,093.00
讲师	37	¥13,876.70	¥15,754.00	¥12,125.00
助教	7	¥9,794.29	¥10,487.00	¥9,106.00

记录: 第1项(共4项) 无筛选器 搜索

图 3-39 QD14 查询运行结果

3.2 建立参数查询

要求掌握参数查询的作用以及创建单参数查询和多参数查询的方法。

一、实验验证

【实验验证 12】 单参数查询：根据用户输入的省份查询学生的相关信息，字段显示学号、姓名、性别、出生日期、党员否和省份，按照性别的降序排序，保存查询名称为 Q12。

实验步骤如下：

(1) 新建查询，打开设计视图，添加学生表并依次添加学号、姓名、性别、出生日期、党员否和省份字段。

(2) 选择性别字段的排序方式为降序，在省份字段的条件中输入“[请输入查询的省份：]”，其设置结果如图 3-40 所示。

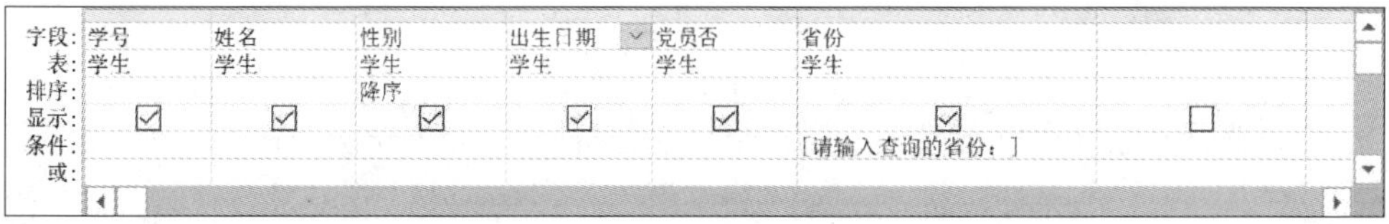

字段:	学号	姓名	性别	出生日期	党员否	省份	
表:	学生	学生	学生	学生	学生	学生	
排序:			降序				
显示:	☑	☑	☑	☑	☑	☑	☐
条件:						[请输入查询的省份：]	
或:							

图 3-40 排序与条件设置

(3) 保存并运行查询。保存查询为 Q12，运行查询，弹出“输入参数值”对话框，如图 3-41 所示。在“请输入查询的省份：”下面的文本框中输入“江苏”，单击“确定”按钮，显示的查询结果如图 3-42 所示。若输入的参数无效，则查询结果只显示一条空记录。

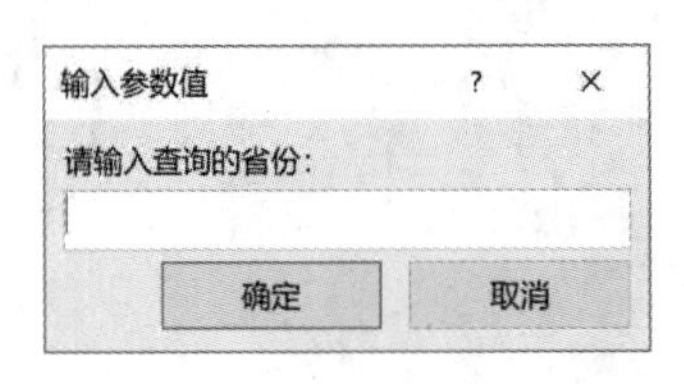

图 3-41 “输入参数值”对话框

例3-18

学号	姓名	性别	出生日期	党员否	省份
10010560	张红艳	女	2004年9月22日	☑	江苏
10010521	宋歌	女	2003年4月13日	☐	江苏
10010522	王宏燕	女	2003年1月29日	☐	江苏
10010524	武方方	女	2003年4月4日	☐	江苏
10010525	薛菊健	女	2003年10月2日	☐	江苏
10010526	杨敏	女	2004年2月25日	☐	江苏
10010530	张妍雯	女	2004年12月17日	☐	江苏
10010545	顾雪梅	女	2001年4月23日	☐	江苏

记录: 第 1 项(共 632 项) 无筛选器 搜索

图 3-42 Q12 单参数查询运行结果

【实验验证 13】 多参数查询：根据输入的“性别”和“课程名称”查询学生的成绩，字段显示学号、姓名、性别、课程名称和成绩，保存查询名称为 Q13。

实验步骤如下：

(1) 利用设计视图新建查询，分别添加学生、选课和课程表，依次添加学号、姓名、性别、课程名称和成绩字段。

(2) 在性别字段的“条件”行中输入“[请输入性别:]”，在课程名称字段的“条件”行中输入“[请输入课程名称:]”，其设置如图 3-43 所示。

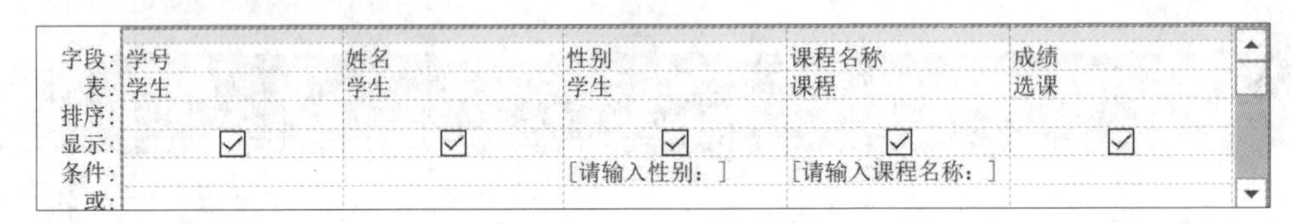

图 3-43 多参数查询设置

(3) 保存并运行查询。保存查询为 Q13，运行查询将弹出第 1 个“输入参数值”对话框，如图 3-44 所示。在“请输入性别:”文本框中输入“女”，单击“确定”按钮将弹出第 2 个“输入参数值”对话框，如图 3-45 所示。在“请输入课程名称:”文本框中输入“管理学”，单击“确定”按钮关闭对话框，查询的运行结果如图 3-46 所示。

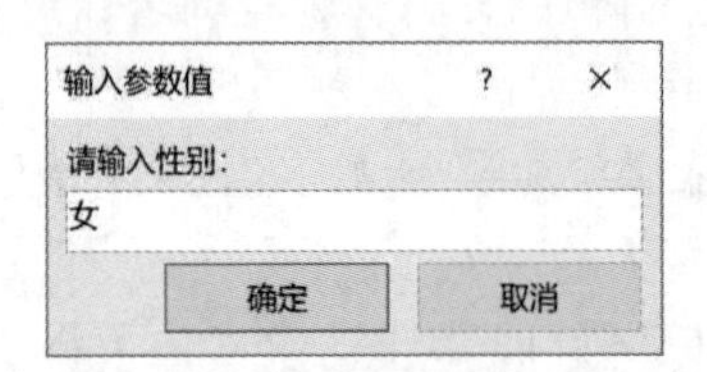

图 3-44 第 1 个“输入参数值”对话框

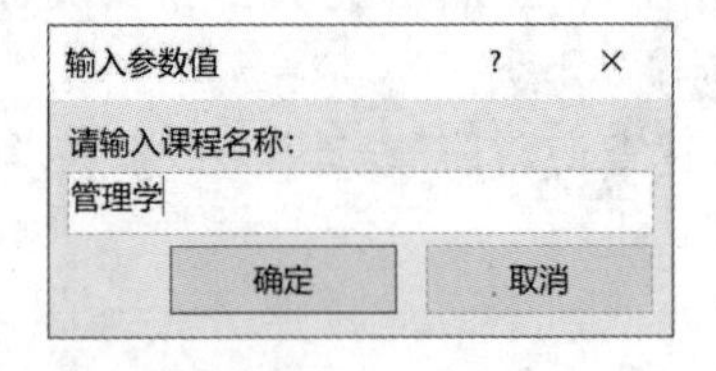

图 3-45 第 2 个“输入参数值”对话框

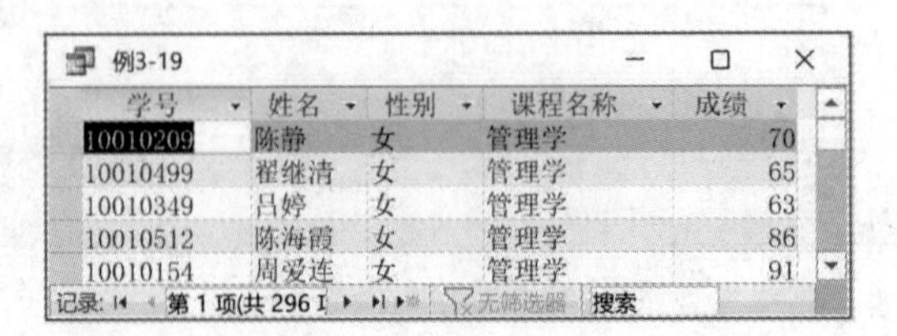

例3-19

学号	姓名	性别	课程名称	成绩
10010209	陈静	女	管理学	70
10010499	翟继清	女	管理学	65
10010349	吕婷	女	管理学	63
10010512	陈海霞	女	管理学	86
10010154	周爱连	女	管理学	91

记录: 第 1 项(共 296 项) 无筛选器 搜索

图 3-46 Q13 多参数查询结果

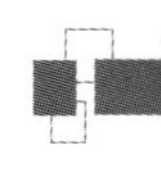

二、实验设计

【实验设计 15】 单参数查询：创建查询，根据用户输入的学院名称查询该学院的教师信息，字段显示学院名称、工号、姓名、学历和职称，保存查询名称为 QD15。

实验提示：在学院名称字段的条件中输入“[请输入查询的学院名称：]”。查询运行结果如图 3-47 和图 3-48 所示。

输入参数值
?
×
请输入查询的学院名称:
经济管理学院
确定
取消

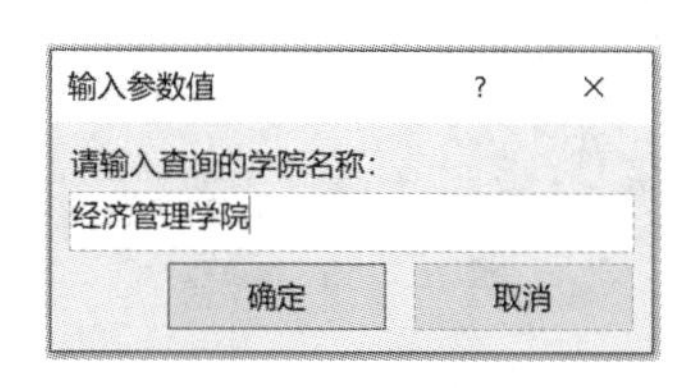

图 3-47 “输入参数值”对话框

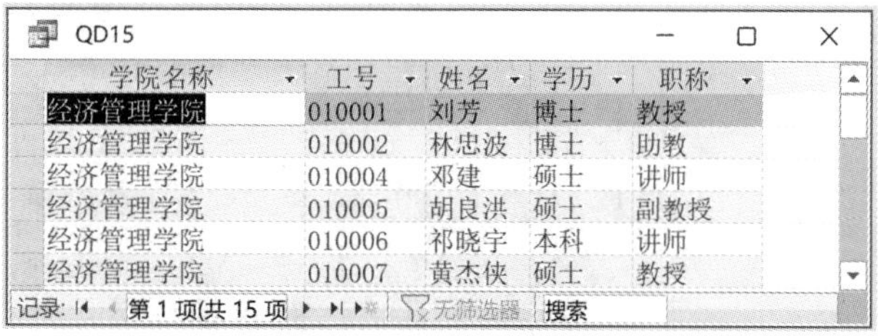

QD15
学院名称
工号
姓名
学历
职称
经济管理学院 010001 刘芳 博士 教授
经济管理学院 010002 林忠波 博士 助教
经济管理学院 010004 邓建 硕士 讲师
经济管理学院 010005 胡良洪 硕士 副教授
经济管理学院 010006 祁晓宇 本科 讲师
经济管理学院 010007 黄杰侠 硕士 教授
记录: 第 1 项(共 15 项
无筛选器
搜索

图 3-48 QD15 查询运行结果

【实验设计 16】 多参数查询：创建查询，根据用户输入的学院名称和职称查询该学院的教师信息，字段显示学院名称、职称、工号、姓名和学历，保存查询名称为 QD16。

实验提示：

（1）建立参数查询是在查询设计视图的条件选项中，在一个或多个字段中输入用方括号[]括起来的提示信息。单参数查询为一个字段设置提示信息，多参数查询则为多个字段设置提示信息。

（2）保存查询的名称为 QD16。运行查询时，在两次弹出的“输入参数值”对话框中依次输入学院名称如“经济管理学院”、职称如“教授”，即可完成多参数查询过程，查询结果如图 3-49 所示。

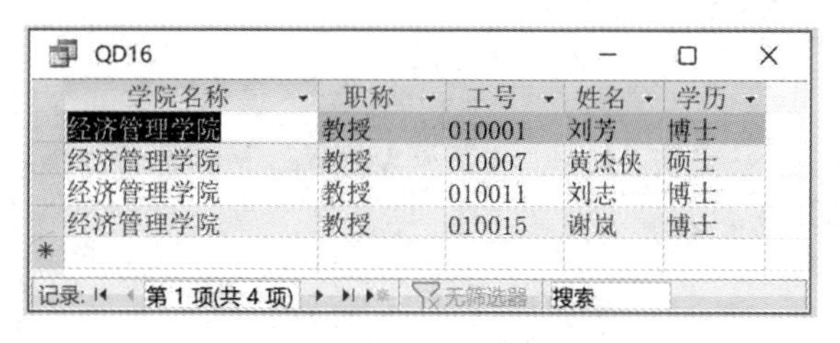

QD16
学院名称
职称
工号
姓名
学历
经济管理学院 教授 010001 刘芳 博士
经济管理学院 教授 010007 黄杰侠 硕士
经济管理学院 教授 010011 刘志 博士
经济管理学院 教授 010015 谢岚 博士
记录: 第 1 项(共 4 项)
无筛选器
搜索

图 3-49 QD16 查询运行结果

3.3 建立交叉表查询

要求掌握利用向导建立交叉表查询的过程，掌握利用设计视图修改交叉表查询的方法，了解如何利用设计视图创建交叉表查询。

一、实验验证

【实验验证 14】 利用向导创建交叉表查询，分组显示学生表中不同性别、不同省份的学生人数，查询名称为 Q14。

(1) 新建交叉表查询向导。打开教学管理系统数据库，单击“创建”选项卡中“查询”组中的“查询向导”按钮，弹出“新建查询”对话框，如图 3-50 所示。在“新建查询”对话框中选择“交叉表查询向导”，单击“确定”按钮弹出“交叉表查询向导”对话框。

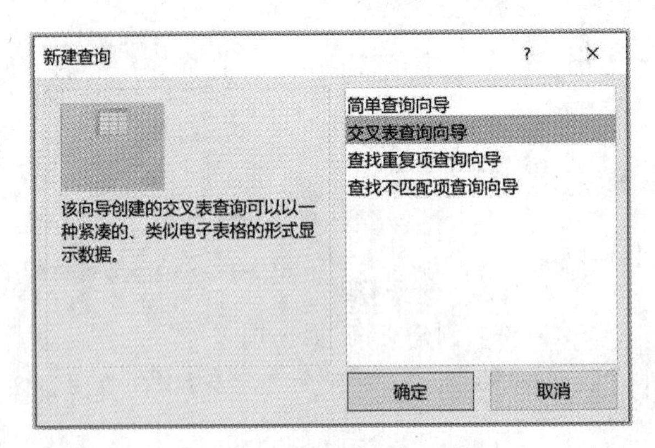

图 3-50 “新建查询”对话框

(2) 为查询指定数据源。“交叉表查询向导”对话框如图 3-51 所示，其中，“视图”项默认选择的是“表”。在“视图”项上方的列表中选择“表：学生”，单击“下一步”按钮打开下一个对话框，进行交叉表查询的行标题的设置。

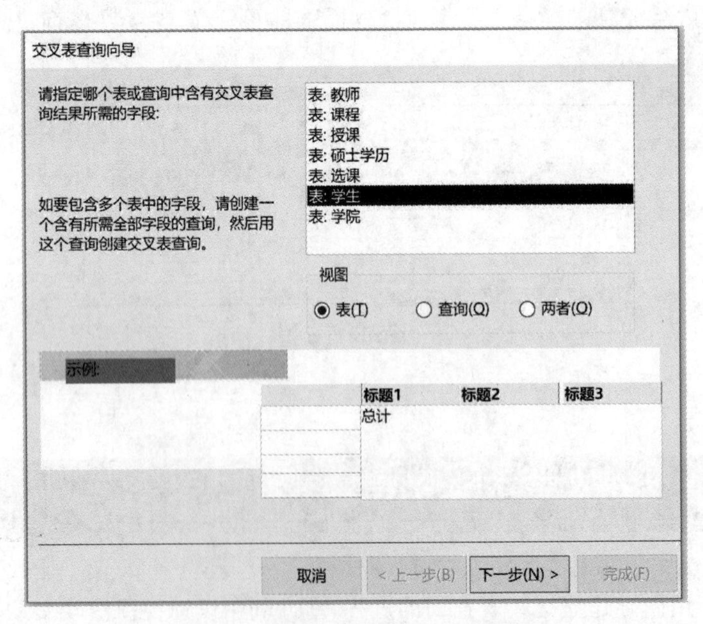

图 3-51 为交叉表查询指定数据源

(3) 为交叉表查询指定行标题。在“可用字段”下的列表中双击性别字段，如图 3-52 所示,在"示例"项中性别字段会出现在行标题的位置,当运行查询时,性别字段及其字段内容将会显示在查询结果的第1列中。单击"下一步"按钮打开下一个对话框,进行交叉表查询中列标题的设置。

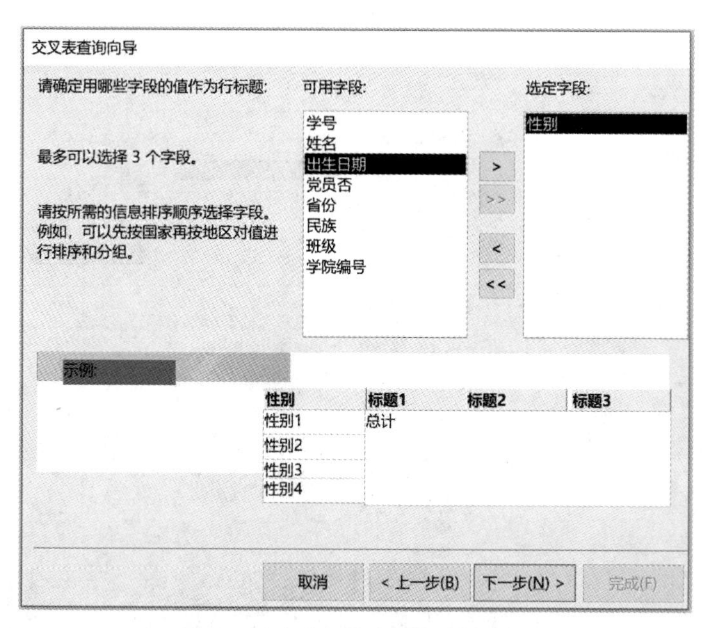

图 3-52 为交叉表查询指定行标题

(4) 为交叉表查询指定列标题。如图 3-53 所示,选择"省份",则省份字段被设定为交叉表查询的列标题。当查询运行时,省份字段的内容将无重复地显示在查询结果第一行记录的上方,即在原来字段名显示的位置上。单击"下一步"按钮进行交叉点数据的设置。

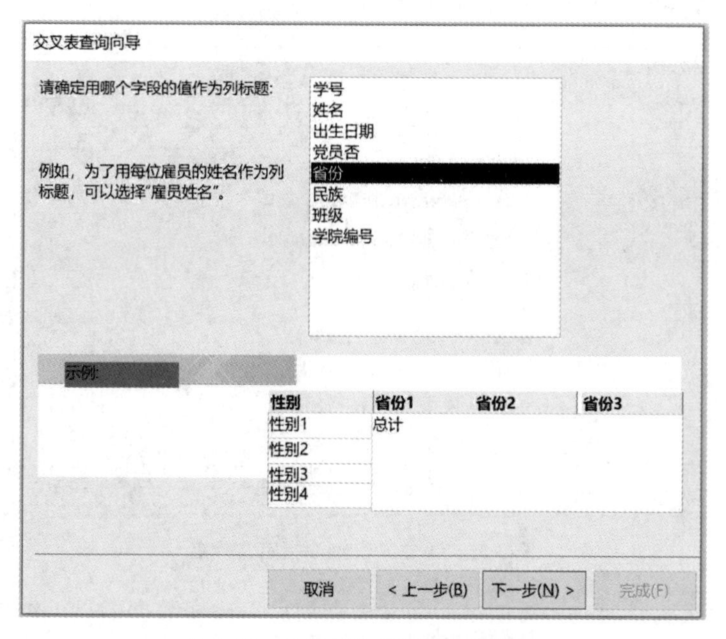

图 3-53 为交叉表查询指定列标题

(5) 为交叉表查询指定交叉点计算数据。如图 3-54 所示,在“字段”项选择学号,在“函数”项选择“计数”,即设定计数(学号)作为行与列交叉点的计算数据。在“请确定是否为每一行作小计:”下的复选框内单击,取消其中的对号,即不允许系统自动为查询增加小计列。单击“下一步”按钮,为交叉表查询指定文件名。

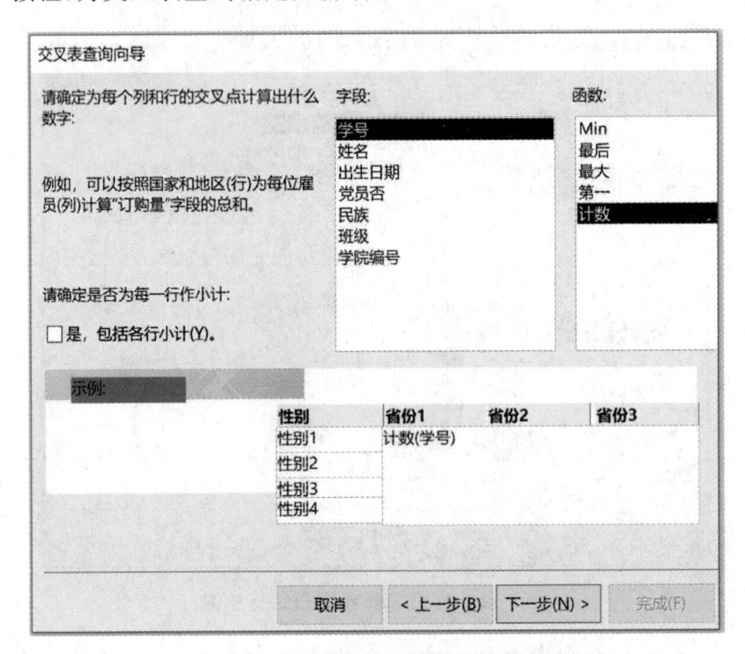

图 3-54　为交叉表查询指定交叉点计算数据

(6) 为交叉表查询指定文件名为 Q14。如图 3-55 所示,系统默认的完成查询时的查询运行方式是“查看查询”,单击“完成”按钮即可。

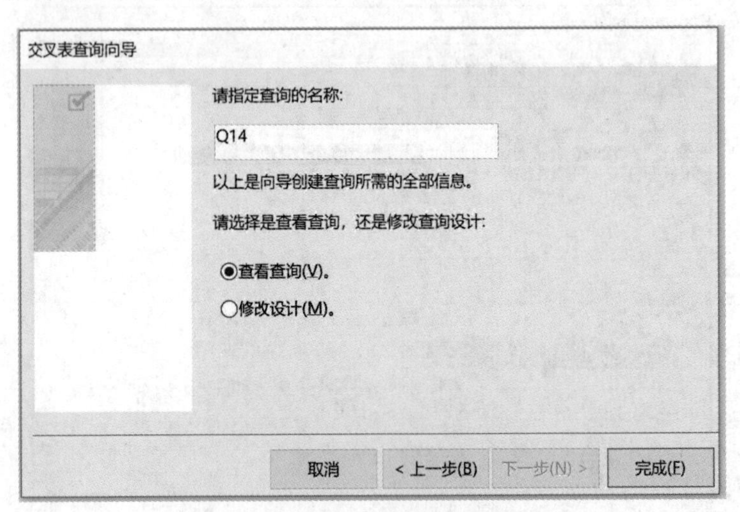

图 3-55　为交叉表查询指定文件名

(7) 查看交叉表查询的运行结果。交叉表查询可以改变数据的显示结构,按照某种特定的查看方式重新组织数据,其运行结果如图 3-56 所示。

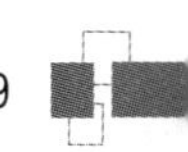

Q14

性别	总计 学号	安徽	福建	甘肃	广东
男	707	35	9	4	14
女	612	19	6	6	4

记录: 第 1 项(共 2 项) 无筛选器 搜索

图 3-56 交叉表查询的运行结果

【实验验证 15】 利用向导创建交叉表查询，要求行标题是班级、学号和姓名，列标题是课程名称，行列交叉数据为成绩，查询名称为 Q15。

(1) 创建新查询，抽取三张表中的字段作为交叉表查询的数据源。利用设计视图新建查询，在“添加表”对话框中添加学生、课程和选课表，在三张表中分别选取字段：班级、学号、姓名、课程名称和成绩。保存查询名为“Q15 数据源”，完成交叉表查询数据源的设计。

(2) 新建交叉表查询向导。打开教学管理系统数据库，选择“创建”选项卡，单击“查询”组中的“查询向导”按钮，弹出“新建查询”对话框；在“新建查询”对话框中选择“交叉表查询向导”，单击“确定”按钮弹出“交叉表查询向导”对话框。

(3) 为查询指定数据源。在“交叉表查询向导”对话框中的“视图”项选择“查询”，然后在“视图”项上方的查询列表中选择“查询：Q15 数据源”，如图 3-57 所示，单击“下一步”按钮。

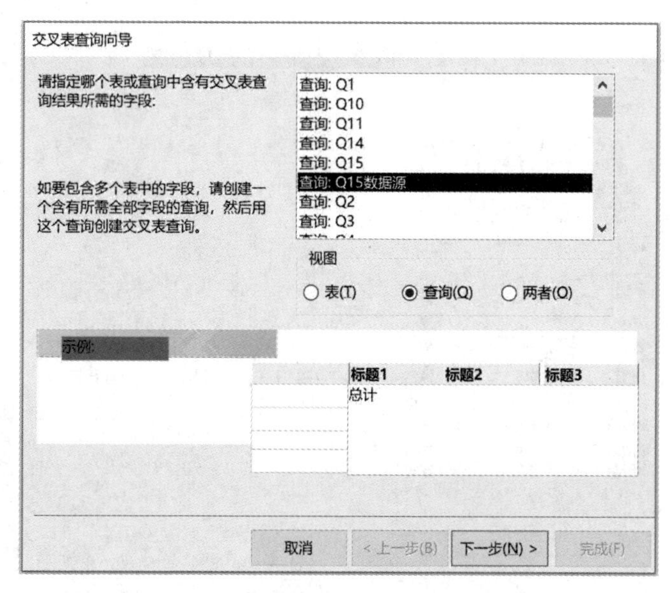

图 3-57 为交叉表查询指定数据源

(4) 为交叉表查询指定行标题。如图 3-58 所示，在“可用字段”项中分别双击班级、学号和姓名字段，在“示例”项中，班级、学号和姓名字段依次出现在行标题的位置。当查询运行时，班级、学号和姓名字段及其字段内容分别显示在第 1、2、3 列中。单击“下一步”按钮进行列标题的设置。

(5) 为交叉表查询指定列标题。如图 3-59 所示，选择课程名称字段，则课程名称字段被设定为交叉表查询的列标题。当运行查询时，课程名称字段的内容将无重复地显示在查询运行结果的第一行记录的上方。单击“下一步”按钮进行交叉点数据的设置。

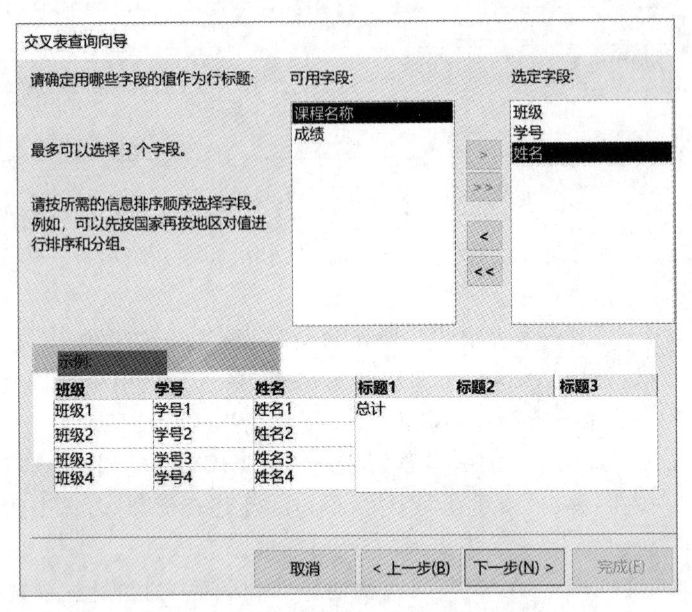

图 3-58　为交叉表查询指定行标题

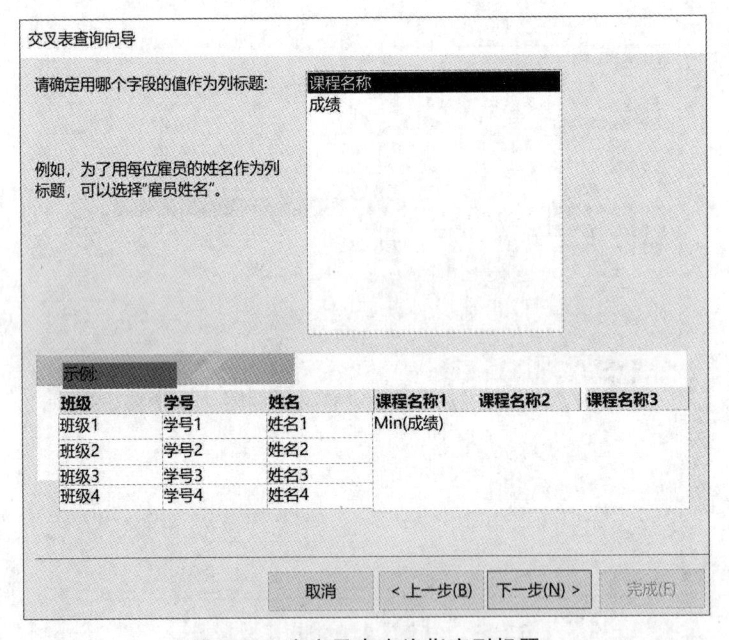

图 3-59　为交叉表查询指定列标题

(6) 为交叉表查询指定交叉点计算数据。如图 3-60 所示，在“字段”项选择成绩字段，在“函数”项选择“平均”，即设定平均(成绩)作为行与列交叉点的计算数据。不改变“请确定是否为每一行作小计：”下复选框的对号状态，即允许系统自动为查询增加小计列。单击“下一步”按钮，为交叉表查询指定文件名。

(7) 为交叉表查询指定文件名为 Q15，如图 3-61 所示，系统默认的完成查询时的查询运行方式是“查看查询”，单击“完成”按钮即可。

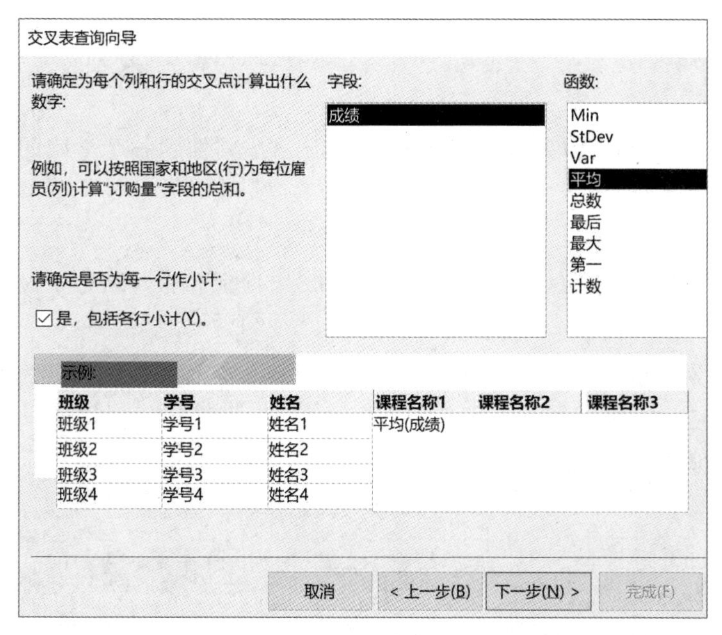

图 3-60 为交叉表查询指定交叉点计算数据

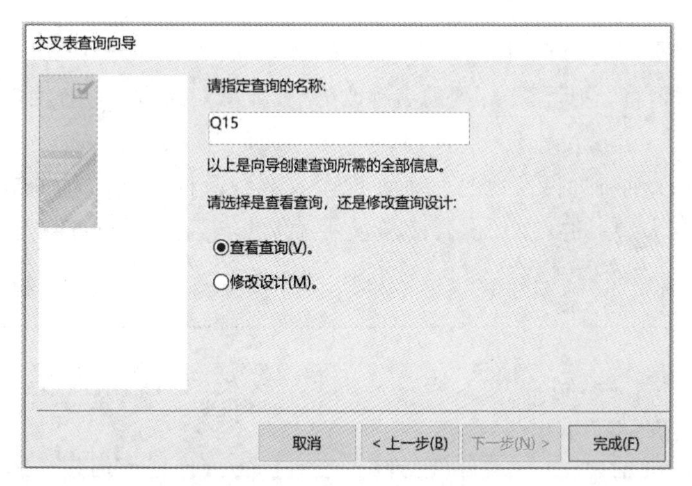

图 3-61 为交叉表查询指定文件名

(8) 交叉表查询的运行结果如图 3-62 所示，为了提高数据的显示效果，笔者对查询结果中的列顺序做了调整。

班级	学号	姓名	总计 成绩	Python程序	大学生心理	高等数学A(
德语2021－1班	10030105	李旻明	78.8461538461538	89	75	89
德语2021－1班	10030106	李雯倩	68.6363636363636	36	62	71
德语2021－1班	10030107	卢桂芹	71.7	87	82	70
德语2021－1班	10030108	袁媛	77.3636363636364	77	81	65
德语2021－1班	10030109	张紫薇	71.6363636363636	83	72	60
德语2021－1班	10030110	仝新法	79.6923076923077	89	99	94
德语2021－1班	10030111	何敏	69.1818181818182	54	70	53
德语2021－1班	10030112	刘琳琳	69.8	59	54	90

记录: 第 1 项(共 1319 无筛选器 搜索

图 3-62 Q15 交叉表查询的运行结果

二、实验设计

【**实验设计 17**】 利用向导创建交叉表查询，显示不同性别各个学院的教师人数，保存查询名称为 QD17。

实验提示：

(1) 建立新查询，从学院表和教师表中抽取工号、性别和学院名称字段，保存查询名称为“QD17 数据源”。

(2) 设置性别字段为交叉表查询的行标题，设置学院名称字段为交叉表查询的列标题，指定“计数”为交叉点计算数据。

查询运行结果如图 3-63 所示。

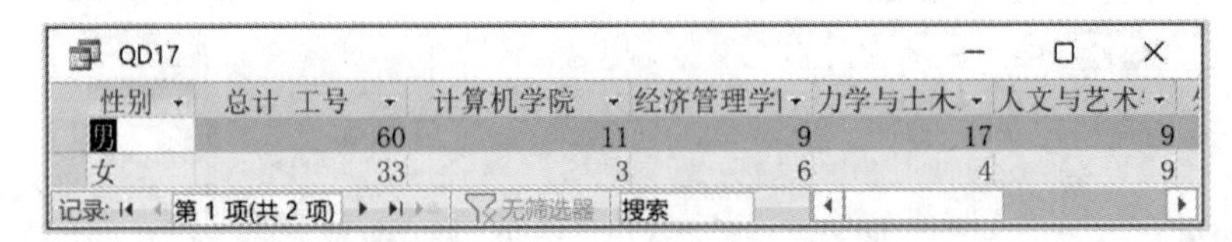
QD17

性别	总计 工号	计算机学院	经济管理学	力学与土木	人文与艺术
男	60	11	9	17	9
女	33	3	6	4	9

记录: 第 1 项(共 2 项) 无筛选器 搜索

图 3-63 QD17 交叉表查询运行结果

【**实验设计 18**】 利用设计视图修改交叉表查询。利用查询设计视图修改实验设计 17 中的查询运行结果，将“总计 工号”列的名称改为“教师总人数”，保存查询名称为 QD18。

实验提示：

在实验设计 17 的查询设计视图中增加了“交叉表”行，将字段名为“总计 工号：工号”的列改名为“教师总人数：工号”。将修改后的查询另存为 QD18，查询运行结果如图 3-64 所示。

QD18

性别	教师总人数	计算机学院	经济管理学	力学与土木	人文与艺术	外文学院
男	60	11	9	17	9	14
女	33	3	6	4	9	11

记录: 第 1 项(共 2 项) 无筛选器 搜索

图 3-64 QD18 查询运行结果

【**实验设计 19**】 利用设计视图创建交叉表查询。创建交叉表查询，按照学生的班级、学号和姓名字段分组显示课程名称及其成绩，要求显示所有的非选修课成绩，保存查询名称为 QD19。

实验提示：

(1) 建立新查询，从学生、选课和课程表中抽取所需字段，设置的查询条件是成绩不能为空并且课程性质为非选修课，保存查询名称为“QD19 数据源”。

(2) 以新建的查询为交叉表查询的数据源，利用交叉表查询设计视图设置查询的行标题、列标题和值，交叉表查询的运行结果如图 3-65 所示。

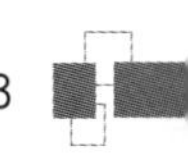

QD19

班级	学号	姓名	Python程序	电子商务	翻译理论	高等数学A(	高等数学A(	公共
德语2021－1班	10030105	李昊明	89		84	89	97	
德语2021－1班	10030106	李雯倩	36		76	71	59	
德语2021－1班	10030107	卢桂芹	87		82	70	47	
德语2021－1班	10030108	袁媛	77		83	65	86	
德语2021－1班	10030109	张紫薇	83		92	60	69	
德语2021－1班	10030110	仝新法	89		69	94	80	
德语2021－1班	10030111	何敏	54		84	53	68	

记录: 第 1 项(共 1319　无筛选器　搜索

图 3-65　QD19 查询运行结果

建立操作查询

常用的操作查询包括生成表查询、更新查询、追加查询和删除查询，要求掌握这四种操作查询的创建与使用。

一、实验验证

【实验验证 16】 使用生成表查询将教师表中学历是硕士的教师筛选出来，生成硕士学历表，保存查询名称为 Q16。

实验步骤如下：

（1）新建查询并添加表。打开教学管理系统数据库，选择“创建”选项卡，单击“查询”组中的“查询设计”按钮，在弹出的“添加表”对话框中选择教师表。

（2）选择查询类型。在“查询设计”选项卡的“查询类型”组中单击“生成表”按钮，将弹出“生成表”对话框。在“表名称”后的下拉框中输入生成新表的名称“硕士学历”，如图 3-66 所示，单击“确定”按钮。

图 3-66　生成表表名称的设置

（3）选择字段并设置生成表查询的条件。在教师表中双击最上方的 *，表示选择全部字段，再双击学历字段，即重复添加该字段；设置查询条件"硕士"，之后再取消该字段的显示状态，其设置结果如图 3-67 所示。

（4）保存并关闭查询。保存查询名称为 Q16，关闭查询设计视图。

查询1
教师
*
工号
姓名
性别
出生日期
工作日期
字段: 教师.*
表: 教师
排序:
显示:
条件:
或:
学历
教师
"硕士"

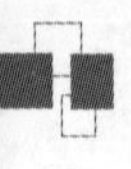

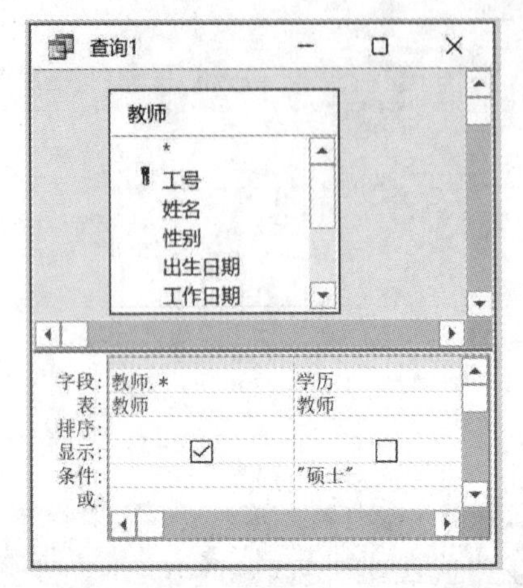

图 3-67　选择字段并设置生成表查询的条件

（5）运行查询生成新表。在数据库窗口中的“查询”对象中双击查询 Q16，弹出系统提示消息框，如图 3-68 所示，询问用户是否执行生成表查询以修改表中的数据。单击“是”按钮，再次弹出系统提示消息框，如图 3-69 所示，提示用户正在向新表粘贴数据。单击“是”按钮，即可在当前数据库中生成硕士学历表。

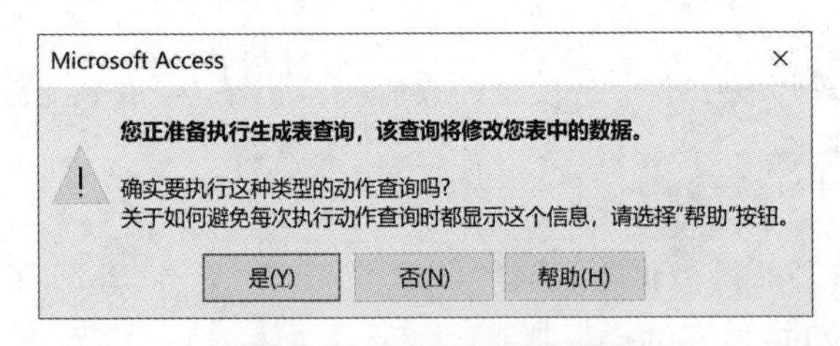

Microsoft Access
您正准备执行生成表查询，该查询将修改您表中的数据。
确实要执行这种类型的动作查询吗?
关于如何避免每次执行动作查询时都显示这个信息，请选择"帮助"按钮。
是(Y)
否(N)
帮助(H)

图 3-68　执行生成表查询

Microsoft Access
您正准备向新表粘贴 41 行。
单击"是"后，将不能用"撤消"命令来恢复更改。
确实要用选中的记录来创建新表吗?
是(Y)
否(N)

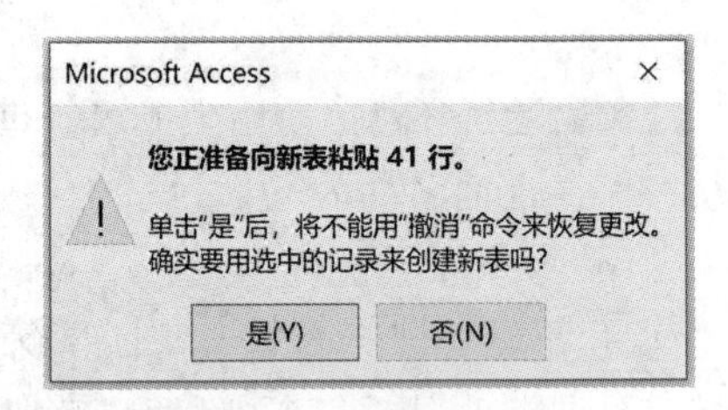

图 3-69　系统提示消息框

通过运行 Q16 生成表查询而生成的硕士学历表中共有 41 条记录，如图 3-70 所示。

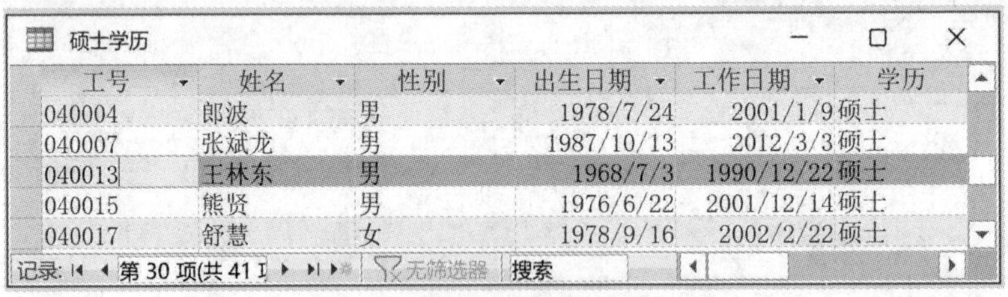

硕士学历
工号　姓名　性别　出生日期　工作日期　学历
040004　郎波　男　1978/7/24　2001/1/9　硕士
040007　张斌龙　男　1987/10/13　2012/3/3　硕士
040013　王林东　男　1968/7/3　1990/12/22　硕士
040015　熊贤　男　1976/6/22　2001/12/14　硕士
040017　舒慧　女　1978/9/16　2002/2/22　硕士
记录: 第 30 项(共 41 项
无筛选器
搜索

图 3-70　硕士学历表的数据表视图

【实验验证 17】　创建更新查询，将教师表中工号是 040014 的教师的学历由“本科”更新为“硕士”，保存查询名称为 Q17。

实验步骤如下：

（1）新建查询并添加表。打开教学管理系统数据库，选择“创建”选项卡，单击“查询”组中的“查询设计”按钮，在弹出的“添加表”对话框中选择教师表。

（2）选择更新查询并设定更新内容。在“查询设计”选项卡的“查询类型”组中单击“更新”按钮，查询设计视图中将增加“更新为”行，如图 3-71 所示。在学历字段的“更新为”行中输入"硕士",在工号字段下的"条件"行中输入"040014"即可设置对指定工号的记录进行更新。

(3) 保存并运行更新查询。保存查询名称为Q17,单击"运行"按钮,弹出系统提示消息框,如图3-72所示,提示执行更新查询将更新1行数据。单击"是"按钮,完成对指定表中数据的更新。

图3-71 更新查询的设置

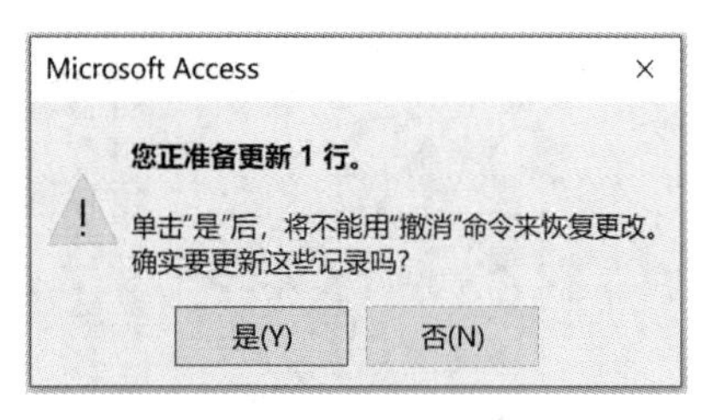

图3-72 更新提示

注意:*在运行查询之前,可以先打开教师表浏览工号是040014的教师的学历情况,若之前已经运行过该更新查询,则当前教师的学历已经更新为硕士了。可以先自行将教师表中其学历修改为本科,然后运行查询,再次打开教师表,即可看到更新后的教师学历发生了变化。*

(4) 查看更新结果。执行更新查询后的教师表的数据表视图如图3-73所示。

教师

工号	姓名	性别	出生日期	工作日期	学历	职称
040012	房雁雁	女	1982/4/28	2004/5/11	本科	讲师
040013	王林东	男	1968/7/3	1990/12/22	硕士	教授
040014	赵相成	男	1977/5/17	1999/6/18	硕士	讲师
040015	熊贤	男	1976/6/22	2001/12/14	硕士	副教授
040016	陈庭	男	1976/6/22	2000/8/23	博士	副教授

记录: 第 72 项(共 93 I 未筛选 搜索

图3-73 执行更新查询后的结果

【实验验证18】 创建追加查询,将教师表中工号是040014的教师追加到硕士学历表中,保存查询名称为Q18。

实验步骤如下:

(1) 新建查询并添加表。打开教学管理系统数据库,选择"创建"选项卡,单击"查询"组中的"查询设计"按钮,在弹出的"添加表"对话框中选择教师表。

(2) 选择查询类型。在"查询设计"选项卡的"查询类型"组中单击"追加"按钮,弹出"追加"对话框,如图3-74所示,在"追加到"项的"表名称"中选择硕士学历表即可。

(3) 设置追加内容。依次从教师表中双击各个字段,然后设置工号字段的条件为"040014",其设置的内容如图3-75所示。

(4) 保存并运行追加查询。保存查询名称为Q18,单击"运行"按钮,则系统弹出系统信

图 3-74 选择追加到的数据表

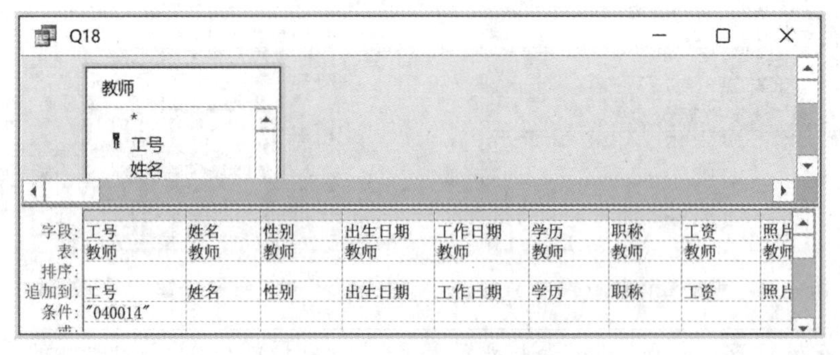

图 3-75 设置追加查询

息提示框，如图 3-76 所示，提示执行追加查询将追加 1 行数据。单击“是”按钮，完成对指定条件数据行的追加。

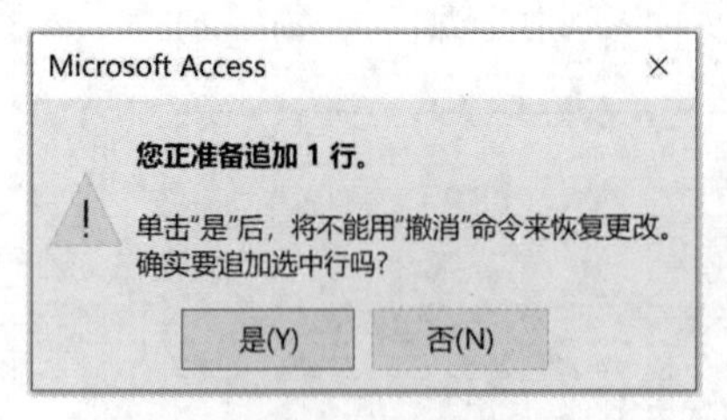

图 3-76 追加提示对话框

(5) 查看追加结果。执行追加查询后的硕士学历表，如图 3-77 所示，工号为 040014 的记录被追加到表的最后一行。在执行追加表查询之前的硕士学历表中共有 41 条记录，如图 3-70 所示；追加后的硕士学历表中共有 42 条记录。需要注意的是，若要按照工号字段顺序显示表中的记录，需要对工号字段进行升序/降序排序。

硕士学历

工号	姓名	性别	出生日期	工作日期	学历	职
050009	吴海	男	1969/9/10	1991/9/30	硕士	教授
050010	李驰骋	男	1978/4/9	2001/9/3	硕士	副教授
050013	孙伟峰	男	1987/10/9	2012/6/12	硕士	讲师
050004	刘晓晓	女	1987/3/1	2012/9/10	硕士	讲师
040014	赵相成	男	1977/5/17	1999/6/18	硕士	讲师
*						

记录: 第 1 项(共 42 项 无筛选器 搜索

图 3-77 追加记录后的硕士学历表

【实验验证 19】 创建删除查询，删除教师表中年龄大于 60 岁的教师的信息，保存查询名称为 Q19。

实验步骤如下：

(1) 新建查询并添加表。打开教学管理系统数据库，选择“创建”选项卡，单击“查询”组中的“查询设计”按钮，在弹出的“添加表”对话框中选择教师表。

（2）选择查询类型。在“查询设计”选项卡的“查询类型”组中单击“删除”按钮，查询设计视图的结构将发生变化，增加了“删除”行，如图 3-78 所示。

（3）设定删除条件。如图 3-78 所示，为出生日期字段设置删除条件为：Year(Date())－Year([出生日期])＞60。

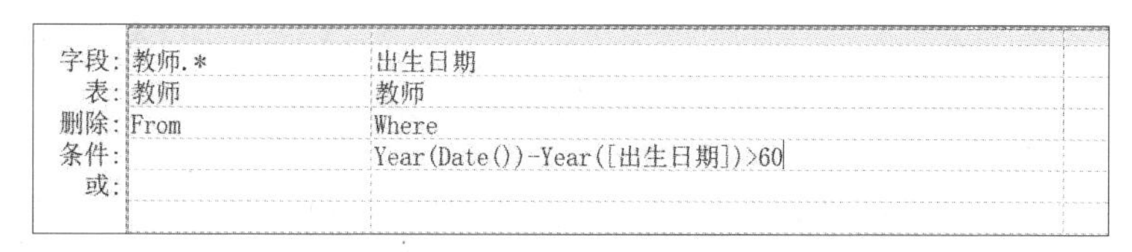

图 3-78　设置删除条件

（4）保存并运行删除查询。保存查询名称为 Q19，关闭查询窗口，然后运行查询，系统将弹出信息提示框，提示用户是否要执行删除查询并给出即将删除的记录数。单击“是”按钮，即可删除指定条件的记录。

二、实验设计

【实验设计 20】 生成表查询。创建生成表查询，将教师表中的教授信息筛选出来生成教授表，保存查询名称为 QD20-1；将副教授的信息筛选出来生成副教授表，保存查询名称为 QD20-2。

实验提示：

（1）选择查询类型为生成表查询，生成的新表名称为“教授”。运行查询后生成的教授表如图 3-79 所示。

教授

工号	姓名	性别	出生日期	工作日期	学历	职称
010001	刘芳	女	1975/2/26	2001/3/12	博士	教授
010007	黄杰侠	男	1965/1/15	1987/5/9	硕士	教授
010011	刘志	男	1981/5/26	2009/9/16	博士	教授
010015	谢岚	女	1976/6/20	2002/5/10	博士	教授
020002	孙军春	男	1974/9/20	1999/3/7	博士	教授

记录：第 1 项(共 17 项　无筛选器　搜索

图 3-79　运行生成表查询生成教授表

（2）运用同样的操作方法生成副教授表，运行查询后生成的副教授表如图 3-80 所示。

副教授

工号	姓名	性别	出生日期	工作日期	学历	职称
010005	胡良洪	男	1977/4/14	1999/3/3	硕士	副教授
010010	陆绍举	男	1973/12/16	1999/6/5	博士	副教授
010012	窦萌	女	1977/11/26	1999/11/27	硕士	副教授
010014	陈世学	男	1977/3/14	2005/2/1	博士	副教授
020001	张洋洋	女	1988/7/15	2016/11/15	博士	副教授
020008	廉勇成	男	1977/12/16	1999/1/22	硕士	副教授

记录：第 1 项(共 32 项　无筛选器　搜索

图 3-80　运行生成表查询生成副教授表

【实验设计 21】 更新查询。创建更新查询，将副教授表中工号为 010005 和 020001 的两名教师的职称由“副教授”更新为“教授”，保存查询名称为 QD21。

实验提示：创建查询并选择查询类型为更新查询。设定更新内容和条件并运行查询，将更新副教授表中的两条记录。更新后的副教授表如图 3-81 所示。

副教授

工号	姓名	性别	出生日期	工作日期	学历	职称
010005	胡良洪	男	1977/4/14	1999/3/3	硕士	教授
010010	陆绍举	男	1973/12/16	1999/6/5	博士	副教授
010012	窦萌	女	1977/11/26	1999/11/27	硕士	副教授
010014	陈世学	男	1977/3/14	2005/2/1	博士	副教授
020001	张洋洋	女	1988/7/15	2016/11/15	博士	教授
020008	廉勇成	男	1977/12/16	1999/1/22	硕士	副教授

记录: 第 1 项(共 32 项 无筛选器 搜索

图 3-81 运行更新查询后的副教授表

【实验设计 22】 追加查询。创建追加查询，将副教授表中职称是教授的教师信息追加到教授表中，保存查询名称为 QD22。

实验提示：创建查询并选择查询类型为追加查询。设置追加内容和条件并运行查询，将副教授表中的两条记录追加到教授表中，追加记录后的教授表如图 3-82 所示。需要注意的是，新追加的两条记录在教授表的最后，并不能自动按照工号排序显示。

教授

工号	姓名	性别	出生日期	工作日期	学历	职称
050007	欧阳家波	男	1979/3/14	2006/12/13	博士	教授
050009	吴海	男	1969/9/10	1991/9/30	硕士	教授
050014	夏来凤	女	1961/10/9	1985/8/1	本科	教授
010005	胡良洪	男	1977/4/14	1999/3/3	硕士	教授
020001	张洋洋	女	1988/7/15	2016/11/15	博士	教授
*						

记录: 第 18 项(共 19 项 无筛选器 搜索

图 3-82 运行追加查询后的教授表

【实验设计 23】 删除查询。创建删除查询，删除副教授表中职称是教授的教师信息，保存查询名称为 QD23。

实验提示：创建查询并选择查询类型为删除查询。设定删除条件，保存并运行查询，系统将删除副教授表中满足条件的两条记录。删除记录后的副教授表如图 3-83 所示。

副教授

工号	姓名	性别	出生日期	工作日期	学历	职称
010010	陆绍举	男	1973/12/16	1999/6/5	博士	副教授
010012	窦萌	女	1977/11/26	1999/11/27	硕士	副教授
010014	陈世学	男	1977/3/14	2005/2/1	博士	副教授
020008	廉勇成	男	1977/12/16	1999/1/22	硕士	副教授
020009	方芳	女	1977/3/17	2000/9/8	硕士	副教授

记录: 第 1 项(共 30 项 无筛选器 搜索

图 3-83 运行删除查询后的副教授表

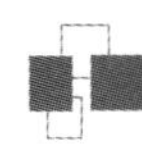

3.5 建立 SQL 查询

要求掌握 SELECT-SQL 命令的语法规范和使用 SELECT-SQL 创建查询的方法。

查询在实质上保存的不是查询运行后的结果，而是一条 SELECT-SQL 命令。SELECT-SQL 命令的语法规范如下：

1. 语法格式

```
SELECT [DISTINCT] [TOP<nExpr>[PERCENT] ]
< * |[<表名.字段名 1|表达式 1>[AS<别名 1>][,<表名.字段名 2|表达式 2>[AS<别名 2>]]…]>
FROM <表名 1> [INNER|LEFT|RIGHT JOIN <表名 2> ON <连接条件>…]
[WHERE<条件>]
[GROUP BY<分组字段名 1>[,<分组字段名 2>…][HAVING<筛选条件>]]
[ORDER BY<排序名 1>[ASC|DESC][,<排序名 2>[ASC|DESC]…]
```

2. 参数说明

(1) SELECT 语句行：完成对字段的选择，其参数含义如下：

① DISTINCT：排除查询结果中的重复行。

② TOP＜nExpr＞：选择查询结果中的前 n 条记录。

③ PERCENT：选择查询结果中的前百分之 n 的记录。

(2) FROM 语句行：设置查询的数据源，若是多表查询则同时完成条件的“连接”。

(3) WHERE 语句行：用于设置查询的筛选条件。

(4) GROUP BY 语句行：用于设置查询的分组依据。HAVING 选项用于对分组记录进行筛选，HAVING 子句必须与 GROUP BY 子句配合使用。

(5) ORDER BY 语句行：用于设置查询的排序字段以及排序的类型，其中的参数含义为：ASC 为升序，DESC 为降序，两个参数均省略时系统默认为升序。

一、实验验证

【实验验证 20】 使用 SQL 视图查询学生表中全部女生的信息，保存查询名称为 Q20。

实验步骤如下：

(1) 利用设计视图创建查询但不添加任何数据源。

(2) 单击“查询工具设计”选项卡的“结果”组中的“SQL 视图”按钮，将窗口切换至 SQL 视图。

(3) 如图 3-84 所示，在 SQL 视图中直接输入 SELECT 语句，其中的 * 表示所有的字段。

(4) 保存查询名称为 Q20，运行查询。

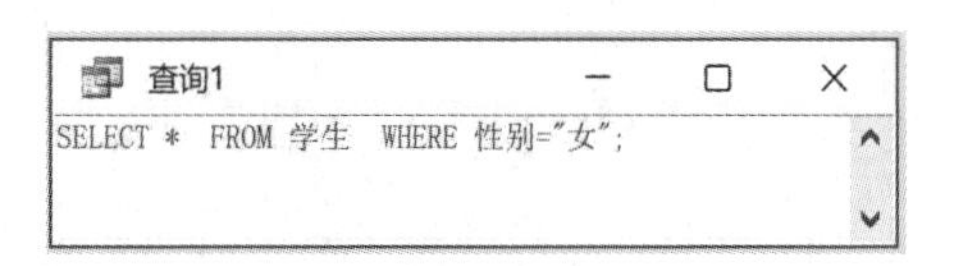

图 3-84　SQL 视图

【实验验证 21】 使用 SQL 视图建立查询，筛选学生表中所有 2002 年及以后出生的学生信息，字段只显示学号、姓名和出生日期。

（1）利用设计视图创建查询但不添加任何数据源。

（2）单击“查询工具设计”选项卡的“结果”组中的“SQL 视图”按钮，将窗口切换至 SQL 视图。

（3）如图 3-85 所示，在 SQL 视图中直接输入 SELECT 语句。

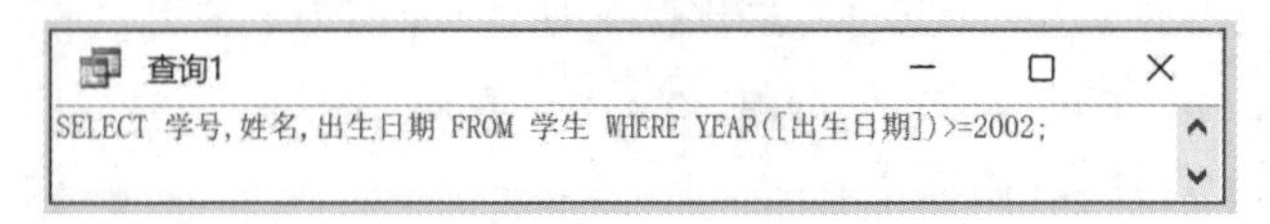

图 3-85　SQL 设计视图

（4）保存查询名称为 Q21，运行查询，运行效果如图 3-86 所示。

图 3-86　Q21 查询运行效果

二、实验设计

【实验设计 24】　单表查询。使用 SQL 视图创建查询，显示学生表中少数民族学生的信息。字段只显示学号、姓名、省份、民族和班级，保存查询名称为 QD24。

实验提示：利用设计视图创建查询但不添加任何数据源。将窗口切换至 SQL 视图，直接输入 SELECT 语句，保存并运行查询以验证是否符合题目的要求。SQL 查询的运行结果如图 3-87 所示。

图 3-87　QD24 查询的运行结果

【实验设计 25】　单表查询。使用 SQL 视图创建查询，显示学生表中姓名是三个汉字并且姓李的学生，字段只显示学号、姓名、性别、班级和年龄，保存查询名称为 QD25。

实验提示：

（1）使用 SELECT 语句选择字段，其中年龄字段需要使用包含 Year()函数和 Date()函数的表达式生成，并使用 AS 子句指定字段名称。

（2）使用 WHERE 子句结合表达式“Like "李??"”，实现条件“姓名是三个汉字并且姓李”的学生的筛选。

（3）SQL 查询的运行结果如图 3-88 所示。

QD25

学号	姓名	性别	班级	年龄
10010030	李大海	男	工商2021-2班	22
10010046	李淑仙	女	工商2021-2班	22
10010064	李仁宇	男	工商2021-3班	20
10010065	李祥来	男	工商2021-3班	20
10010066	李兆麒	男	工商2021-3班	20
10010080	李军芳	女	工商2021-3班	21

记录: 第 1 项(共 59 项　无筛选器　搜索

图 3-88　QD25 查询的运行结果

【实验设计 26】　多表查询。使用 SQL 视图创建查询，显示所有年龄大于 20 岁的学生党员信息，字段只显示学院名称、学号、姓名、出生日期和党员否，保存查询名称为 QD26。

实验提示：

（1）多表之间的内联接可以用两种方法完成：使用 INNER JOIN...ON 方法或者使用 FROM...WHERE 方法。

（2）年龄大于 20 岁的表达式为 Year(Date())－Year([出生日期])＞20。

（3）使用 AND 可以连接两个并列的筛选条件。

（4）SQL 查询的运行结果如图 3-89 所示。

QD26

学院名称	学号	姓名	出生日期	党员否
经济管理学院	10010001	王萌	2001年9月21日	☑
经济管理学院	10010010	宋志慧	2000年1月28日	☑
经济管理学院	10010016	祝闯	2001年12月9日	☑
经济管理学院	10010028	郭　臣	2002年6月9日	☑
经济管理学院	10010033	钱征宇	2002年10月16日	☑
经济管理学院	10010034	申自强	2001年4月30日	☑

记录: 第 1 项(共 101 I　无筛选器　搜索

图 3-89　QD26 查询的运行结果

【实验设计 27】　多表查询。使用 SQL 视图创建查询，显示讲授管理学课程的教师信息，字段只显示课程名称、工号、姓名和职称。请使用 INNER JOIN...ON 和 FROM...WHERE 两种方法联接表，将查询名称分别保存为 QD27-1 和 QD27-2。

实验提示：利用设计视图创建查询但不添加任何数据源。将窗口切换至 SQL 视图，直接输入 SELECT 语句，保存并运行查询以验证是否符合题目的要求。SQL 查询的运行结果如图 3-90 和图 3-91 所示。

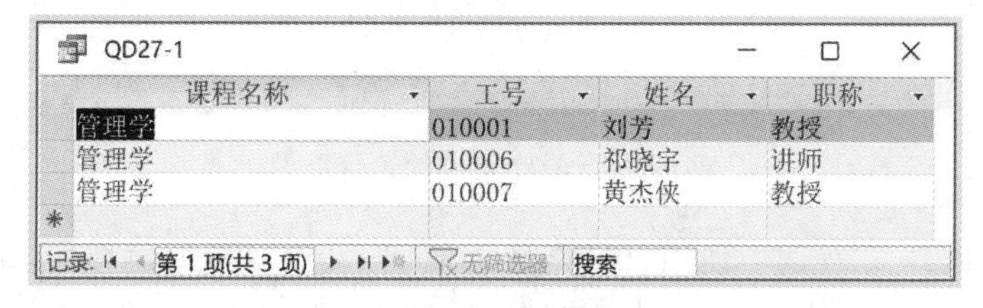

QD27-1

课程名称	工号	姓名	职称
管理学	010001	刘芳	教授
管理学	010006	祁晓宇	讲师
管理学	010007	黄杰侠	教授

记录: 第 1 项(共 3 项)　无筛选器　搜索

图 3-90　QD27-1 查询的运行结果

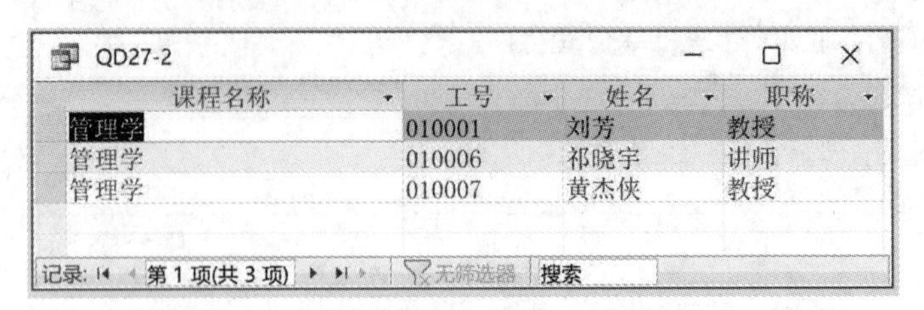

QD27-2

课程名称	工号	姓名	职称
管理学	010001	刘芳	教授
管理学	010006	祁晓宇	讲师
管理学	010007	黄杰侠	教授

记录: 第 1 项(共 3 项) 无筛选器 搜索

图 3-91　QD27-2 查询的运行结果

实验思考：对比图 3-90 和图 3-91 的查询结果，思考并总结使用 INNER JOIN...ON 和 FROM...WHERE 两种不同的方法联接表时各自的特点。

【实验设计 28】 查询的排序输出。使用 SQL 视图创建查询，显示学生表中经济管理学院的学生信息，按照性别的降序排序，性别相同的再按照出生日期的升序排序，字段的显示顺序为学院名称、学号、姓名、性别、出生日期和党员否，保存查询名称为 QD28。

实验提示：

(1) 注意在 SELECT 语句中字段的书写顺序。

(2) 在 SELECT 语句中使用 ORDER BY 对指定的字段排序，默认为升序，若降序排序则使用 DESC 指定。SQL 查询的运行结果如图 3-92 所示。

QD28

学院名称	学号	姓名	性别	出生日期	党员否
经济管理学院	10010358	赵同梅	女	1999年1月24日	☐
经济管理学院	10010219	卢秀珍	女	1999年11月7日	☐
经济管理学院	10010235	祁长洲	女	1999年12月31日	☐
经济管理学院	10010010	宋志慧	女	2000年1月28日	☑
经济管理学院	10010247	周丽丽	女	2000年11月30日	☐

记录: 第 1 项(共 564 I 无筛选器 搜索

图 3-92　QD28 查询的运行结果

【实验设计 29】 查询的排序输出。使用 SQL 视图查询教师表中年龄最小的 5 名女教师的所有信息。保存查询名称为 QD29。

实验提示：

(1) 在 SELECT 语句中使用 TOP 5 子句可以找到前 5 条记录。

(2) 在 SELECT 语句中使用 * 表示显示所有字段。SQL 查询的运行结果如图 3-93 所示。

QD29

工号	姓名	性别	出生日期	工作日期	学历	职称	工资	照片	学院编号
030004	唐欣	女	1994/9/16	2021/10/23	硕士	助教	¥9,106.00		03
010009	萧丹	女	1992/7/8	2020/10/10	博士	助教	¥9,572.00	Image	01
020017	于莎莎	女	1991/8/3	2019/3/21	博士	讲师	¥14,304.00		02
030015	刘晓	女	1991/5/31	2020/8/1	博士	讲师	¥12,125.00		03
020014	张朋	女	1991/3/29	2019/12/21	博士	助教	¥9,839.00		02
*		男							

记录: 第 1 项(共 5 项) 无筛选器 搜索

图 3-93　QD29 查询的运行结果

【实验设计 30】 在查询中使用合计函数。使用 SQL 视图创建查询，统计学生表中来自山东省的学生人数和平均年龄，平均年龄保留 1 位小数。保存查询名称为 QD30。

实验提示：

(1) 在 SELECT 语句中使用 Count(*) 统计人数。

(2) 可以使用 AS 语句指定新的字段名。

(3) 可以使用 Round()函数使得平均年龄保留 1 位小数。SQL 查询的运行结果如图 3-94 所示。

【实验设计 31】 在查询中使用合计函数。使用 SQL 视图创建查询，统计选课表中课程编号为 0101 的课程的平均成绩、最高成绩和最低成绩，平均成绩要求保留 1 位小数。保存查询名称为 QD31。

实验提示：平均成绩、最高成绩和最低成绩字段的生成可以使用函数 Avg()、Max()和 Min()，设置小数位数可以使用 Round()函数。SQL 查询的运行结果如图 3-95 所示。

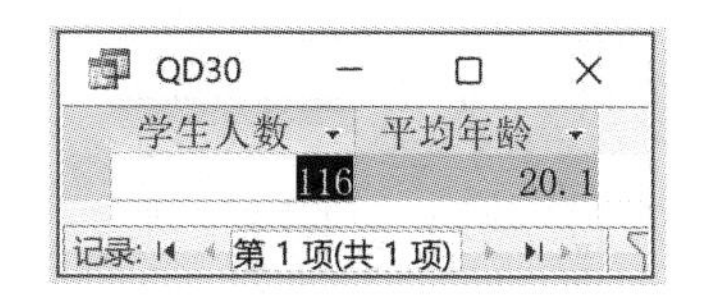

图 3-94　QD30 查询的运行结果

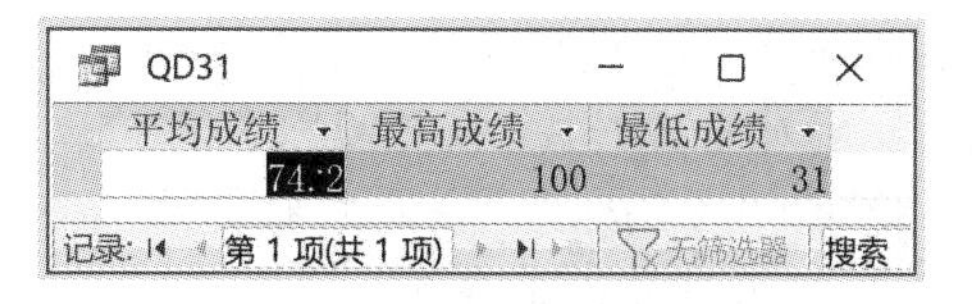

图 3-95　QD31 查询的运行结果

【实验设计 32】 在查询中使用合计函数。使用 SQL 视图创建查询，统计教师表中职称是副教授的人数、平均工资、最高工资和最低工资。保存查询名称为 QD32。

实验提示：

(1) 人数、平均工资、最高工资和最低工资字段的生成可以使用函数 Count()、Avg()、Max()和 Min()。

(2) 设置小数位数可以使用函数 Round()。

(3) 可以使用 AS 语句指定新的字段名。SQL 查询的运行结果如图 3-96 所示。

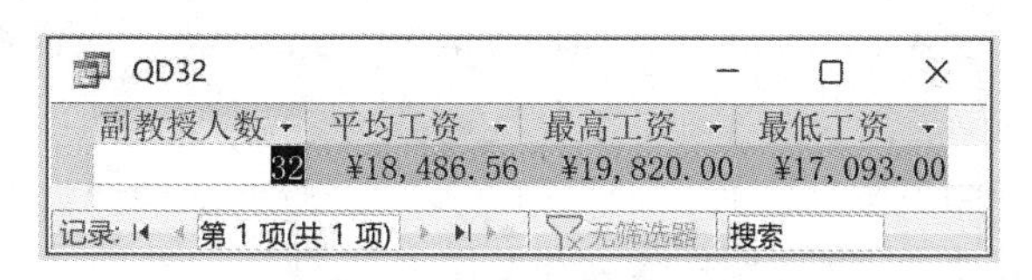

图 3-96　QD32 查询的运行结果

【实验设计 33】 分组查询。使用 SQL 视图创建查询，统计选课表中各门已考课程的选课人数和平均成绩，平均成绩要求保留 1 位小数。字段显示课程编号、选课人数和平均成绩。保存查询名称为 QD33。

实验提示：

(1) 可以使用 GROUP BY 指定分组字段。

(2) 筛选各门课的已考课程指的是筛选成绩表中成绩字段不为空的记录。SQL 查询的运行结果如图 3-97 所示。

【实验设计 34】 分组查询。使用 SQL 视图创建查询，统计学生表中来自各个省份的学生人数和平均年龄，平均年龄字段的值保留 1 位小数。保存查询名称为 QD34。

实验提示：统计各个省份的学生数据，即按照省份分组，可以使用语句 GROUP BY 省份。

SQL 查询的运行结果如图 3-98 所示。

QD33

课程编号	选课人数	平均成绩
0101	564	74.2
0102	564	73.2
0103	564	73.9
0104	564	73.6

记录: 第 1 项(共 44 项

图 3-97 QD33 查询的运行结果

QD34

省份	学生人数	平均年龄
安徽	54	20.0
福建	15	19.9
甘肃	10	20.6
广东	18	20.5
贵州	13	19.6

记录: 第 1 项(共 23 项

图 3-98 QD34 查询的运行结果

【实验设计 35】 分组查询。使用 SQL 视图创建查询,统计教师表中各种职称的人数、平均工资、最高工资和最低工资,按平均工资的降序排序。保存查询名称为 QD35。

实验提示:

(1) 使用 GROUP BY 按照职称字段分组。

(2) 使用 ORDER BY Avg(教师.工资) DESC 完成按照平均工资的降序排序。

SQL 查询的运行结果如图 3-99 所示。

QD35

职称	人数	平均工资	最高工资	最低工资
教授	17	¥25,149.47	¥29,825.00	¥21,000.00
副教授	32	¥18,486.56	¥19,820.00	¥17,093.00
讲师	37	¥13,876.70	¥15,754.00	¥12,125.00
助教	7	¥9,794.29	¥10,487.00	¥9,106.00

记录: 第 1 项(共 4 项)

图 3-99 QD35 查询的运行结果

【实验设计 36】 参数查询。使用 SQL 视图创建查询,根据用户输入的学院名称查询该学院的教师信息,字段显示学院名称、工号、姓名、学历和职称。保存查询名称为 QD36。

实验提示:

(1) 在参数查询中,使用 WHERE 子句设置查询参数。根据用户输入的学院名称查询信息,即 WHERE 学院名称=[请输入查询的学院名称:]。

(2) 运行 SQL 查询,则首先弹出"输入参数值"对话框,如图 3-100 所示。输入"经济管理学院",查询的运行结果如图 3-101 所示。

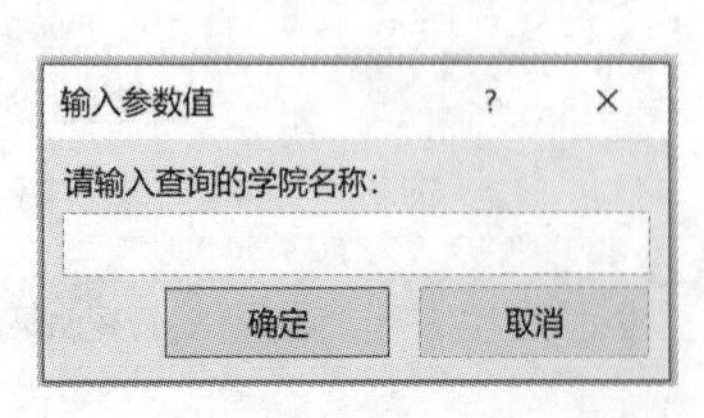

图 3-100 QD36 查询的对话框界面

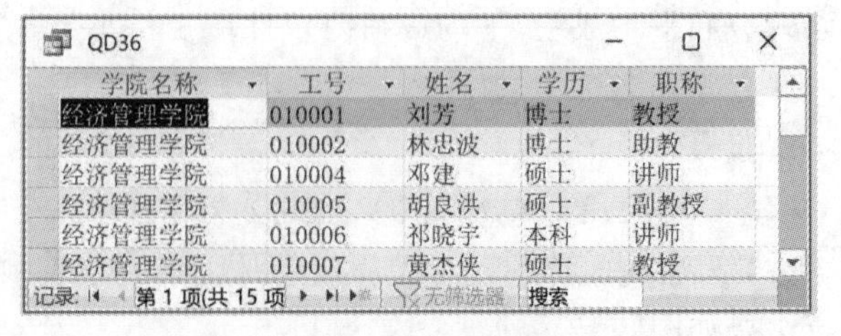

QD36

学院名称	工号	姓名	学历	职称
经济管理学院	010001	刘芳	博士	教授
经济管理学院	010002	林忠波	博士	助教
经济管理学院	010004	邓建	硕士	讲师
经济管理学院	010005	胡良洪	硕士	副教授
经济管理学院	010006	祁晓宇	本科	讲师
经济管理学院	010007	黄杰侠	硕士	教授

记录: 第 1 项(共 15 项

图 3-101 QD36 查询的运行结果

【实验设计 37】 参数查询。使用 SQL 视图创建查询,根据用户输入的学院名称和职称查询该学院的教师信息,字段显示学院名称、职称、工号、姓名和学历。保存查询名称为 QD37。

实验提示：

(1) 在参数查询中，使用 WHERE 子句设置查询参数。根据用户输入的学院名称和职称查询信息，即 WHERE 学院名称=[请输入查询的学院名称：] AND 职称=[请输入查询的职称：]。

(2) 运行 SQL 查询，则首先弹出“输入参数值”对话框，如图 3-100 所示；输入“经济管理学院”，则再次弹出输入参数对话框，如图 3-102 所示，要求输入职称；输入“教授”，查询的运行结果即如图 3-103 所示。

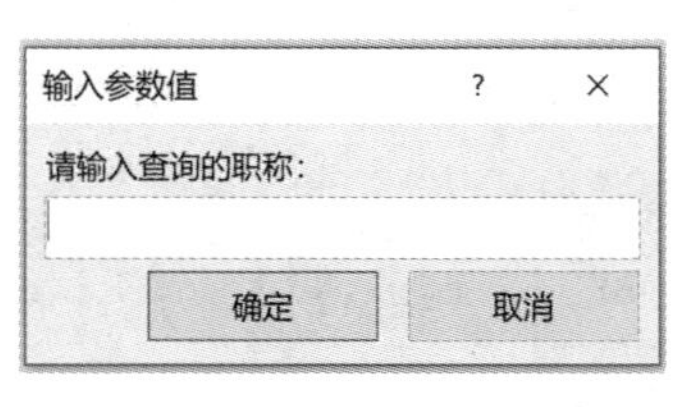

图 3-102　QD37 查询的对话框界面

QD37

学院名称	职称	工号	姓名	学历
经济管理学院	教授	010001	刘芳	博士
经济管理学院	教授	010007	黄杰侠	硕士
经济管理学院	教授	010011	刘志	博士
经济管理学院	教授	010015	谢岚	博士

记录: 第 1 项(共 4 项)　无筛选器　搜索

图 3-103　QD37 查询的运行结果

【实验设计 38】 生成表查询。使用 SQL 视图，用生成表查询将教师表中的教授信息筛选出来，生成教授表。保存查询名称为 QD38。

实验提示：

(1) 在 SELECT 语句中使用"INTO 教授"子句可以生成表，再结合 WHERE 子句筛选职称是教授的信息。

(2) 运行生成表查询，系统会出现提示窗口，如图 3-104 所示，提示用户正在向新表中粘贴数据行。单击“是”按钮，则在主界面的导航窗格的表中新生成一个教授表。

【实验设计 39】 嵌套查询。使用 SQL 视图创建查询，输出大于平均年龄的教师的全部信息及其所在的学院。保存查询名称为 QD39。

实验提示：输入的 SELECT 语句如图 3-105 所示，查询的运行结果如图 3-106 所示。

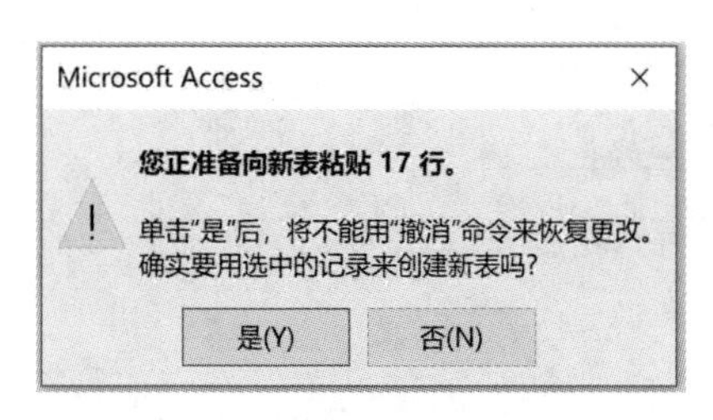

图 3-104　QD38 查询的提示窗口界面

QD39

```
SELECT 教师.*, 学院名称
FROM 学院 INNER JOIN 教师 ON 学院.学院编号 = 教师.学院编号
WHERE 出生日期<(SELECT AVG([出生日期]) FROM 教师);
```

图 3-105　QD39 查询的 SQL 视图

【实验设计 40】 嵌套查询。使用 SQL 视图创建查询，显示教师表中职称是讲师的最低工资，字段显示工号、姓名、职称、学历和工资。保存查询名称为 QD40-1 和 QD40-2。

实验提示：

(1) 请尝试使用两种方法实现查询，即嵌套法和一般方法。保存查询名称分别为 QD40-1(嵌套方法)和 QD40-2(一般方法)。

(2) 若使用嵌套，则在 WHERE 子句中使用嵌套条件表达式：

```
工资=(SELECT min(工资) FROM 教师 where 教师.职称="讲师")
```

QD39

工号	姓名	性别	出生日期	工作日期	学历
010001	刘芳	女	1975/2/26	2001/3/12	博士
010004	邓建	男	1979/5/15	2001/6/2	硕士
010005	胡良洪	男	1977/4/14	1999/3/3	硕士
010006	祁晓宇	男	1980/1/25	2002/2/3	本科
010007	黄杰侠	男	1965/1/15	1987/5/9	硕士

记录: 第 1 项(共 54 项 无筛选器 搜索

图 3-106　QD39 查询的运行结果

查询的运行结果如图 3-107 所示。

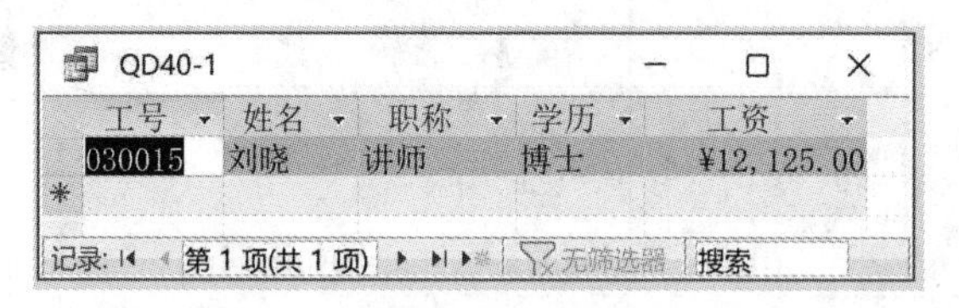
QD40-1

工号	姓名	职称	学历	工资
030015	刘晓	讲师	博士	¥12,125.00

记录: 第 1 项(共 1 项) 无筛选器 搜索

图 3-107　QD40-1 查询的运行结果

(3) 若使用一般方法，可以在 SELECT 语句中使用 TOP 子句结合 ORDER BY 子句。

【实验设计 41】 嵌套查询。使用 SQL 视图使用嵌套查询统计学生表中男女生的比例，保留 1 位小数。保存查询名称为 QD41。

实验提示：

(1) 男生人数字段可以在 SELECT 语句中使用如下子查询生成：

```
(SELECT COUNT(*) FROM 学生 WHERE 性别="男") AS 男生人数
```

(2) 在 SELECT 语句中使用 DISTINCT 语句可以排除重复的记录。

(3) 使用 Round()函数可以限定小数位数，查询的运行结果如图 3-108 所示。

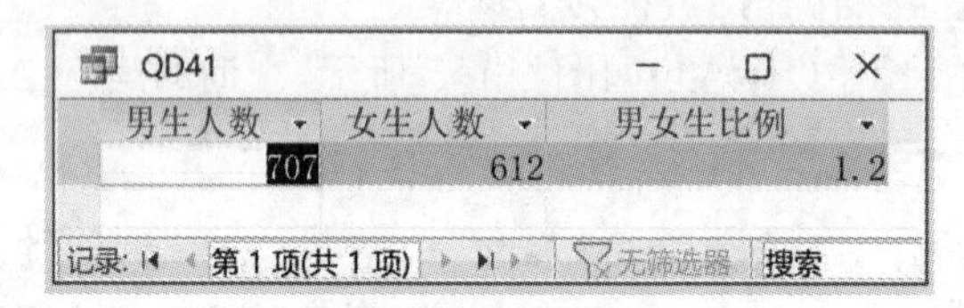
QD41

男生人数	女生人数	男女生比例
707	612	1.2

记录: 第 1 项(共 1 项) 无筛选器 搜索

图 3-108　QD41 查询的运行结果

第4章 模块与VBA程序设计

本章主要掌握VBA的基本语法，使用顺序结构、分支结构和循环结构进行程序设计，并学习数组和过程的使用。请根据实验验证题目的要求和步骤完成实验验证内容，并根据题目的要求完成实验设计任务。

4.1 VBA程序设计基础

要求掌握在Access中创建模块和过程的方法，熟悉VBA的编程环境，掌握VBA的数据类型，掌握常量和变量的使用，熟悉VBA的常用内部函数，掌握各运算符的功能和表达式的构建，掌握数据输入和输出的常用方法。

一、实验验证

【实验验证1】 在教学管理系统数据库中新建一个模块名称为“实验验证”的标准模块，在其中添加一个过程名称为P1的过程，过程代码如图4-3所示，运行该过程并查看运行结果。

操作步骤如下：

(1) 创建模块。在教学管理系统数据库窗口中，选择“创建”选项卡，单击“宏与代码”组中的“模块”按钮，弹出如图4-1所示的代码编辑窗口。

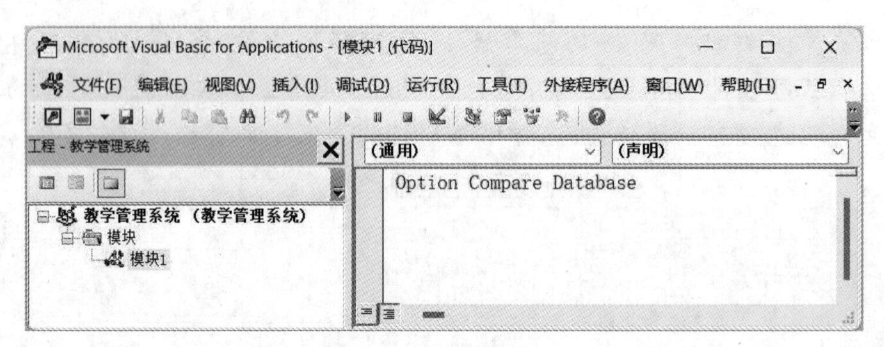

图4-1 代码编辑窗口

(2) 保存模块。单击代码编辑窗口工具栏上的“保存”按钮，在弹出的“另存为”对话框中将模块名称改为“实验验证”，如图4-2所示，单击“确定”按钮。

图4-2 保存模块

(3) 输入过程代码。在代码编辑窗口的代码编辑区输入程序代码，如图4-3所示。

(4) 运行过程。将光标置于P1过程代码的内部，单击工具栏上的▶按钮运行该过程，运行结果如图4-4所示。

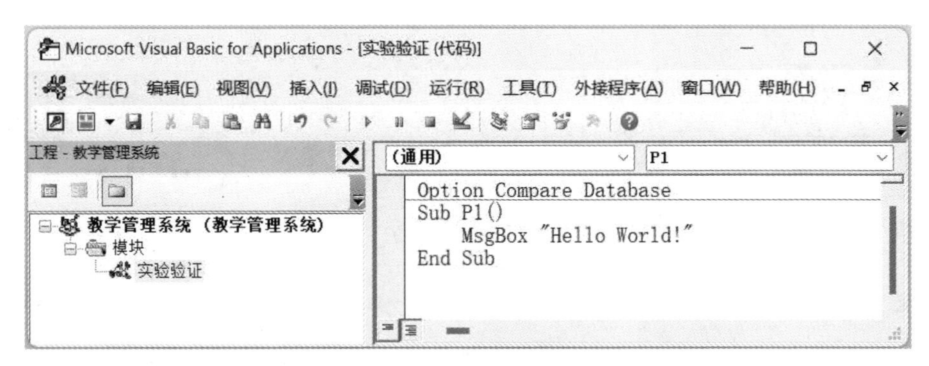

图 4-3　过程 P1 的代码

(5) 保存程序。单击代码编辑窗口工具栏上的“保存”按钮，保存 P1 过程。

说明：本章后面所有实验验证部分的过程代码均写在实验验证 1 所创建的“实验验证”模块中。

Microsoft Access

Hello World!

确定

图 4-4　过程 P1 的运行结果

【实验验证 2】 编写一个过程名称为 P2 的过程，要求用户输入一个字符串，在 Debug 窗口输出这个字符串的大写形式、字符串的长度和字符串的前 5 个字符。

操作步骤如下：

(1) 打开“实验验证”模块的代码窗口。在“教学管理系统”数据库界面左侧导航窗格的“模块”对象下双击“实验验证”模块，打开“实验验证”模块的代码窗口。

(2) 输入过程代码。在过程 P1 下方输入过程 P2，如图 4-5 所示。

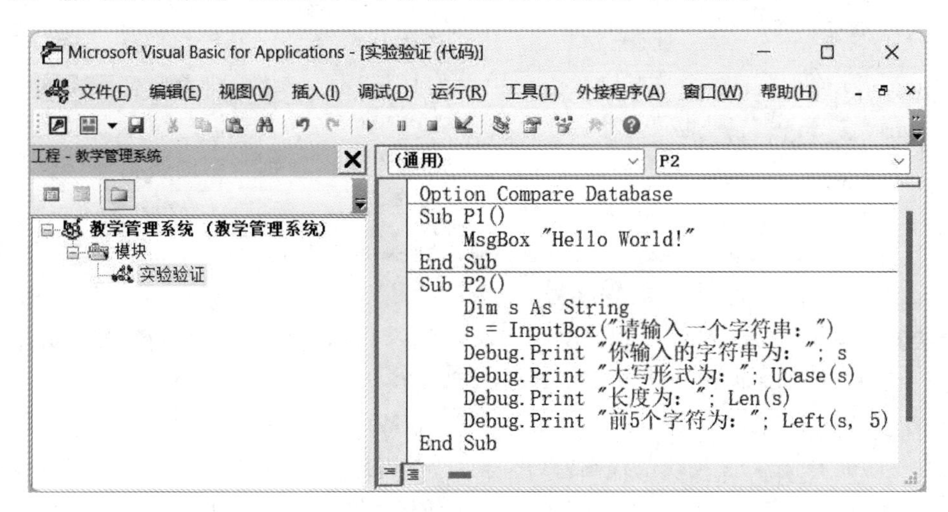

图 4-5　过程 P2 的代码

(3) 打开立即窗口。在模块窗口中，单击“视图”菜单中的“立即窗口”命令，打开立即窗口。

(4) 运行过程。将光标置于 P2 过程代码的内部，单击工具栏上的▶按钮运行该过程。当执行到 InputBox()函数时，系统会自动弹出输入对话框，如图 4-6 所示。在该对话框中输入一个字符串，如"abcAAA123ss"，单击“确定”按钮，则立即窗口中会显示程序运行的结果，如图 4-7 所示。

图 4-6　输入字符串

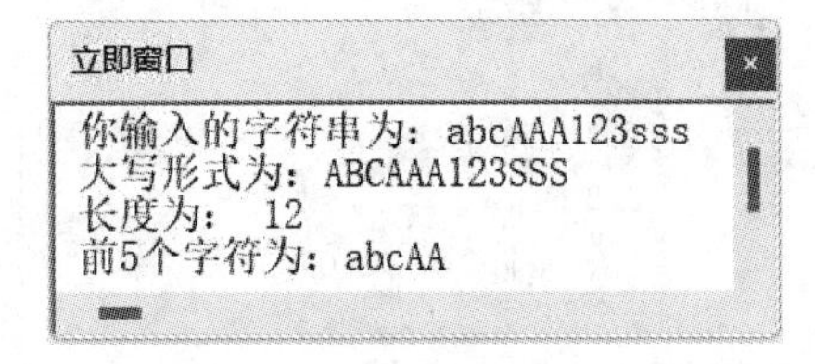

图 4-7　过程 P2 的运行结果

(5) 保存程序。单击代码编辑窗口工具栏上的"保存"按钮，保存 P2 过程。

【实验验证 3】 编写一个过程名称为 P3 的过程，随机产生两个 1 和 100 之间的整数，用消息框输出这两个整数的和与差。

操作步骤如下：

(1) 打开"实验验证"模块的代码窗口。在"教学管理系统"数据库界面左侧导航窗格的"模块"对象下双击"实验验证"模块，打开"实验验证"模块的代码窗口。

(2) 输入过程代码。过程 P3 的代码为

```
Sub P3()
    Dim x As Integer, y As Integer
    x=Rnd * 99+1
    y=Rnd * 99+1
    MsgBox x & "+" & y &"="& x+y &","& x &"-"& y &"="& x-y
End Sub
```

图 4-8　过程 P3 的运行结果

代码分析：

① 函数 Rnd()用于产生一个[0,1)范围内的随机小数，使用时通常省略参数。调用函数时，若没有参数，则函数名后面的一对括号也可省略。

② 运算符"&"可以将多个不同数据类型的数据连接到一起构成一个字符串。

(3) 运行过程。运行结果如图 4-8 所示。

(4) 保存程序。

【实验验证 4】 编写一个过程名称为 P4 的过程，根据用户输入的半径，计算并输出圆的周长和面积、球的表面积和体积，输出结果保留两位小数。

操作步骤如下：

(1) 打开"实验验证"模块的代码窗口。在"教学管理系统"数据库界面左侧导航窗格的"模块"对象下双击"实验验证"模块，打开"实验验证"模块的代码窗口。

(2) 输入过程 P4 的代码：

```
Sub P4()
    Dim r As Single
    r=InputBox("请输入半径:")
    Debug.Print"圆的周长为";Round(2 * 3.14 * r,2);
    Debug.Print",面积为";Round(3.14 * r * r,2)
```

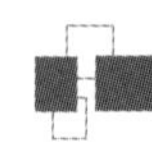

```
    Debug.Print"球的表面积为";Round(4 * 3.14 * r^2,2);
    Debug.Print",体积为";Round((4/3) * 3.14 * r^3,2)
End Sub
```

代码分析：第一条 Debug.Print 语句最后有一个分号，表示下一次使用 Debug.Print 输出时不换行，即前两条 Debug.Print 语句在同一行上输出，后两条 Debug.Print 语句类似。也可以把两行代码合并成一个 Debug.Print 语句输出。

(3) 运行过程。若输入半径 4，则输出结果如图 4-9 所示。

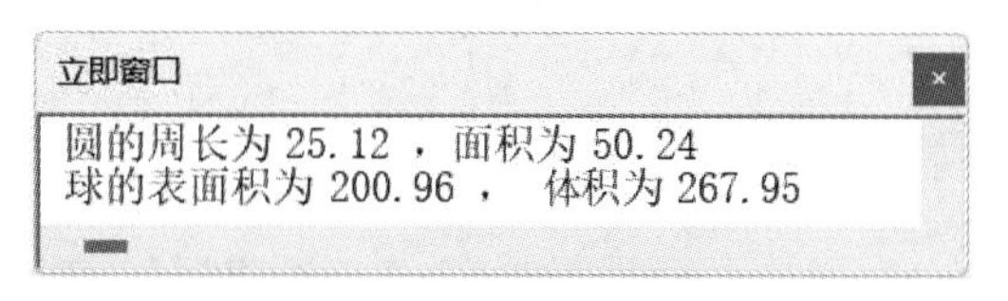

图 4-9　过程 P4 的运行结果

(4) 保存程序。单击代码编辑窗口工具栏上的“保存”按钮，保存 P4 过程。

【实验验证 5】 编写一个过程名称为 P5 的过程，要求用户输入一个 3 位正整数，并将其逆序后输出。例如：输入 123，则输出 321。

操作步骤如下：

(1) 打开“实验验证”模块的代码窗口。

(2) 输入过程 P5 的代码：

```
Sub P5()
    Dim x As Integer,a As Integer,b As Integer,c As Integer
    x=InputBox("请输入一个三位正整数")
    a=x Mod 10
    b=x\10 Mod 10
    c=x\100
    MsgBox a * 100+b * 10+c
End Sub
```

代码分析：

① 整除运算符(\)表示对两个数相除的结果取整，且取整方式为直接取整数部分，不进行四舍五入。

② 模运算符(Mod)表示求两个数相除的余数。

③ 本题也可以使用表达式 StrReverse(CStr(x))实现。其中，函数 CStr()的作用是将数值型数据转换成字符串；函数 StrReverse()的作用是求一个字符串的逆序。

(3) 运行过程。在弹出的输入框中任意输入一个三位正整数，单击“确定”按钮，查看运行结果。

(4) 保存程序。单击代码编辑窗口工具栏上的“保存”按钮，保存 P5 过程。

二、实验设计

【实验设计 1】 在教学管理系统数据库中新建一个名称为“实验设计”的标准模块，在其中添加一个过程名称为 PD1 的过程，过程代码如图 4-10 所示，运行该过程并查看运行结果。

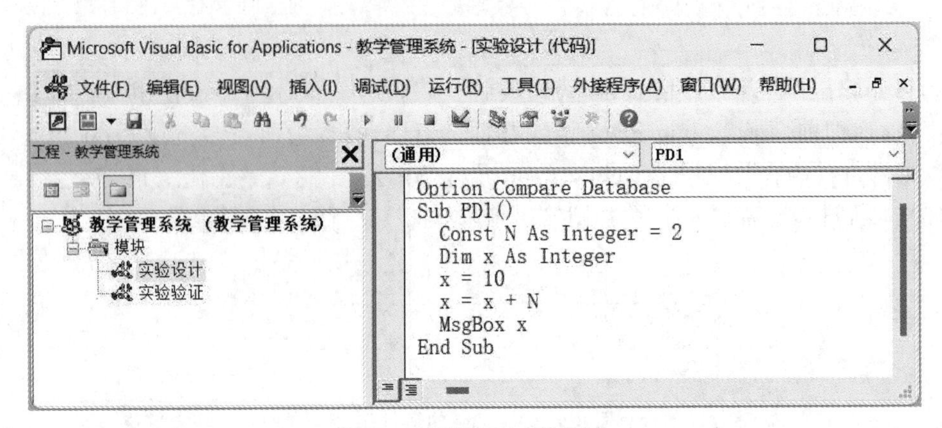

图 4-10 过程 PD1 的代码

实验提示：

(1) 创建一个模块名称为“实验设计”的标准模块并保存模块。

说明：本章后面所有实验设计题中的过程均写在实验设计 1 所创建的“实验设计”模块中。

(2) 按照图 4-10 所示输入过程代码。

(3) 运行过程，运行结果如图 4-11 所示。

图 4-11 过程 PD1 的运行结果

(4) 保存程序。

运行结果分析：

① 图 4-10 程序代码中定义的 N 是常量，值为 2，在程序运行时保持不变，即不能给 N 重新赋值；x 是变量，x 的值在程序运行时可以随时通过赋值语句改变。

② 语句“x=10”表示将数值 10 赋给 x，该语句执行后 x 中存放的值为 10。

③ 语句“x=x+N”表示为 x 重新赋值，所赋的值是表达式“x+N”的结果，即把 x 中原有的值 10 取出与 N 的值 2 相加，再把相加的结果 12 重新赋给 x，所以 MsgBox 最后输出的 x 值为 12。

【实验设计 2】 计算下列表达式的值，并在立即窗口输出。要求：新建一个过程名称为 PD2 的过程，在过程中使用 Debug.Print 方法在立即窗口输出各表达式的值。

(1) Int(-3.5)+Fix(-3.5)

(2) 18\4 * 2^2/1.6

(3) UCase(Mid("abcdefg",3,4))

(4) Int(Rnd+4)

(5) Len("VBA"+"程序设计") Mod 4

(6) 100+"100" & 100

(7) 5<4 Or 3<4

(8) True>False

实验提示：

（1）打开“实验设计”模块的代码窗口。

（2）使用 Debug.Print 方法输出的结果是在立即窗口中显示的，因此在运行程序前，需要打开立即窗口。打开立即窗口的方法是：在模块窗口中单击“视图”菜单中的“立即窗口”命令。

（3）代码提示如下：

```
Sub PD2()
  Debug.Print Int(-3.5)+Fix(-3.5)
  Debug.Print 18\4 * 2^2/1.6
  ⋮  (请读者自行完成代码中省略的部分)
End Sub
```

（4）程序运行结果如图 4-12 所示。

【实验设计 3】 按照要求写出表达式，并通过 Debug.Print 方法验证，过程名称为 PD3。

（1）求 256 的平方根。

（2）测试字母 F 的 ASCII 码值。

（3）产生[100,999]之间的随机整数。

（4）对 123.456 保留两位小数。

（5）在字符串“VBA 程序设计”中取出子串“程序”。

（6）求当前日期的月份。

（7）将字符串“Visual Basic”逆序显示。

（8）将字符串“123abc45”转换为数值。

实验提示：

（1）代码提示如下：

```
Sub PD3()
  Debug.Print Sqr(256)
  Debug.Print Asc("F")
  ⋮  (请读者自行完成代码中省略的部分)
End Sub
```

（2）运行结果如图 4-13 所示。

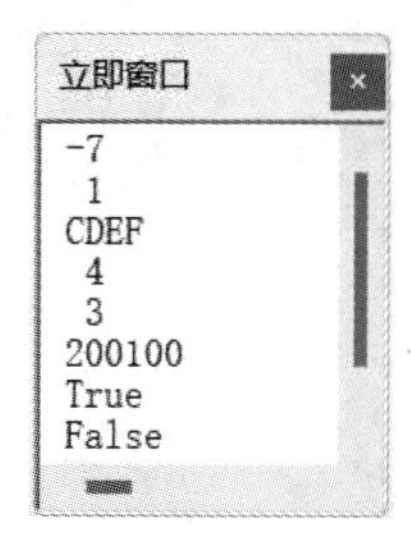

图 4-12　过程 PD2 的运行结果

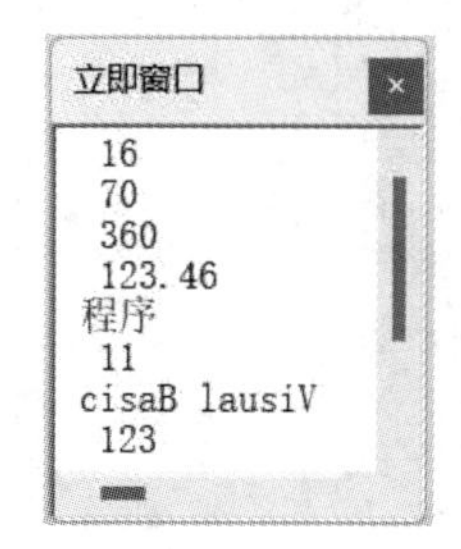

图 4-13　过程 PD3 的运行结果

（3）需要注意的是，图 4-13 中的第 3 行产生的是三位随机正整数，读者的实际运行结果和图中不一定相同；第 6 行显示的是当前月份，实际运行结果也和图中不一定相同。

【实验设计 4】 编写一个过程名称为 PD4 的过程，实现将华氏温度(F)转换为摄氏温

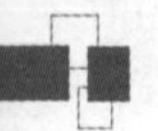

度(C),转换公式为

$$C=\frac{5}{9}(F-32)$$

要求用户在输入框中输入华氏温度,默认输入值为100,如图4-14所示;计算后的摄氏温度通过消息框输出,保留1位小数,如图4-15所示。

图4-14 "华氏温度"对话框

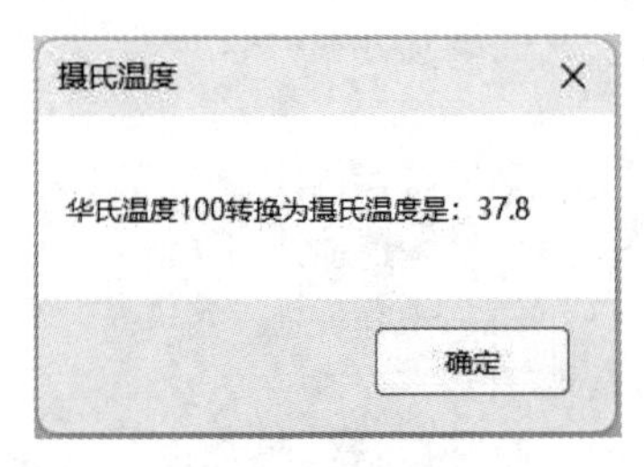

图4-15 "摄氏温度"消息框

代码提示如下:

```
Sub PD4()
  Dim F As Single, C As Single
  F=InputBox("请输入华氏温度","华氏温度",100)
  C=________________ (请读者自行完成代码中省略的部分)
  MsgBox "华氏温度"& F &"转换为摄氏温度是:"& C, ,"摄氏温度"
End Sub
```

【实验设计5】 编写一个过程名称为PD5的过程,使用输入框分别输入两个数,再通过消息框输出两个数的和。要求两个输入框的运行效果分别如图4-16和图4-17所示,消息框的运行效果如图4-18所示,输入框中的数据由用户输入。

图4-16 第一个输入框

图4-17 第二个输入框

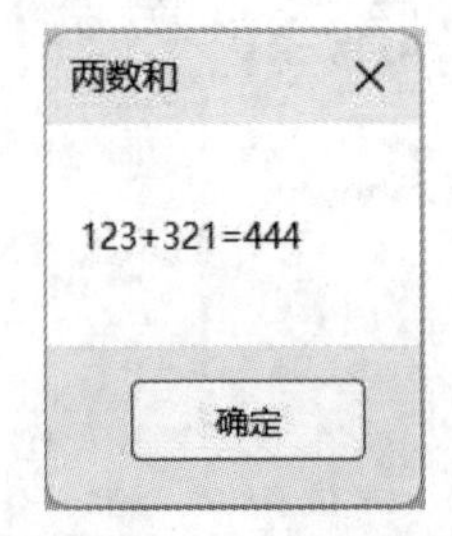

图4-18 运行结果

代码提示如下:

```
Sub PD5()
```

```
  Dim a As Integer, b As Integer
  a=InputBox("请输入第 1 个整数:", "输入 1", 0)
  ⋮  (请读者自行完成代码中省略的部分)
End Sub
```

【实验设计 6】 编写一个过程名称为 PD6 的过程，已知三角形三条边的边长分别为 4、5、6，求该三角形的面积，结果保留 1 位小数。

实验提示：

(1) 设三角形的三条边分别为 a、b、c，则三角形的面积 $s=\sqrt{h(h-a)(h-b)(h-c)}$，其中，$h=\frac{1}{2}(a+b+c)$。

(2) 运行结果如图 4-19 所示。

图 4-19　过程 PD6 的运行结果

4.2 分支结构

要求掌握分支结构中条件表达式的构建，掌握行式 If 语句与块状 If 语句的区别，掌握单分支、双分支和多分支语句的使用，掌握条件函数 IIf()的使用。

一、实验验证

【实验验证 6】 编写一个过程名称为 P6 的过程，要求用户输入一个正整数，判断并输出该数是奇数还是偶数。

操作步骤如下：

(1) 打开"实验验证"模块的代码窗口。在"教学管理系统"数据库界面左侧导航窗格的"模块"对象下双击"实验验证"模块，打开"实验验证"模块的代码窗口。

(2) 输入过程 P6 的代码：

```
Sub P6()
    Dim x As Integer
    x=InputBox("请输入一个正整数")
    If x Mod 2=1 Then
        MsgBox x & "是奇数"
    Else
        MsgBox x & "是偶数"
    End If
End Sub
```

代码分析：

① 双分支结构(If...Else...语句)的执行流程为：先判断 If 后面条件表达式的值，若为 True，则执行 Then 之后的语句组；若为 False，则执行 Else 之后的语句组。

② 若语句组比较简单，如本例中，Then 和 Else 之后都只有一条语句，可以使用行式的

If 语句来实现该双分支结构，即将程序写在一行内，代码为

```
If x Mod 2=1 Then MsgBox x & "是奇数" Else MsgBox x & "是偶数"
```

(3) 运行过程。光标置于过程 P6 内部，单击工具栏上的运行按钮运行程序，在弹出的输入框中输入一个任意正整数，单击“确定”按钮，查看程序运行结果。

(4) 保存程序。单击工具栏上的“保存”按钮，保存程序。

【实验验证 7】 编写一个过程名称为 P7 的过程，实现如下分段函数：

$$y=\begin{cases}x & x<1\\2x-1 & 1\leqslant x<10\\3x-11 & x\geqslant 10\end{cases}$$

要求输入 x 的值，输出相应 y 的值。

操作步骤如下：

(1) 打开“实验验证”模块的代码窗口。

(2) 输入过程 P7 的代码：

```
Sub P7()
    Dim x As Single, y As Single
    x=InputBox("请输入 x 的值")
    If x<1 Then
        y=x
    ElseIf x<10 Then
        y=2 * x-1
    Else
        y=3 * x-11
    End If
    MsgBox y
End Sub
```

代码分析：多分支结构(If...Then...ElseIf...语句)只执行第一个 True 的条件之后的语句组，即从上到下依次判断每个条件，若条件为 True，则执行该条件之后的语句组，然后结束该分支结构，后面的条件不会再判断。因此本例中第二个条件无须写成 x>=1 and x<10。

(3) 运行过程，查看程序运行结果。

(4) 保存程序。

【实验验证 8】 某商场采用购物打折的方法进行促销，具体方法如下：购物不满 1000 元不打折；满 1000 元不满 2000 元，按九五折优惠；满 2000 元不满 3000 元，按九折优惠；3000 元及以上，按八五折优惠。输入购物金额，计算并输出打折优惠以后的金额。要求分别使用 If...Then...ElseIf...语句和 Select Case 语句实现，过程名分别为 P8_1 和 P8_2。

操作步骤如下：

(1) 打开“实验验证”模块的代码窗口。

(2) 输入过程 P8_1 和过程 P8_2 的代码：

```
Sub P8_1()
    Dim x As Single, y As Single
    x=InputBox("请输入购物金额:")
```

```
    If x<1000 Then
        y=1
    ElseIf x<2000 Then
        y=0.95
    ElseIf x<3000 Then
        y=0.9
    Else
        y=0.85
    End If
    MsgBox "优惠价为" & Round(x * y,2)
End Sub

Sub P8_2()
    Dim x As Single,y As Single
    x=InputBox("请输入购物金额:")
    Select Case x
        Case Is<1000
            y=1
        Case Is<2000
            y=0.95
        Case Is<3000
            y=0.9
        Case Else
            y=0.85
    End Select
    MsgBox "优惠价为" & Round(x * y,2)
End Sub
```

代码分析：多分支条件语句(If...Then...ElseIf...)和情况语句(Select Case)都可以实现多分支结构。一般情况下，若条件是对单个变量或单个表达式的值进行判断，且有多个判断结果属于同一个分支，使用 Select Case 语句更为简洁；但若条件中要对多个变量或表达式进行判断，则更适合使用 If...Then...ElseIf...语句。

(3) 运行过程，查看程序运行结果。

(4) 保存程序。

【实验验证 9】 编写一个过程名称为 P9 的过程，要求用户输入年份和月份，判断并输出该月有多少天。

实验分析：本题的难点是判断 2 月份有多少天，因为年份中存在闰年和平年的区别，使得该月份的天数因此不同。闰年的判断条件为：年份能被 4 整除但不能被 100 整除，或者年份能被 400 整除。

操作步骤如下：

(1) 打开“实验验证”模块的代码窗口。

(2) 输入过程 P9 的代码：

```
Sub P9()
    Dim y As Integer,m As Integer,d As Integer
    y=InputBox("请输入年份")
```

```
    m=InputBox("请输入月份")
    Select Case m
        Case 2
            If y Mod 400=0 Or y Mod 4=0 And y Mod 100<>0 Then
                d=29
            Else
                d=28
            End If
        Case 1,3,5,7,8,10,12
            d=31
        Case Else
            d=30
    End Select
    MsgBox y & "年" & m & "月有" & d & "天。"
End Sub
```

(3) 运行过程,查看程序运行结果。

(4) 保存程序。

【实验验证 10】 编写一个过程名称为 P10 的过程,随机产生 3 个三位正整数,求这三个数的最大值并输出。

操作步骤如下:

(1) 打开"实验验证"模块的代码窗口。

(2) 输入过程 P10 的代码:

```
Sub P10()
    Dim a As Integer,b As Integer,c As Integer
    a=Rnd*899+100
    b=Rnd*899+100
    c=Rnd*899+100
    Debug.Print "三个随机数为: "; a; b; c
    m=a
    If b>m Then m=b
    If c>m Then m=c
    Debug.Print "最大值为: "; m
End Sub
```

代码分析:

① 本题使用一个变量 m 来存放最大值。执行 m=a,可以理解为先假设 a 为最大值;再比较 b 和 m,如果 b 大于 m,说明 b 是前两个数的较大值,则执行 m=b,这样第一个 If 语句执行结束后,m 中存放的是 a 和 b 中的较大值;最后比较 c 和 m(即把 c 和前两个数的最大值比较)。

② 求 a、b、c 的最大值也可以使用嵌套的 If 语句实现,代码为

```
If a>b Then
    If a>c Then
        m=a
    Else
        m=c
    End If
```

```
Else
    If b>c Then
        m=b
    Else
        m=c
    End If
End If
```

（3）运行过程，查看程序运行结果。

（4）保存程序。

二、实验设计

【实验设计7】 编写一个过程名称为PD7的过程，使用随机数函数产生两个两位正整数，并将较小值放于变量x中，较大值放于变量y中。

实验提示：

（1）打开“实验设计”模块的代码窗口编写程序。

（2）本题可以先产生两个随机数，分别存放于变量x和y中。然后比较x和y的大小，若x大于y，则交换x和y中的值。

（3）代码提示如下：

```
Sub PD7()
  Dim x As Integer,y As Integer,t As Integer
  x=10+Rnd*89
  y=10+Rnd*89
  If x>y Then
  ⋮      (请读者自行完成代码中省略的部分)
  End If
  Debug.Print "较小数为: "; x; ",较大数为: "; y
End Sub
```

（4）程序运行结果如图4-20所示。

（5）读者实际产生的随机数和图4-20中可能不一致。

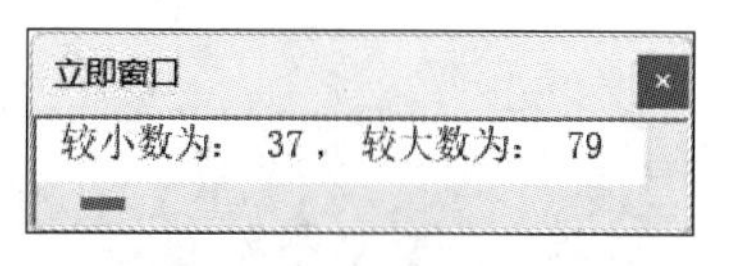

图4-20　过程PD7的运行结果

【实验设计8】 编写一个过程名称为PD8的过程，要求通过输入框输入一个年份，判断其为闰年还是平年。输入界面和运行结果界面分别如图4-21和图4-22所示。闰年的判断条件为：年份能被4整除但不能被100整除，或者年份能被400整除。

图4-21　“年份”输入框

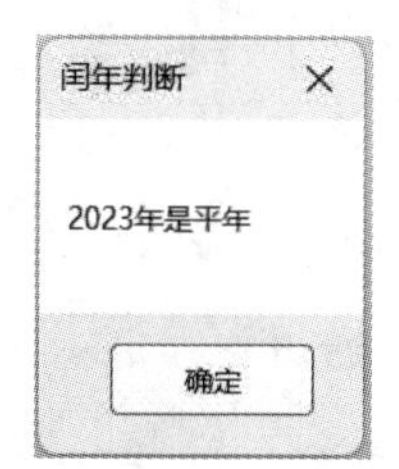

图4-22　PD8的运行结果

实验提示：

(1) 判断 a 能被 b 整除的条件为 a mod b＝0，或者 Int(a/b)＝a/b。

(2) 代码提示如下：

```
Sub PD8()
  Dim y As Integer, s As String
  y=InputBox("请输入一个年份","年份",Year(Date))
   ⋮  (请读者自行完成代码中省略的部分)
MsgBox y & "年是" & s, ,"闰年判断"
End Sub
```

【实验设计 9】 编写一个过程名称为 PD9 的过程，产生两个 10 以内的随机正整数，通过输入框显示这两个数，并要求计算它们的和，输入界面如图 4-23 所示。在用户输入答案后，判断用户给出的答案是否正确，如果正确，用消息框显示“答案正确!”，如图 4-24 所示，否则显示出错信息并给出正确答案，如图 4-25 所示。

图 4-23 “加法”输入框

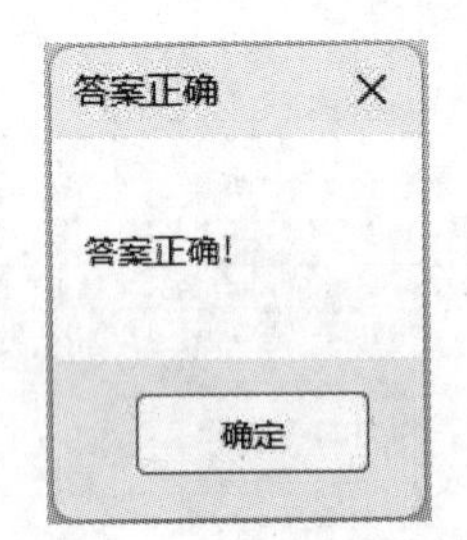

图 4-24 答案正确提示

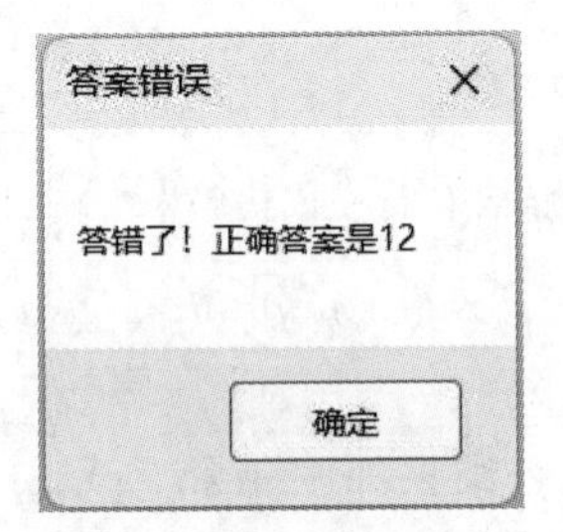

图 4-25 答案错误提示

实验提示：本题需定义两个变量 a 和 b，分别存放两个随机数；还需定义一个变量 sum，用于存放用户输入的答案。判断输入答案正确的条件为 sum＝a＋b。

【实验设计 10】 编写一个过程名称为 PD10 的过程，使用 If…Then…ElseIf…语句实现分段函数：

$$y=\begin{cases}|x| & x<10\\ \sqrt{3x-1} & 10\leqslant x\leqslant 20\\ 3x+2 & x>20\end{cases}$$

要求通过输入框输入 x 的值，如图 4-26 所示；计算 y 的值并通过消息框输出，如图 4-27 所示。

实验提示：本题 x 和 y 的取值都可以带小数，所以需将变量 x 和 y 定义为 Single 型或 Double 型。

图 4-26　x 值输入框

图 4-27　PD10 的运行结果

【实验设计 11】　编写一个过程名称为 PD11 的过程，使用 If...Then...ElseIf...语句实现根据商品质量计算应付货款。假设某商品售价为 50 元/kg，如果购买 10kg 以上，则超出 10kg 的部分享受 9 折优惠，超过 20kg 的部分享受 8 折优惠。要求使用一个输入框输入商品的质量，计算应付货款并通过消息框输出，输入和输出的界面分别如图 4-28 和图 4-29 所示。

图 4-28　“质量输入”输入框

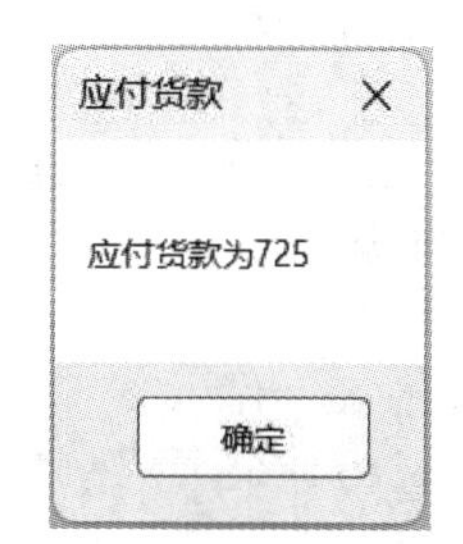

图 4-29　PD11 的运行结果

实验提示：本题中购买商品的质量 x 与应付货款 y 的关系如下：

（1）当 x≤10 时：y=50 * x

（2）当 10<x≤20 时：y=50 * 10+50 * 0.9 * (x−10)

（3）当 x>20 时：y=50 * 10+50 * 0.9 * (20−10)+50 * 0.8 * (x−20)

【实验设计 12】　编写一个过程名称为 PD12 的过程，使用 Select Case⋯End Select 语句实现过程 PD11。

实验提示：

（1）本题可将商品的质量 x 作为 Select Case 语句的测试表达式。

（2）注意 case 子句中条件的表示方法，如要表示 x≤10，需写成 Is<=10。

【实验设计 13】　编写一个过程名称为 PD13 的过程，使用 Select Case...End Select 语句实现根据输入的月份值，判断该月属于哪一个季节。假设 3、4、5 月为春季，6、7、8 月为夏季，9、10、11 月为秋季，12、1、2 月为冬季。要求通过输入框输入一个月份值，如图 4-30 所示，默认值为当前月份；通过消息框输出季节，如图 4-31 所示。如果输入的月份不介于 1 和 12 之间，则输出错误提示消息框，如图 4-32 所示。

图 4-30　“月份”输入框

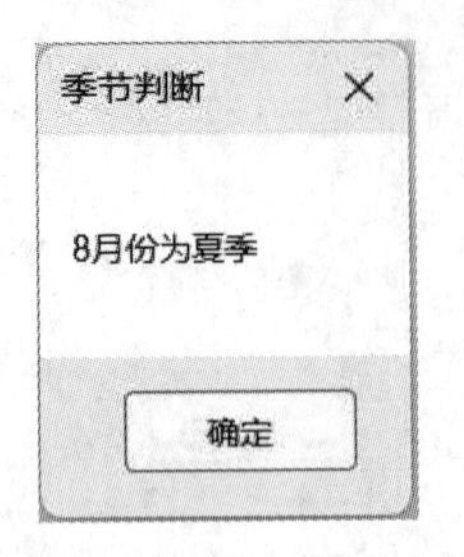

图 4-31 季节正确消息框

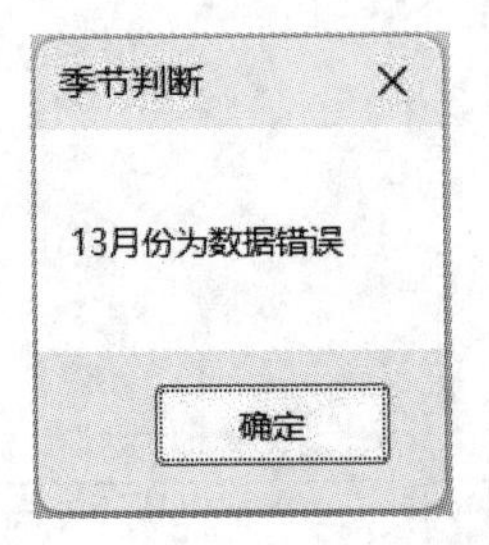

图 4-32 季节错误消息框

代码提示如下：

```
Sub PD13()
  Dim x As Integer, y As String
  x=InputBox("请输入一个月份：", "月份", Month(Date))
    Select Case x
      Case 3,4,5
        y="春季"
          ⋮      (请读者自行完成代码中省略的部分)
    End Select
          ⋮
End Sub
```

【实验设计 14】 编写一个过程名称为 PD14 的过程，使用 IIf()函数判断当前日期是工作日还是休息日。已知星期一到星期五工作，输出结果如图 4-33 所示；星期六和星期天休息，输出结果如图 4-34 所示。

图 4-33 输出“今天工作”

图 4-34 输出“今天休息”

实验提示：

(1) 本题使用函数 Weekday(Date)判断当前日期是一个星期中的第几天。

(2) 代码提示如下：

```
Sub PD14()
  Dim s As String
  s=IIf(……) (请读者自行完成代码中省略的部分)
  MsgBox s
End Sub
```

4.3 循环结构

要求掌握 For...Next 循环和 Do...Loop 循环的语法格式与使用，理解 For...Next 循环和 Do...Loop 循环的执行流程，掌握强制退出 For...Next 循环和 Do...Loop 循环的方法，Do...Loop 循环中循环条件的设置和双重循环的使用。

一、实验验证

【实验验证 11】 编写过程，求 1＊2＊3＋2＊3＊4＋3＊4＊5＋…＋8＊9＊10。要求分别用 For...Next 循环和 Do...Loop 循环实现，过程名分别为 P11_1 和 P11_2。

操作步骤如下：

(1) 打开“实验验证”模块的代码窗口。在“教学管理系统”数据库界面左侧导航窗格的“模块”对象下双击“实验验证”模块，打开“实验验证”模块的代码窗口。

(2) 输入过程 P11_1 和过程 P11_2 的代码：

```
Sub P11_1()
    Dim i As Integer,s As Integer
    For i=1 To 8
        s=s+i * (i+1) * (i+2)
    Next i
    MsgBox s
Sub P11_2()
    Dim i As Integer, s As Integer
    i=1
    Do While i<=8
        s=s+i * (i+1) * (i+2)
        i=i+1
    Loop
    MsgBox s
End Sub
```

代码分析：

① 过程 P11_1 中，For 循环省略了 Step 子句，默认步长为 1，即每次执行完循环体，循环变量 i 值在原来基础上加 1。

② For...Next 语句和 Do...Loop 语句都可以实现循环结构，其中 For...Next 语句一般用于循环次数已知的情况，循环次数未知的情况则更适合使用 Do...Loop 语句实现。

(3) 运行过程。光标置于过程 P11_1 内部，单击工具栏上的运行按钮运行程序，查看程序运行结果；再以同样的方式运行 P11_2，查看运行结果。

(4) 保存程序。单击工具栏上的“保存”按钮，保存程序。

【实验验证 12】 编写一个过程名称为 P12 的过程，输出 10 与 99 之间的同构数。所谓同构数，是指一个整数出现在它的平方数的右端，则这个整数是同构数。如，25 的平方是

625,25 是 625 右端的数,所以 25 是一个同构数。

操作步骤如下:

(1) 打开"实验验证"模块的代码窗口。

(2) 输入过程 P12 的代码:

```
Sub P12()
    Dim x As Integer
    For x=10 To 99
        If (x^2) Mod 100=x Then
            Debug.Print x
        End If
    Next x
End Sub
```

代码分析:本题在 For 循环内嵌套了一个单分支结构。先用 For 循环依次列出 10 与 99 之间的每一个数(存放于循环变量 x 中),再用 If 语句判断每个 x 的平方数的后两位是否和原数 x 相等,若相等则输出 x 的值。

(3) 运行过程,查看程序运行结果。

(4) 保存程序。

【实验验证 13】 编写一个过程名称为 P13 的过程,利用格里高利公式求圆周率 π 的近似值:

$$\frac{\pi}{4}=1-\frac{1}{3}+\frac{1}{5}-\frac{1}{7}+\cdots$$

直到最后一项的绝对值小于 0.000001。

操作步骤如下:

(1) 打开"实验验证"模块的代码窗口。

(2) 输入过程 P13 的代码:

```
Sub P13()
    Dim i As Long, t As Single, s As Single, f As Integer
    i=1
    f=1
    Do
        t=f*(1/i)
        s=s+t
        i=i+2
        f=-f
    Loop While Abs(t)>=0.000001
    Debug.Print s*4
End Sub
```

代码分析:

① 本例属于循环次数未知的情况,更适合使用 Do...Loop 循环实现。

② 程序代码中变量 i 表示每一个累加项的分母,i 的值依次为 1,3,5,7,……变量 f 表示每一项的符号,f 的值依次为 1,−1,1,−1,……

(3) 运行过程,查看程序运行结果。

(4) 保存程序。

【实验验证 14】 编写一个过程名称为 P14 的过程，求 2!+4!+6!+…+20!。

操作步骤如下：

(1) 打开“实验验证”模块的代码窗口。

(2) 输入过程 P14 的代码：

```
Sub P14()
        Dim i As Integer, j As Integer, s As Single, f As Single
        For i=2 To 20 Step 2
            f=1
            For j=1 To i
                f=f * j
            Next j
            s=s+f
        Next i
        Debug.Print s
End Sub
```

代码分析：

① 本例使用了一个双重 For...Next 循环。其中内层循环用于实现累乘，即求当前外循环变量 i 的阶乘；外层循环用于把每个 i 的阶乘累加到一起。

② 注意双重循环的执行流程：对于外层的每一次循环，内层循环必须执行完所有的循环次数，然后才开始外层的下一次循环。

(3) 运行过程，查看程序运行结果。

(4) 保存程序。

【实验验证 15】 编写一个过程名称为 P15 的过程，使用双重循环在 Debug 窗口输出如图 4-35 所示的图形。

```
*********
 *******
  *****
   ***
    *
```

图 4-35　过程 P15 的运行结果

操作步骤如下：

(1) 打开“实验验证”模块的代码窗口。

(2) 输入过程 P15 的代码：

```
Sub P15()
    Dim i As Integer, j As Integer
    For i=1 To 5
        Debug.Print Tab(i);
        For j=1 To 11-2 * i
            Debug.Print "*";
        Next j
        Debug.Print
    Next i
End Sub
```

代码分析：

① 二维符号阵列可以使用双重 For 循环实现。其中外层循环控制输出的行数，内层循环输出一行，通过内循环变量的初值、终值、步长值来控制每行输出的个数。

② 本题中语句 Debug.Print Tab(i);用于控制每行输出的起始位置，即对于第 i 行先定

位到第 i 列，再输出一行“*”。

(3) 运行过程，查看程序运行结果。

(4) 保存程序。

【实验验证 16】 编写一个过程名称为 P16 的过程，随机产生一个 10 与 99 之间的质数。提示：利用 Do...Loop 循环每次随机产生一个数，判断其是否为质数，直到产生的数是质数为止。

(1) 打开“实验验证”模块的代码窗口。

(2) 输入过程 P16 的代码：

```
Sub P16()
    Dim x As Integer, i As Integer
    Do
        x=Rnd * 89+10
        For i=2 To x-1
            If x Mod i=0 Then Exit For
        Next i
        If i=x Then Exit Do
    Loop
    Debug.Print x
End Sub
```

其中的 Exit Do 用于在特定条件下强制结束 Do 循环。

(3) 运行过程，查看程序运行结果。

(4) 保存程序。

二、实验设计

【实验设计 15】 编写一个过程名称为 PD15 的过程，使用 For...Next 循环求 100 以内的偶数和。

实验提示：

(1) 打开“实验设计”模块的代码窗口编写程序。

(2) 代码提示如下：

```
Sub PD15()
  Dim i As Integer, s As Integer
  For i=2 To 100 Step 2
    s=s+i
  Next i
  MsgBox "100以内的偶数和为" & s
End Sub
```

【实验设计 16】 编写一个过程名称为 PD16 的过程，使用 For...Next 循环求 $1+2^2+3^2+\cdots+n^2$ 的值。

实验提示：

(1) n 的值通过输入框输入，如图 4-36 所示。

（2）若输入 n 的值为 5，则输出结果如图 4-37 所示。

图 4-36　输入 n 的值

图 4-37　过程 PD16 运行结果

【实验设计 17】　编写一个过程名称为 PD17 的过程，使用 For...Next 循环产生 10 个两位随机正整数，分别统计其中奇数的个数和偶数的个数，并通过立即窗口输出，输出结果如图 4-38 所示。

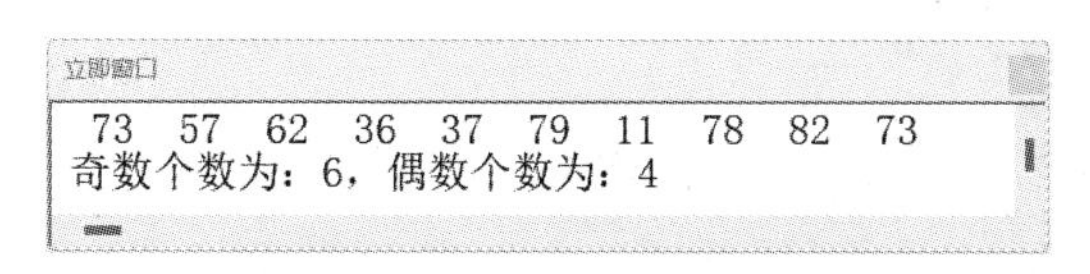

图 4-38　过程 PD17 的运行结果

实验提示：

（1）本题可使用一个 10 次的 For...Next 循环，每次循环产生一个随机正整数 x，将 x 的值输出，并判断 x 为奇数还是偶数，判断 x 为奇数的条件是 x Mod 2<>0 或者 x Mod 2=1。另外还需定义两个变量 n1 和 n2，分别用于存放奇数的个数和偶数的个数。若 x 为奇数，则对 n1 计数，即执行 n1=n1+1；若 x 为偶数，则对 n2 计数。

（2）代码提示如下：

```
Sub PD17()
  Dim i As Integer,x As Integer,n1 As Integer,n2 As Integer
  ⋮  （请读者自行完成代码中省略的部分）
End Sub
```

【实验设计 18】　编写一个过程名称为 PD18 的过程，使用 For...Next 循环实现对由英文字母构成的字符串加密。加密方式为：先把所有字母转换成大写形式，然后将原字母在字母表中向后推一个，即 A→B、B→C、……、Y→Z、Z→A。输入和输出界面分别如图 4-39 和图 4-40 所示。

图 4-39　“明文”输入框

图 4-40　过程 PD18 的运行结果

实验提示：

（1）本题先使用 Ucase()函数将用户输入的字符串 s1 全部转换为大写形式，然后使用 For...Next 循环对 s1 中的每一个字母依次处理，每次取出 s1 中的一个字母 c1，对其进行转换。除了 Z→A 的转换不同外，其他字母的转换方式都是相同的，即先求当前字母 c1 的 ASCII 码值，将 c1 的 ASCII 码值加 1 后再转换为对应的字母，转换后的字母保存在变量 c2 中，即 c2＝Chr(Asc(c1)＋1)。最后把每次转换之后的字母依次连接起来，即可得到加密后的字符串。

（2）代码提示如下：

```
Sub PD18()
  Dim i As Integer, s1 As String, s2 As String
  Dim c1 As String, c2 As String
  s1=InputBox("请输入由英文字母构成的字符串：", "明文")
  s1=UCase(s1)
  For i=1 To Len(s1)
    c1=Mid(s1,i,1)
     ⋮  (请读者自行完成代码中省略的部分)
    s2=s2+c2
  Next i
  MsgBox "加密后的字符串为：" & s2, , "密文"
End Sub
```

【实验设计 19】 编写一个过程名称为 PD19 的过程，要求使用 Do...Loop 循环实现【实验设计 15】的题目要求。

代码提示如下：

```
Sub PD19()
  Dim i As Integer, s As Integer
  i=2
  Do While i <= 100
  ⋮  (请读者自行完成代码中省略的部分)
  Loop
  MsgBox "100 以内的偶数和为" & s
End Sub
```

【实验设计 20】 编写一个过程名称为 PD20 的过程，使用 Do...Loop 循环计算 s＝1＋2＋3＋⋯＋n，求和小于 100 时 n 的最大值，运行结果如图 4-41 所示。

图 4-41　过程 PD20 的运行结果

实验提示：

（1）本题属于循环次数未知的情况，适合使用 Do...Loop 循环实现，循环条件为 s＜100。

（2）代码提示如下：

```
Sub PD20()
  Dim n As Integer, s As Integer
  n=1
  Do While s<100
    s=s+n
```

```
    n=n+1
  Loop
  MsgBox "和小于 100 时 n 的最大值为：" & n-2
End Sub
```

（3）本例最后的输出结果是 n－2，而不是 n 或 n－1。因为循环条件是 s＜100，所以循环结束时 s 的值肯定大于或等于 100。也即最后一次执行循环体时，执行完语句 s＝s＋n 后，s≥100，这时 n 的值已经比要求的结果数据大 1；而后又执行了 n＝n＋1，才因循环条件不满足而退出循环，所以循环结束时，n 比要求的结果数据大 2。

【实验设计 21】 编写一个过程名称为 PD21 的过程，使用 Do...Loop 循环实现求 1＋1/3＋1/5＋1/7＋…＋1/n，直到最后一项的值小于 0.001。运行结果如图 4-42 所示。

图 4-42　过程 PD21 的运行结果

代码提示如下：

```
Sub PD21()
  Dim i As Integer, s As Single
  i=1
  Do While 1/i>=0.001
    ⋮  (请读者自行完成代码中省略的部分)
  Loop
  MsgBox s, ,"倒数和"
End Sub
```

【实验设计 22】 编写一个过程名称为 PD22 的过程，使用双重循环实现求 s＝1＋(1＋2)＋(1＋2＋3)＋…＋(1＋2＋3＋…＋n)的值。输入界面和运行结果界面分别如图 4-43 和图 4-44 所示。

图 4-43　过程 PD22 的输入框

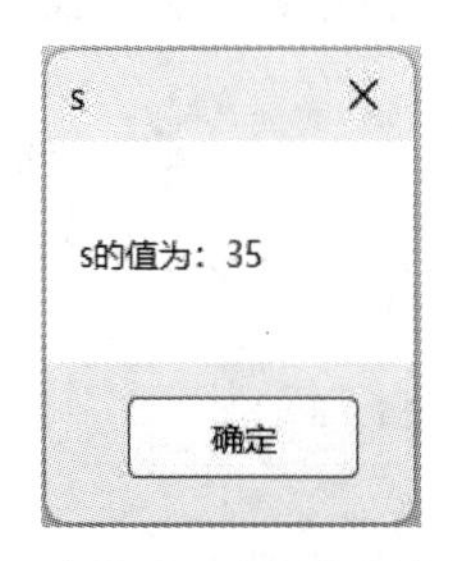

图 4-44　过程 PD22 实验设计运行结果

代码提示如下：

```
Sub PD22()
  Dim i As Integer,j As Integer,n As Integer, s As Integer
  n=InputBox("请输入 n 的值：", "n", 0)
  ⋮  (请读者自行完成代码中省略的部分)
  MsgBox "s 的值为：" & s, , "s"
End Sub
```

【实验设计 23】 编写一个过程名称为 PD23 的过程，使用双重循环在立即窗口输出如图 4-45 所示的图形。

图 4-45　过程 PD23 的运行结果

实验提示：

(1) 使用双重循环输出二维图形时需注意以下几个问题。

① 输出的行数：对应外层循环的循环变量 i 的终值，本题为 5。

② 每行输出的列数：对应内层循环的循环变量 j 的终值。各行输出的列数不同时，需要找出每行列数与当前行号的关系，即找出 j 的终值与 i 的关系，本题为 2*i−1。

③ 每行输出的起始位置：需要找出各行的起始位置与当前行号 i 的关系，然后用 Spc() 函数或 Tab() 函数进行定位，本题可使用 Tab(6−i)。

④ 输出的内容：需要找出输出内容与当前行号 i 或列号 j 的关系，本题每行输出内容与当前行号 i 相同。

(2) 在输出数字时，如果直接输出数值本身，则系统会在数字之间自动添加空格，使得数字不易对齐，为此需使用 CStr() 函数将数字转换为字符后输出。

(3) 代码提示如下：

```
Sub PD23()
  Dim i As Integer,j As Integer
  For i=1 To 5
    Debug.Print Tab(6-i);
    ⋮  (请读者自行完成代码中省略的部分)
    Debug.Print
  Next i
End Sub
```

4.4 数组

要求掌握数组的定义、数组元素个数的计算、访问数组元素的方式、数组元素的赋值和输出以及使用一维数组解决实际问题的方法。

一、实验验证

【实验验证 17】 编写一个过程名称为 P17 的过程，随机产生 20 个三位正整数，存放于一个数组中，输出这个数组的元素值，并输出数组元素的最小值和最小元素的位置(即下标)。

操作步骤如下：

(1) 打开“实验验证”模块的代码窗口。在“教学管理系统”数据库界面左侧导航窗格的“模块”对象下双击“实验验证”模块，打开“实验验证”模块的代码窗口。

(2) 输入过程 P17 的代码：

```
Sub P17()
    Dim a(1 To 20) As Integer,i As Integer,k As Integer
    For i=1 To 20
        a(i) =Rnd*899+100
        Debug.Print a(i);
```

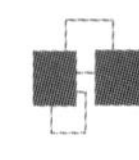

```
    Next i
    Debug.Print
    k=1
    For i=2 To 20
        If a(i)<a(k) Then k=i
    Next i
    Debug.Print "最小元素为"; a(k); ",其下标为: "; k
End Sub
```

代码分析：使用一个 For...Next 循环可以依次访问一维数组中的每个元素。本题中，循环变量 i 的初值对应数组元素下标的下界值，终值对应数组元素下标的上界值，则循环体内的 a(i)可以依次访问数组中的每一个元素。

(3) 运行过程。将光标置于过程 P17 内部，单击工具栏上的"运行"按钮运行程序，程序运行结果如图 4-46 所示。

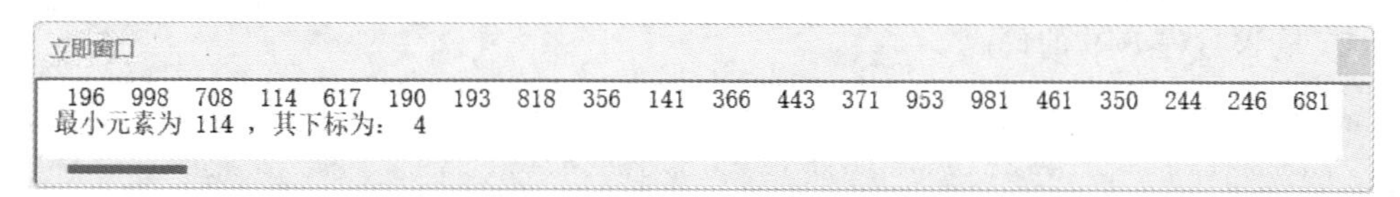

图 4-46 过程 P17 的运行结果

(4) 保存程序。单击工具栏上的"保存"按钮，保存程序。

【实验验证 18】 编写一个过程名称为 P18 的过程，随机产生 25 个两位正整数，存放于一个 5 行 5 列的二维数组中，输出这个二维数组，并求数组中所有元素之和，以及主对角线上的元素之和。

操作步骤如下：

(1) 打开"实验验证"模块的代码窗口。

(2) 输入过程 P18 的代码：

```
Sub P18()
    Dim a(1 To 5,1 To 5) As Integer,i As Integer,j As Integer
    Dim s1 As Integer,s2 As Integer
    For i=1 To 5
        For j=1 To 5
            a(i,j)=Rnd * 89+10
            Debug.Print a(i,j);
        Next j
        Debug.Print
    Next i
    For i=1 To 5
        For j=1 To 5
            s1=s1+a(i,j)
        Next j
    Next i
    Debug.Print "数组元素之和为: ";s1
    For i=1 To 5
        s2=s2+a(i,i)
    Next i
    Debug.Print "主对角线元素之和为";s2
End Sub
```

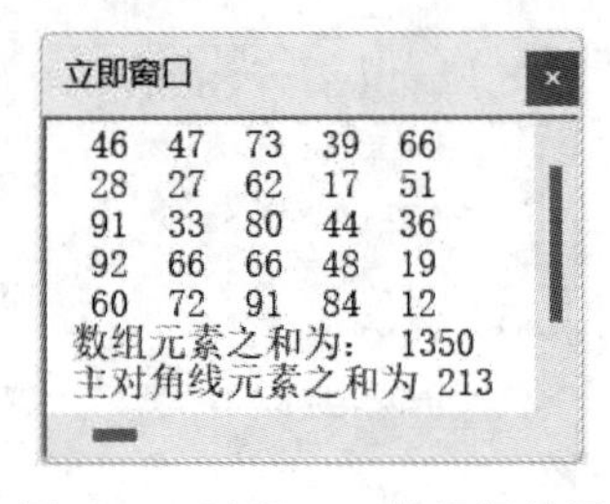

图 4-47　过程 P18 的运行结果

代码提示：使用双重 For...Next 循环可以依次访问二维数组中的每一个元素。在本题中，外循环变量对应行下标的变化，内循环变量对应列下标的变化。

(3) 运行过程，程序运行结果如图 4-47 所示。

(4) 保存程序。

【实验验证 19】 编写一个过程名称为 P19 的过程，实现如下功能：已知有两个一维数组 A 和 B，其中数组 A 中有 20 个元素，分别为 11,12,13,…,30；数组 B 有 20 个元素，分别为 21,22,23,…,40，计算并输出 $\sum_{i=1}^{20} A(i) * B(i)$。

操作步骤如下：

(1) 打开"实验验证"模块的代码窗口。

(2) 输入过程 P19 的代码：

```
Sub P19()
    Dim A(1 To 20) As Integer, B(1 To 20) As Integer
    Dim i As Integer, s As Integer
    For i=1 To 20
        A(i)=10+i
        B(i)=20+i
        s=s+A(i) * B(i)
    Next i
    Debug.Print s
End Sub
```

(3) 运行过程，查看程序运行结果。

(4) 保存程序。

二、实验设计

【实验设计 24】 编写一个过程名称为 PD24 的过程，产生一个由 10 个两位随机正整数组成的数组并输出，然后再将数组元素反序输出，输出的结果如图 4-48 所示。

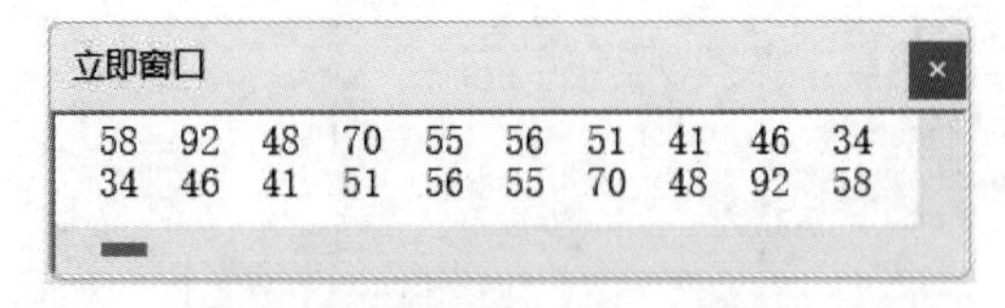

图 4-48　过程 PD24 的运行结果

实验提示：

(1) 打开"实验设计"模块的代码窗口编写程序。

(2) 假设数组元素为 a(1)～a(10)，本例要求反序输出数组元素，即按 a(10)～a(1)的顺序重新输出数组元素，所以只要将循环变量 i 从 10 变换到 1，依次输出每个 a(i)即可。

(3) 代码提示如下：

```
Sub PD24()
  Dim a(1 To 10) As Integer, i As Integer
  For i=1 To 10
    a(i)=Rnd*89+10
    Debug.Print a(i);
  Next i
  Debug.Print
  ⋮  (请读者自行完成代码中省略的部分)
End Sub
```

【实验设计 25】 编写一个过程名称为 PD25 的过程，产生一个由 10 个两位随机正整数组成的数组并输出，然后求出数组元素最小值，并将其放在数组首，即将最小元素与第一个元素交换。输出结果如图 4-49 所示。

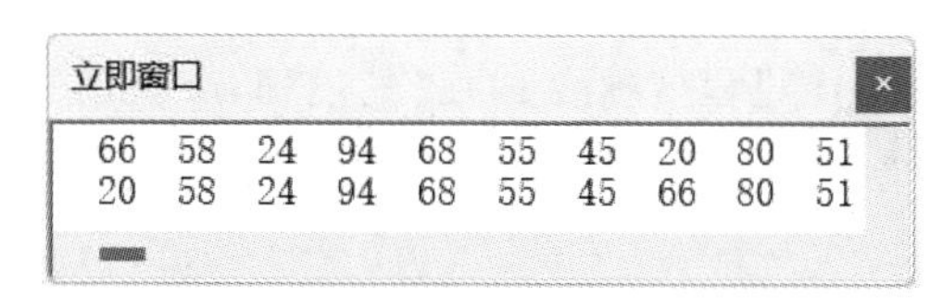

图 4-49　过程 PD25 的运行结果

实验提示：

(1) 本例要求将最小元素与第一个元素交换位置，所以在求最小值的同时还需要求出最小值的位置。查找最小元素及其位置的方法如下：

① 定义变量 min 用于存放最小元素的值，k 用于存放最小元素的位置，即最小元素对应的下标值。

② 假设第一个元素最小，即执行 min＝a(1)，k＝1。

③ 把从第 2 个到最后一个元素 a(i)依次和 min 中的值比较，每发现一个 a(i)＜min，则将 a(i)的值重新赋给 min，同时将当前位置 i 重新赋给 k。

④ 当数组中最后一个元素与 min 比较完毕时，min 中存放的就是整个数组的最小值，k 中存放的就是最小值的位置。

(2) 求出最小值 min 及其位置 k 后，将最小元素 a(k)中的值与 a(1)中的值交换即可。

(3) 代码提示如下：

```
Sub PD25()
  Dim a(1 To 10) As Integer, i As Integer
  Dim min As Integer, k As Integer
  For i=1 To 10
    a(i)=Rnd*89+10
    Debug.Print a(i);
  Next i
  Debug.Print
  ⋮  (请读者自行完成代码中省略的部分)
  a(k)=a(1)
  a(1)=min
  For i=1 To 10
    Debug.Print a(i);
  Next i
```

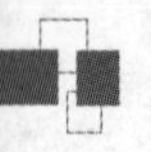


```
  Debug.Print
End Sub
```

【实验设计 26】 编写一个过程名称为 PD26 的过程，在立即窗口输出 Fibonacci 数列的前 10 项的值，已知 Fibonacci 数列的定义为：

$$F_1 = 1,$$
$$F_2 = 1,$$
$$\vdots$$
$$F_n = F_{n-1} + F_{n-2} \quad (n \geqslant 3)$$

运行结果如图 4-50 所示。

实验提示：本例可定义一个 10 个元素的数组 F，在程序中对元素 F(1)和 F(2)单独赋值，而 F(3)～F(10)的赋值可用一个循环实现。

【实验设计 27】 编写一个过程名称为 PD27 的过程，产生一个 3 行 4 列的数组，每个数组元素均为两位随机正整数，并将整个数组按照列的顺序放入一个一维数组中，运行结果如图 4-51 所示。

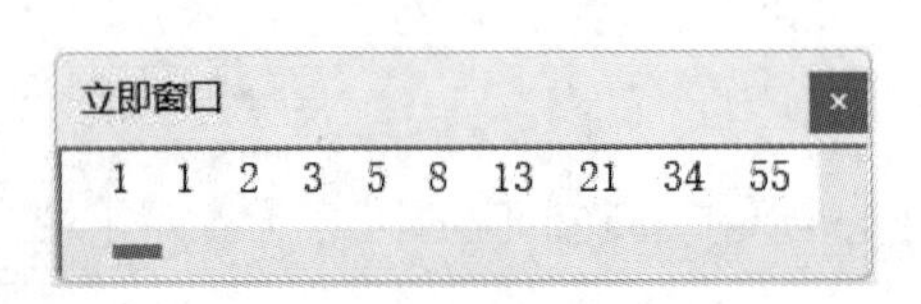

图 4-50 过程 PD26 的运行结果

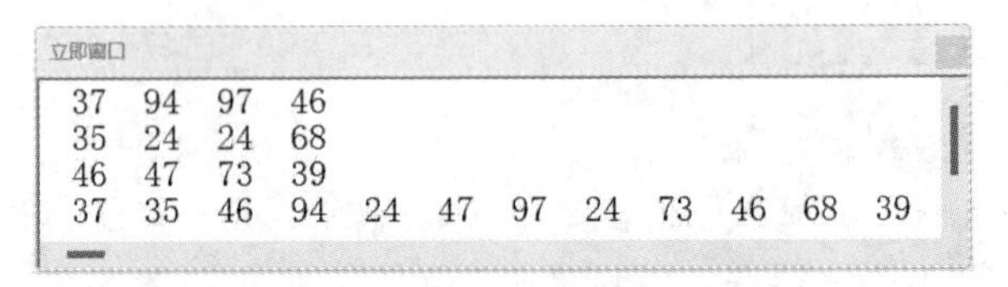

图 4-51 过程 PD27 的运行结果

实验提示：

(1) 本题需要定义两个数组，即一个二维数组 a 和一个一维数组 b。因为 a 有 3 行 4 列共 12 个元素，所以 b 也需定义成 12 个元素。将二维数组 a 中元素以列的顺序放入一维数组 b 中，即将 a(1,1)，a(2,1)，a(3,1)，a(1,2)，…，a(3,4)中的值依次赋给 b(1)，b(2)，b(3)，b(4)，…，b(12)。此处关键是找出对应元素下标之间的关系，b 的下标 k 与 a 的行下标 i 和列下标 j 的关系为：k=(j−1) * 3+i。

(2) 代码提示如下：

```
Sub PD27()
  Dim a(1 To 3, 1 To 4) As Integer, b(1 To 12) As Integer
  Dim i As Integer, j As Integer
  For i=1 To 3
    For j=1 To 4
      a(i,j)=Rnd * 89+10
      Debug.Print a(i,j);
    Next j
    Debug.Print
  Next i
  For j=1 To 4
    For i=1 To 3
      b((j-1) * 3+i)=a(i,j)
    Next i
  Next j
```

```
  For i=1 To 12
    Debug.Print b(i);
  Next i
  Debug.Print
End Sub
```

4.5 过程

要求掌握 Sub 子过程的定义与调用方法、Function 函数过程的定义与调用方法以及实参和形参的对应关系，理解按值传递和按地址传递的区别。

一、实验验证

【实验验证 20】 编写一个过程名称为 P20 的过程，输出所有两位正整数，每行输出 10 个数，每行数据下方输出一行星号，输出结果如图 4-52 所示。要求先编写一个过程名称为 Line1 的 sub 子过程，输出一行 40 个星号，然后在主调程序 P20 中调用 Line1。

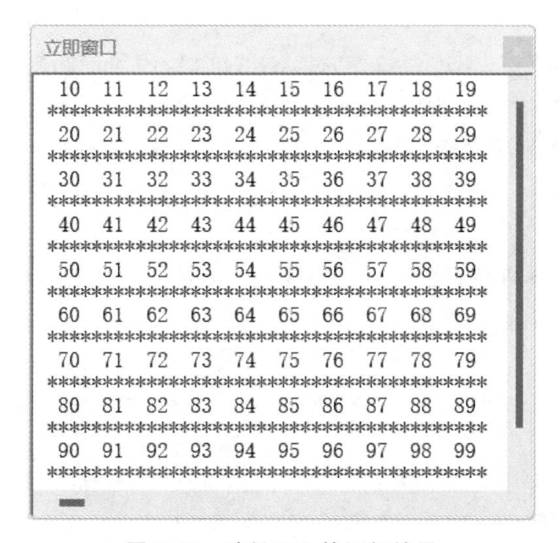

图 4-52　过程 P20 的运行结果

操作步骤如下：

(1) 打开“实验验证”模块的代码窗口。在“教学管理系统”数据库界面左侧导航窗格的“模块”对象下双击“实验验证”模块，打开“实验验证”模块的代码窗口。

(2) 输入过程代码。sub 子过程 Line1 和过程 P20 的代码为

```
Sub Line1()
    Dim i As Integer
    For i=1 To 40
        Debug.Print "*";
```

```
    Next i
    Debug.Print
End Sub
Sub P20()
    Dim i As Integer
    For i=10 To 99
        Debug.Print i;
        If i Mod 10=9 Then
            Debug.Print
            Call Line1
        End If
    Next i
End Sub
```

代码分析：

① 本题中有两个过程：过程 Line1 和过程 P20。在 P20 中，Call Line1 为过程调用语句，Line1 为被调过程，P20 为主调过程。

② 注意过程调用的执行流程：当执行到调用语句，程序转到被调过程执行；被调过程执行结束，程序的流程又回到主调过程，继续执行调用语句之后的语句。

(3) 运行过程。光标置于过程 P20 内部，单击工具栏上的运行按钮运行程序，查看程序运行结果。

(4) 保存程序。

【实验验证 21】 编写一个过程名称为 P21 的过程，实现奇偶判断。要求先编写一个函数过程 F1，参数为整数，返回值为判断结果；然后在主调过程 P1 中要求用户输入一个整数，再调用 F1 进行判断，并输出判断结果。

操作步骤如下：

(1) 打开"实验验证"模块的代码窗口。

(2) 输入过程代码。函数过程 F1 和过程 P21 的代码为

```
Function F1(a As Integer) As String
    If a Mod 2=1 Then
        F1="奇数"
    Else
        F1="偶数"
    End If
End Function
Sub P21()
    Dim x As Integer
    x=InputBox("请输入一个整数")
    MsgBox x & "是" & F1(x)
End Sub
```

代码分析：

① Function 函数过程与 Sub 子过程最主要的区别是 Function 函数过程有返回值，通过返回值，可以把函数过程的处理结果带回主调过程。

② Function 函数过程通过函数名带回返回值，所以通常在函数体内至少有一条为函数名赋值的语句，即将函数的返回值存放于函数名中。

（3）运行过程 P21，查看程序运行结果。

（4）保存程序。

【实验验证 22】 编写一个过程名称为 P22 的过程，输出所有满足条件的四位数：这个四位数的平方根恰好是它的中间两位数字，如 2500 的平方根是 50，恰好是 2500 的中间两位。要求先编写一个名称为 F2 的函数过程，判断任意给定的一个四位数是否符合条件。若符合条件，则返回 True，否则返回 False。

操作步骤如下：

（1）打开“实验验证”模块的代码窗口。

（2）输入过程代码。函数过程 F2 和过程 P22 的代码为

```
Function F2(x) As Boolean
    If Sqr(x)=x\10 Mod 100 Then F2=True
End Function
Sub P22()
    Dim i As Integer
    For i=1000 To 9999
        If F2(i) Then Debug.Print i
    Next i
End Sub
```

代码分析：

① Function 函数过程定义时需要说明返回值的类型，本题中函数定义第一行最后的 As Boolean 即说明函数返回值为布尔型。

② 若函数体内没有执行为函数名赋值的语句，则函数的返回值为对应类型的默认值。本题中，若函数体内 If...Then...语句中的条件不成立，则返回布尔型的默认值，即返回值为 False。

（3）运行过程 P22，查看程序运行结果。

（4）保存程序。

【实验验证 23】 编写一个过程名称为 P23 的过程，输出 1000 之内的所有完数。完数指一个数恰好等于它的所有因子(包含 1 但不包含本身)之和，如 6 的因子为 1、2、3，6＝1＋2＋3，6 就是一个完数。要求先编写一个名称为 F3 的函数过程，求参数的因子和。

操作步骤如下：

（1）打开“实验验证”模块的代码窗口。

（2）输入过程代码。函数过程 F3 和过程 P23 的代码为

```
Function F3(a As Integer) As Integer
    Dim i As Integer
    For i=1 To a-1
        If a Mod i=0 Then
            F3=F3+i
        End If
    Next i
End Function
Sub P23()
    Dim i As Integer
```

```
    For i=1 To 1000
        If i=F3(i) Then Debug.Print i
    Next i
End Sub
```

代码分析：

① 本题中，函数过程 F3 的作用是求参数 a 的因子和。

② 在函数体内可以把函数名当成一个变量来使用，函数执行结束时函数名中存放的数据即为函数的返回值。

(3) 运行过程 P23，查看程序运行结果。

(4) 保存程序。

二、实验设计

【实验设计 28】 编写一个过程名称为 PD28 的过程，输出 1、3、5 以及 1、3、5 的 3 次方根，并在输出内容前后各加一条由 20 个"-"构成的直线，如图 4-53 所示，要求直线由一个过程名称为 line1 的 Sub 子过程构成。

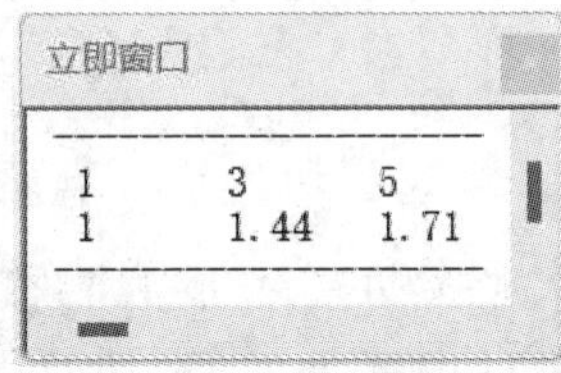

图 4-53　过程 PD28 的运行结果

实验提示：

(1) 打开"实验设计"模块的代码窗口编写程序。

(2) 代码提示如下：

```
Sub PD28()
  Call line1
  Debug.Print 1; Tab(8); 3; Tab(15); 5
  Debug.Print Round(1^(1/3), 2); Tab(8); Round(3^(1/3),2);
  Debug.Print Tab(15); Round(5^(1/3),2)
  Call line1
End Sub
Sub line1()
  Dim i As Integer
  For i=1 To 20
    Debug.Print "-";
  Next i
  Debug.Print
End Sub
```

(3) 本题中被调过程 line1 是无参过程，其功能是输出一条由 20 个"-"组成的直线，可以被其他过程调用，也可单独执行。PD28 是主调过程，主调过程执行时，当执行到过程调用语句"Call line1"时，会转到被调过程 line1 去执行，执行完 line1 后又返回到主调过程继续往下执行。

(4) 本题主调过程中在输出数据的语句前后各有一条"Call line1"语句，所以被调过程在输出数据前后各执行了一次，对应输出结果中的两条直线。

【实验设计 29】 编写一个过程名称为 PD29 的过程。修改 PD28，输出直线由一个新的过程 line2 实现，并要求 line2 中绘制直线的长度由主调过程确定。如果主调过程要求的直线长度小于 10 或大于 30，则都按长度为 20 绘制。

实验提示：

(1) 本题要求 line2 中绘制直线的长度由主调过程确定，即由主调过程告诉被调过程绘制多少个"-"。可以通过参数传递将这个长度值传给 line2，因此 line2 必须定义成有参数的过程，主调过程在调用 line2 的语句中也必须给出参数的值。

(2) line2 中还需要先对传递过来的参数 n 进行处理，如果 n 的值小于 10 或者大于 30，则需将其修改为 20。

(3) 代码提示如下：

```
Sub PD29()
  Dim x As Integer
  x=InputBox("请输入绘制直线的长度：", , 0)
  ⋮  (请读者自行完成代码中省略的部分)
End Sub
Sub line2(n As Integer)
  Dim i As Integer
  If n<10 Or n>30 Then n=20
  ⋮  (请读者自行完成代码中省略的部分)
  Debug.Print
End Sub
```

【实验设计 30】 编写一个过程名称为 PD30 的过程，求圆周率 π 的值。已知 π 可由如下公式求得：

$$\frac{\pi^2}{6}=1+\frac{1}{2^2}+\frac{1}{3^2}+\frac{1}{4^2}+\cdots+\frac{1}{n^2}$$

求 n=20 时 π 的近似值。要求使用一个函数过程 pf 求平方，一个函数过程 ds 求倒数，其运行结果如图 4-54 所示。

图 4-54　过程 PD30 的运行结果

实验提示：

(1) 本题可先计算公式等号右侧的累加和 s，则 π 的近似值可由表达式 Sqr(6 * s)求得。

(2) 代码提示如下：

```
Sub PD30()
  Dim i As Integer, s As Single
  For i=1 To 20
    s=s+_______(请读者自行完成代码中省略的部分)
  Next i
  MsgBox Sqr(6 * s), ,"圆周率"
End Sub
Function pf(n As Integer) As Integer
  pf=n * n
End Function
Function ds(n As Integer) As Single
  ⋮  (请读者自行完成代码中省略的部分)
End Function
```

【实验设计 31】 编写一个过程名称为 PD31 的过程，计算组合数 $C_m^n=\frac{m!}{n!\ (m-n)!}$。

要求阶乘通过一个函数 jc 实现，输入界面分别如图 4-55 和图 4-56 所示，运行结果如图 4-57 所示。

图 4-55　m 值输入框

图 4-56　n 值输入框

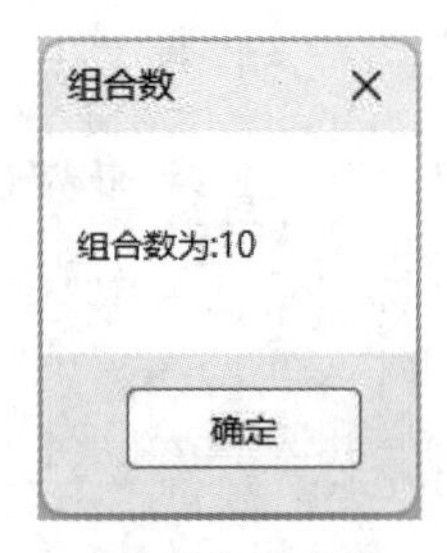

图 4-57　过程 PD31 的运行结果

代码提示如下：

```
Sub PD31()
  Dim m As Integer, n As Integer, c As Integer
  m=InputBox("请输入 m 的值: ", "m", 0)
  n=InputBox("请输入 n 的值: ", "n", 0)
  c=_______(请读者自行完成代码中省略的部分)
  MsgBox "组合数为:" & c, , "组合数"
End Sub
Function jc(k As Integer) As Long
  Dim i As Integer, p As Long
  p=1
  For i=1 To k
    p=p * i
  Next i
  jc=p
End Function
```

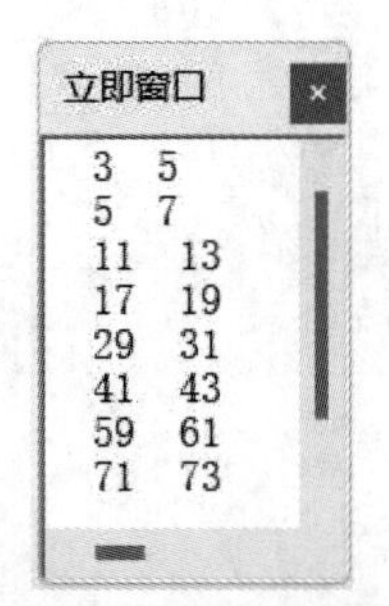

图 4-58　过程 PD32 的运行结果

【实验设计 32】　编写一个过程名称为 PD32 的过程，求 100 以内的所有孪生素数对。孪生素数对是指两个相差为 2 的素数，如 3 和 5、5 和 7、11 和 13 都是孪生素数对。运行结果如图 4-58 所示，要求判断素数用一个函数过程 IsPrime 实现。

实验提示：

(1) 本题函数过程 IsPrime 应该接收一个参数 x，表示判断 x 是否为素数。判断结果只有两种情况，所以函数过程的返回值应为 Boolean 型，若 x 是素数则返回 True，否则返回 False。

(2) 输出 100 以内所有孪生素数对的方法为：对于 2 到 98 之间

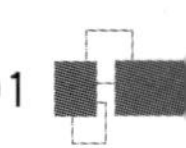

的任意一个整数 i，判断是否满足 i 是素数且 i+2 是素数；如果满足，则 i 和 i+2 是一对孪生素数，将其输出。

(3) 代码提示如下：

```
Sub PD32()
  Dim i As Integer
  For i=2 To 98
    ⋮  （请读者自行完成代码中省略的部分）
  Next i
End Sub
Function IsPrime(x As Integer) As Boolean
  Dim i As Integer
  For i=2 To x-1
    If x Mod i=0 Then       '不是素数
      IsPrime=False         '返回 False
      Exit Function         '强制退出函数
    End If
  Next i
  IsPrime=True              '是素数，返回 True
End Function
```

【实验设计 33】 编写一个过程名称为 PD33 的过程，输入如下代码并分析输出结果。

实验提示：

(1) 代码提示如下：

```
Sub PD33()
  Dim x As Integer, y As Integer
  x=4: y=5
  Call p(x, y)
  Debug.Print x; y
  Call p(y, x)
  Debug.Print x; y
End Sub
Sub p(m As Integer, ByVal n As Integer)
  n=m+n
  m=n Mod 4
End Sub
```

(2) 运行结果如图 4-59 所示。

图 4-59　过程 PD33 的运行结果

(3) 本题被调过程 p 中，形参 m 按地址传递，n 按值传递，所以在被调用时，m 对应的实参值随 m 变化，而 n 对应的实参值不随 n 变化。

(4) 第一次调用时调用语句是 Call p(x,y)，将实参 x 传给 m，实参 y 传给 n，参数传递完毕后，m=4，n=5。执行完被调过程后，m=1，n=9。因为实参 x 随 m 变化，而实参 y 不随 n 变化，所以被调过程执行完后 x=1，y=5。

(5) 第二次调用时调用语句是 Call p(y,x)，将实参 y 传给 m，实参 x 传给 n，参数传递完毕后，m=5，n=1。而执行完被调过程后，m=2，n=6。因为实参 y 随 m 变化，而实参 x 不随 n 变化，所以被调过程执行完后 x=1，y=2。

第5章 窗　体

本章主要掌握创建窗体的方法，常用控件的使用以及在窗体中使用 VBA 访问数据库的方法。请根据实验验证题目的要求和步骤完成实验验证内容，并根据题目的要求完成实验设计任务。

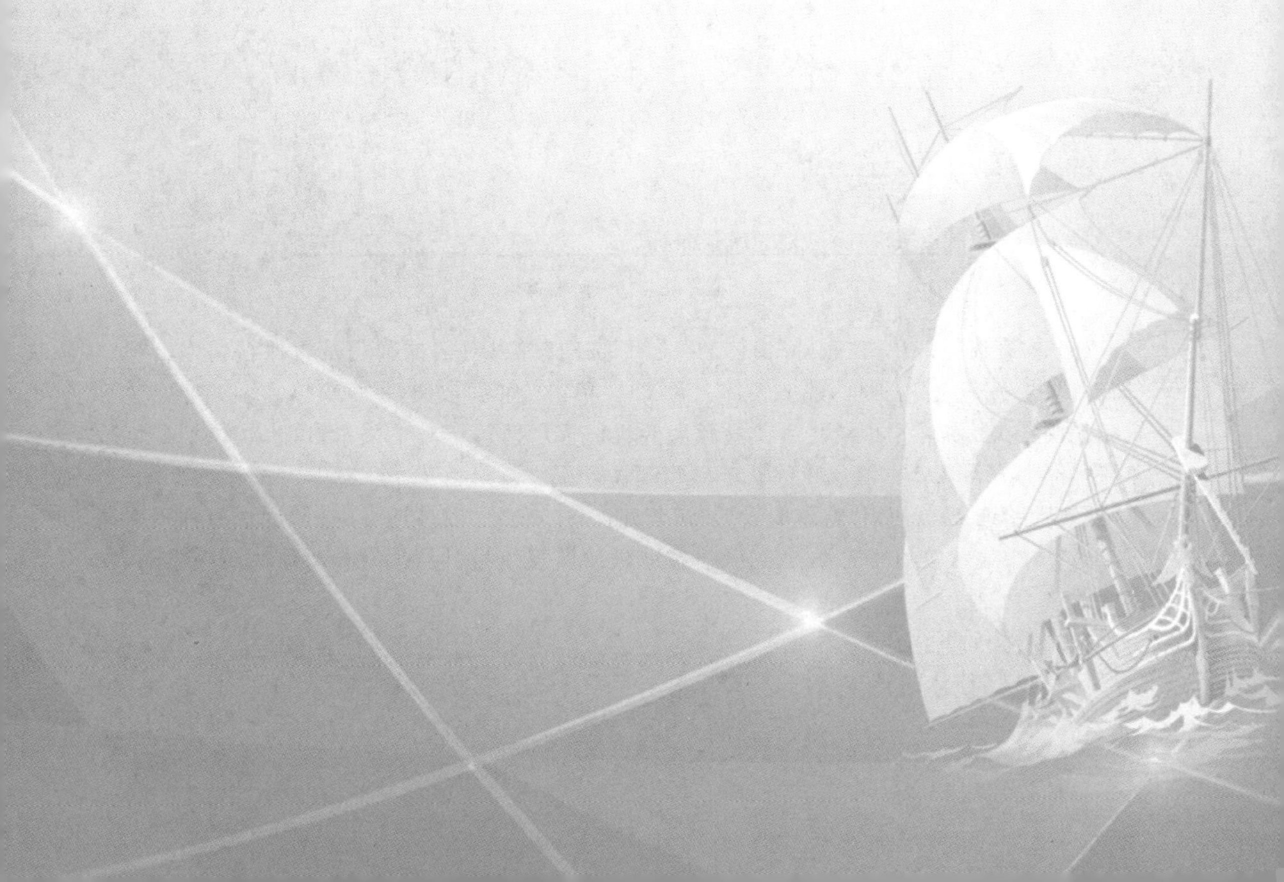

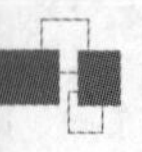

5.1 创建窗体

要求掌握窗体的视图及其组成，了解使用“窗体”按钮和“窗体向导”按钮创建窗体的方法，熟悉窗体设计视图中“窗体设计工具”选项卡的常用功能并熟练掌握使用窗体设计工具创建窗体的方法。

一、实验验证

【实验验证 1】 使用“窗体”按钮创建窗体。以教师表作为数据源，使用“窗体”按钮自动创建窗体，保存窗体名为 F1。

操作步骤如下：

(1) 选择数据源。打开教学管理系统数据库，从导航窗格中选择教师表。

(2) 创建窗体。选择“创建”选项卡，单击“窗体”组中的“窗体”按钮，自动生成“教师”窗体，如图 5-1 所示。

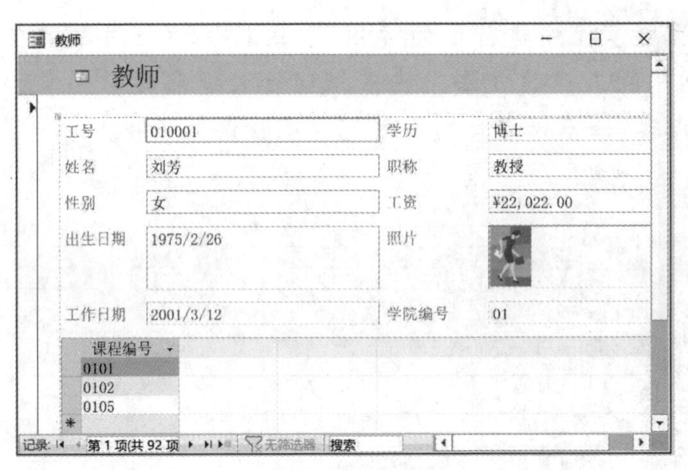

图 5-1 “教师”窗体

(3) 保存窗体。单击“教师”窗体的“关闭”按钮，弹出对话框确定是否保存。单击“是”按钮，弹出“另存为”对话框，输入窗体名称 F1。单击“确定”按钮，保存窗体。

说明：在数据库中已经建立了教师表和授课表之间的一对多关系，因此“教师”窗体的下半部分会自动显示当前教师所授课程的课程编号信息。

【实验验证 2】 使用“窗体向导”按钮创建窗体。使用“窗体向导”按钮创建教师授课情况窗体，要求显示教师的工号、姓名及讲授课程的课程编号、课程名称、课程性质和学时，保存窗体名为 F2。

操作步骤如下：

(1) 打开“窗体向导”对话框。打开教学管理系统数据库，选择“创建”选项卡，单击“窗

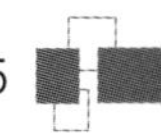

体”组中的“窗体向导”按钮，打开“窗体向导”对话框。

（2）确定表和字段。从“表/查询”下拉列表框中选择“表：教师”，将教师表的工号、姓名字段添加到“选定字段”列表框，再选择“表：课程”，将课程表的课程编号、课程名称、课程性质和学时字段添加到“选定字段”列表框，如图 5-2 所示，单击“下一步”按钮。

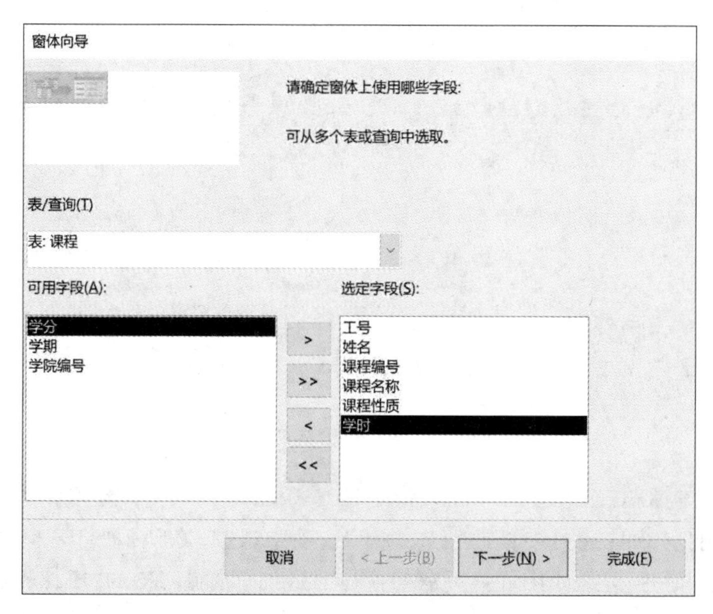

图 5-2　确定窗体上的表和字段

（3）确定查看数据的方式。如图 5-3 所示，选择“通过 教师”查看教师讲授哪几门课程，子窗体的显示形式选择“带有子窗体的窗体”，单击“下一步”按钮。

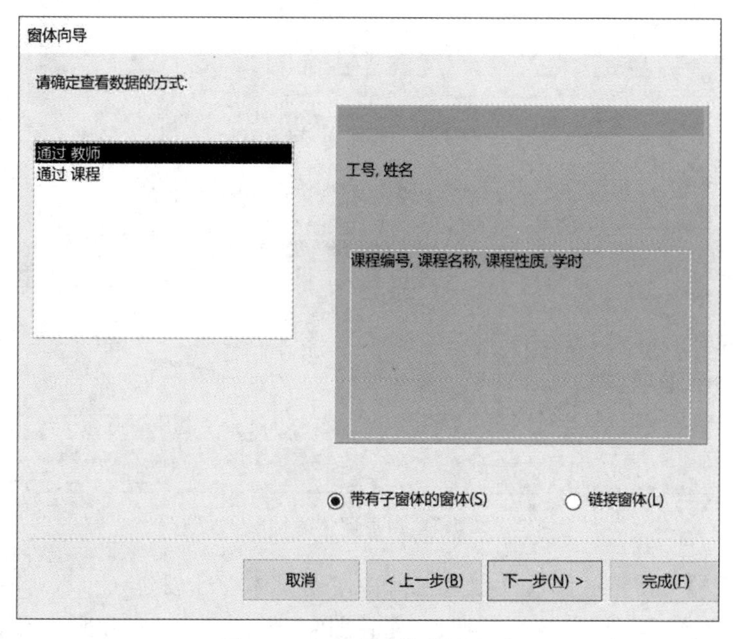

图 5-3　确定查看数据的方式

(4) 确定子窗体的布局。如图5-4所示，窗体的布局方式选择“数据表”，单击“下一步”按钮。

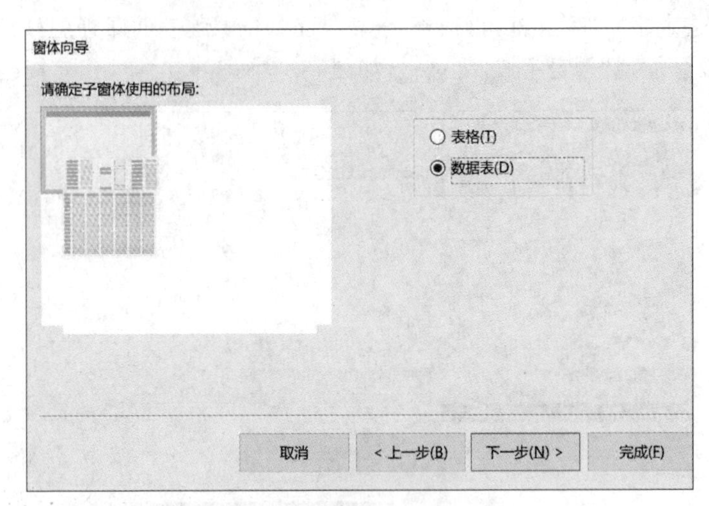

图5-4 确定子窗体的布局

(5) 指定窗体标题。如图5-5所示，指定窗体标题为“F2”，子窗体标题为“授课情况”。在“请确定是要打开窗体还是要修改窗体设计”选项中，选择默认值“打开窗体查看或输入信息”，单击“完成”按钮，得到如图5-6所示的窗体。此时，导航窗格的“窗体”对象组中增加了一个名称为“授课情况”的窗体。

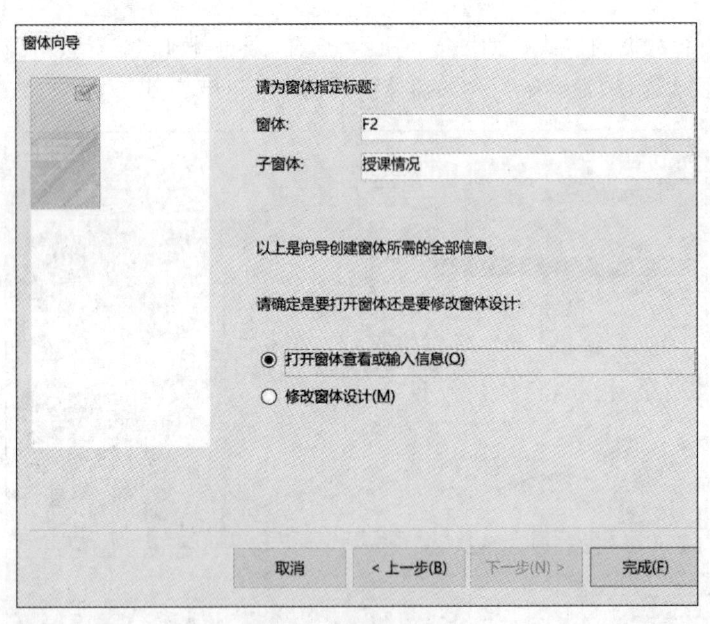

图5-5 指定窗体的标题

【实验验证3】 使用窗体设计创建窗体。使用窗体设计创建一个教师基本信息窗体，显示教师的工号、姓名、性别、出生日期、工作日期、学历、职称、工资和照片信息，保存窗体名为F3，窗体运行的效果如图5-7所示。

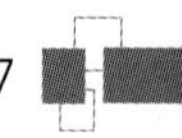

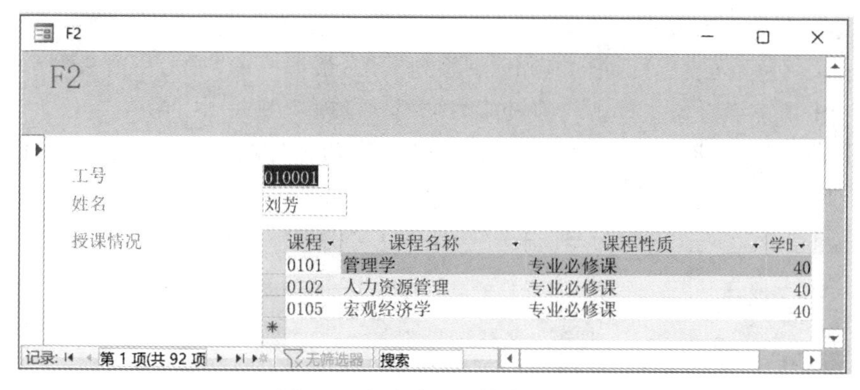

图 5-6 实验验证 2 的窗体视图

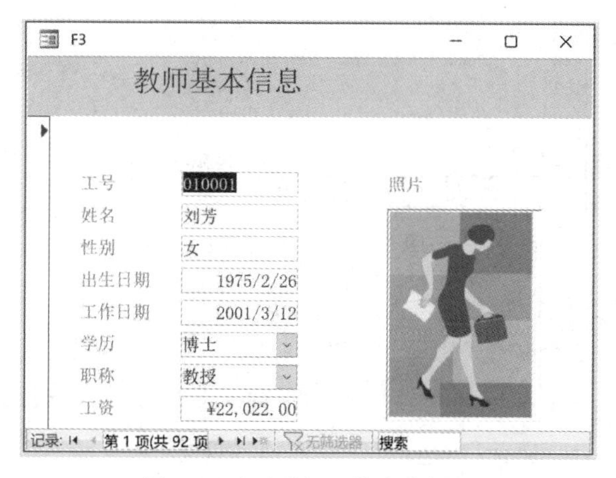

图 5-7 实验验证 3 的窗体视图

操作步骤如下：

(1) 打开窗体设计视图。选择“创建”选项卡，单击“窗体”组中的“窗体设计”按钮，打开窗体设计视图，默认窗体标题为“窗体 1”，只包含主体节，如图 5-8 所示。

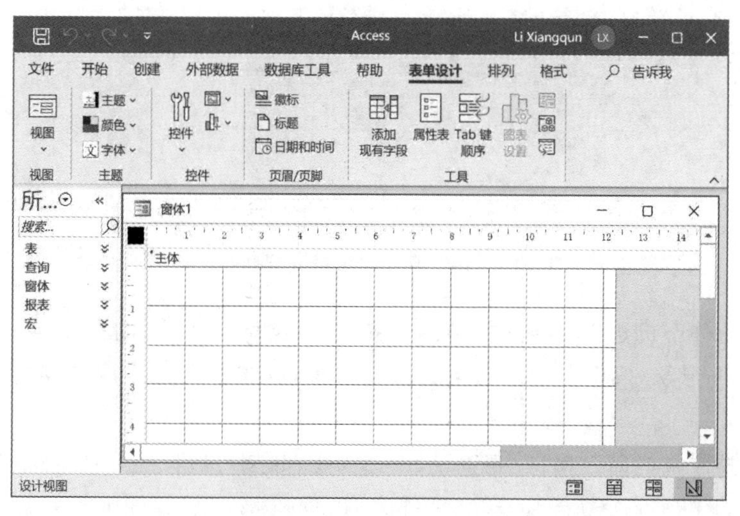

图 5-8 窗体设计视图

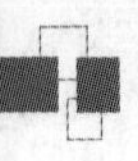

（2）选择数据源，添加显示字段。单击“表单设计”选项卡中“工具”组的“添加现有字段”按钮，打开“字段列表”对话框。单击“字段列表”对话框中的“显示所有表”项，会列出当前数据库中的所有表对象。单击教师表前的“＋”号，展开教师表中的所有字段，依次双击工号、姓名、性别、出生日期、工作日期、学历、职称、工资和照片字段，将其添加到窗体的设计视图中，如图 5-9 所示。

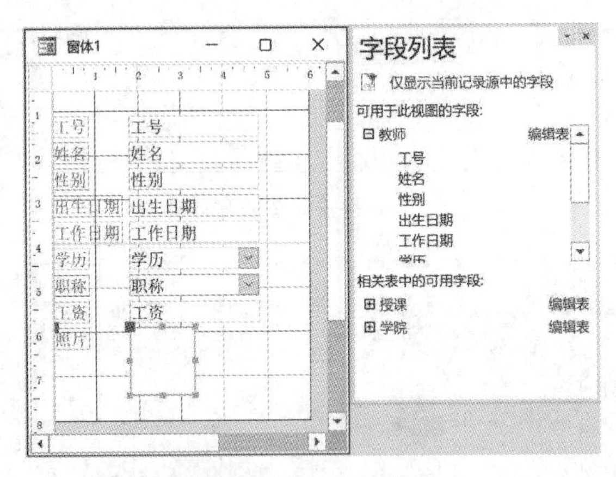

图 5-9　添加显示字段

（3）调整“照片”显示控件位置和大小。如图 5-9 所示，在窗体的设计视图中被选中的控件上，左上角会出现一个灰色方块（也称移动控点），四周会出现黄色小方块（也称尺寸控点）。在黄色小方块四周移动鼠标指针使鼠标指针呈✥状，按住左键拖动至适当的位置，如图 5-10 所示。

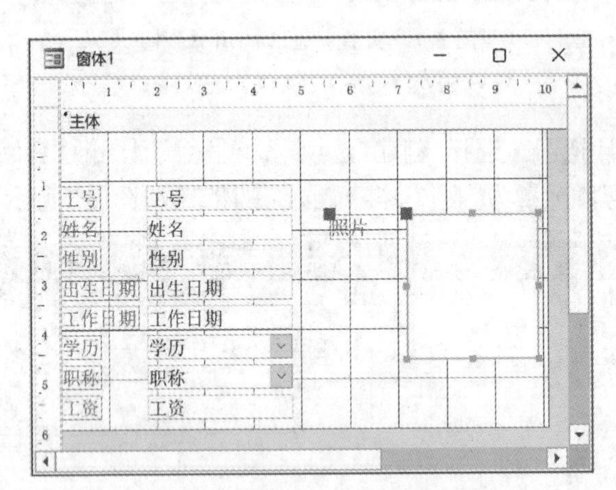

图 5-10　移动照片字段对应控件的位置

（4）调整主体节的边界。若主体节的边界需要调整，则将鼠标指针移至主体节下边界，使鼠标指针呈✢形状，按住左键拖动至合适的位置，以同样的方式调整其右边界至合适的位置。

（5）为窗体添加标题。单击“表单设计”选项卡“页眉/页脚”组中的“标题”按钮，在窗体的“主体”节上部和下部分别增加一个“窗体页眉”节和一个“窗体页脚”节，“窗体页眉”节默认显示一个名称为“窗体 1”的标题，将其修改为“教师基本信息”，并调整“窗体页脚”节的下

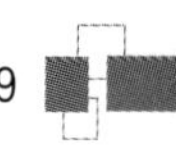

边界，使其高度为 0，如图 5-11 所示。

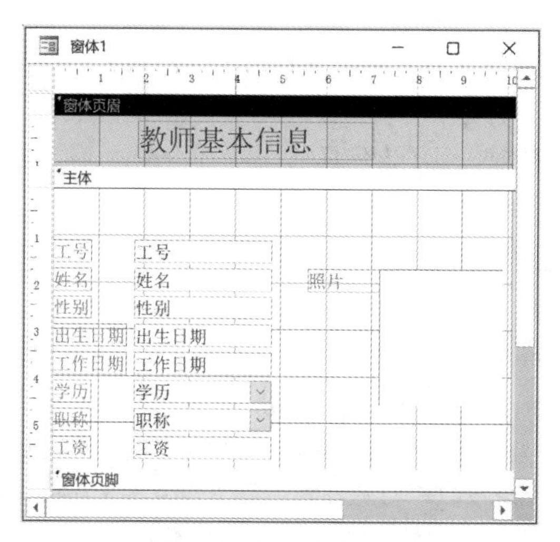

图 5-11 添加窗体标题

(6) 保存窗体。单击快速访问工具栏上的“保存”按钮，弹出“另存为”对话框，输入窗体名称为 F3，单击“确定”按钮，保存窗体。

【实验验证 4】 建立一个窗体，如图 5-12 所示，当窗体加载时，窗体标题显示为“欢迎你，我的朋友！”，窗体主体节的背景颜色每隔 1s 随机变化，窗体各属性设置如表 5-1 所示，保存窗体名为 F4。

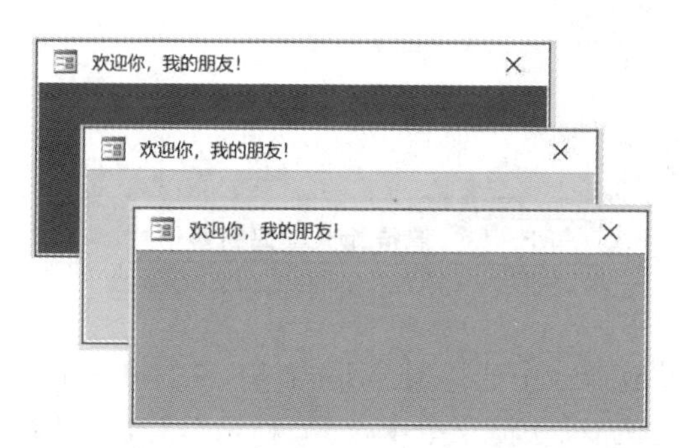

图 5-12 实验验证 4 的窗体运行结果

表 5-1 实验验证 4 的窗体属性设置

属性名称	属性值	属性名称	属性值
标题	F4	滚动条	两者均无
记录选择器	否	计时器间隔	1000
导航按钮	否		

说明：使得窗体载入时窗体的标题发生变化，需要在窗体的 Load 事件中对窗体标题进行设置。使得窗体主体节的背景色每隔 1s 随机变化，需要将窗体的计时器时间间隔设置为 1000，并且在窗体的 Timer 事件中编写代码改变主体节的背景颜色。另外，背景色随机变化，可以使用 RGB 函数和 Rnd 函数。

操作步骤如下：

(1) 打开窗体设计视图。

(2) 设置窗体外观和属性。在"属性表"对话框中按照表 5-1 设置窗体的各个属性。其中,"计时器间隔"属性的单位是 ms,其值设置为 1000 时即为 1s。

(3) 为实现当加载窗体时,显示窗体标题,窗体 Form 的 Load 事件编写代码为

```
Me.Caption="欢迎你,我的朋友!"
```

(4) 为窗体 Form 的 Timer 事件编写代码。在代码窗口的"过程"下拉列表框中选择过程 Timer,代码编辑窗口中自动生成 Form_Timer 事件过程框架,添加事件代码为

```
主体.BackColor= RGB(255 * Rnd,255 * Rnd,255 * Rnd)
```

说明：RGB 函数即 RGB(Red,Green,Blue),由红、绿、蓝三种基色组成,每种颜色的取值范围是 0～255(包括 0 和 255),可以组合成 2^{24} 种颜色。为了让颜色随机发生变化,用 255 乘以随机函数 Rnd,以产生 0～255 之间的随机数值作为三基色的分量。

(5) 保存并运行窗体。保存窗体名称为 F4,切换至窗体视图,窗体的标题显示为"欢迎你,我的朋友!",窗体背景颜色每隔 1s 随机变化。

【实验验证 5】 为实验验证 4 的窗体设置打开密码 hello,即当打开窗体时,屏幕上先出现输入对话框,要求用户输入密码,如图 5-13 所示。如果密码输入正确则打开窗体,否则不能打开。保存窗体名为 F5。

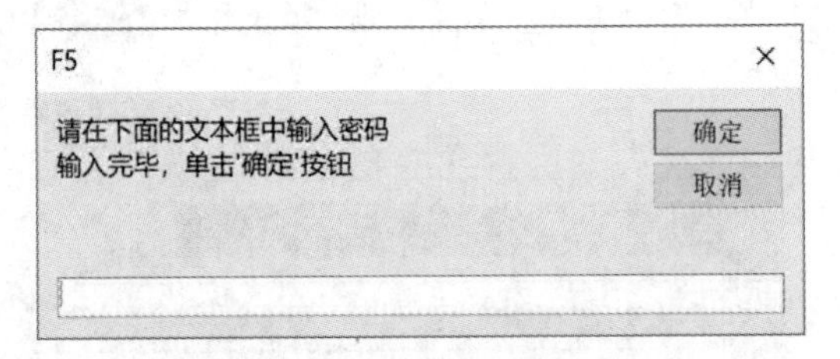

图 5-13　等待输入密码的对话框

操作步骤如下：

(1) 复制窗体。从导航窗格中选择窗体 F4 右击,从弹出的快捷菜单中选择"复制"。再次在导航窗格中右击,从弹出的快捷菜单中选择"粘贴",弹出"粘贴为"对话框,将窗体名称重命名为 F5。

(2) 打开窗体设计视图。从导航窗格中选择窗体 F5 右击,从弹出的快捷菜单中选择"设计视图",打开窗体设计视图。

(3) 为窗体 Form 的 Open 事件添加代码,完整的事件过程如下：

```
Private Sub Form_Open(Cancel As Integer)
   Dim password As String
   password=InputBox("请在下面的文本框中输入密码"+vbCrLf+"输入完毕,单击'确定'按钮","F5")
   If password="hello" Then
       Cancel=False          '取消无效,窗体可以打开
   Else
       Cancel=True           '取消有效,窗体不能打开
   End If
End Sub
```

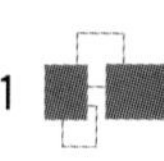

说明：窗体的 Open 事件是有参过程，通过设置其参数 Cancel，可以确定 Open 事件是否发生。将 Cancel 参数设置为 True 将取消 Open 事件；设置为 False 则取消无效，仍然执行 Open 事件。

（4）保存并运行窗体。关闭代码窗口，返回窗体设计视图，单击快速访问工具栏的“保存”按钮保存对窗体所做的修改。切换至窗体视图，弹出要求输入密码的对话框。输入密码 hello，单击“确定”按钮，即可打开窗体。

二、实验设计

【实验设计 1】 利用设计视图创建窗体。创建一个窗体，利用窗体的 Timer 事件设计窗体，当运行窗体时，主体节的背景色每隔 0.5s 在红色和蓝色之间变化，窗体名保存为 FD1。

实验提示：

（1）打开窗体的设计视图。

（2）设置窗体的外观属性。选择“表单设计”选项卡中“工具”组的“属性表”按钮，打开“属性表”对话框，单击“格式”中“标题”属性后面的文本框，输入属性值为 FD1。

（3）设置计时器属性。如图 5-14 所示，在“属性表”对话框中选中“事件”，设置“计时器间隔”为 500（单位默认是 ms），在“计时器触发”下拉框中选中“事件过程”。

（4）为窗体 Form 的 Timer 事件编写代码。单击“事件过程”右侧的“…”按钮，打开代码窗口，添加代码，如图 5-15 所示。

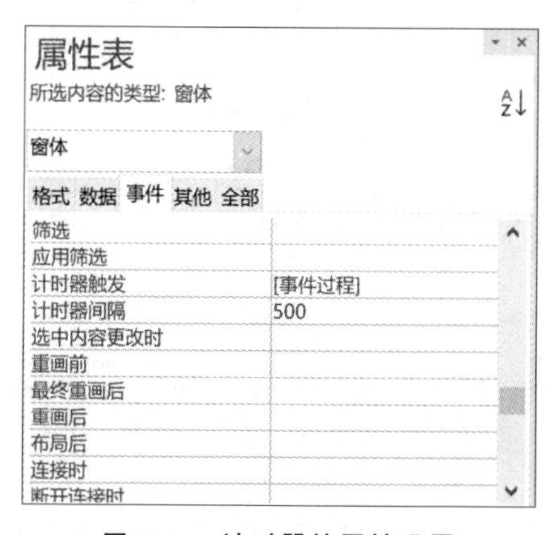

图 5-14 计时器的属性设置

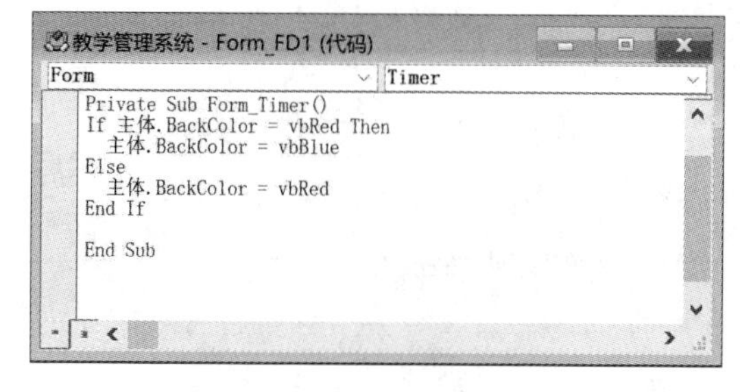

图 5-15 编写 Timer 事件代码

（5）保存并运行窗体。单击快速访问工具栏的“保存”按钮，弹出“另存为”对话框，窗体名称为 FD1，单击“确定”按钮，保存窗体。选择“表单设计”选项卡，单击“视图”组中的“窗体视图”运行窗体，可以看到窗体主体节的背景色每隔 0.5s 在红色和蓝色两种颜色之间变化。

【实验设计 2】 利用设计视图创建窗体。使用窗体设计视图创建窗体，要求运行窗体时，先弹出消息对话框显示“您好！欢迎光临！”，如图 5-16 所示，单击消息框的“确定”按钮，加载窗体，窗体标题显示为“这是我的窗体！”，背景色为黄色，窗体各属性的设置如表 5-2 所示，单击窗体右上角的“关闭”按钮，弹出对话框显示“再见！欢迎下次再来！”，如图 5-17 所示，单击“确定”按钮，关闭所有窗体。窗体名保存为 FD2。

图 5-16　运行实验设计 2 的窗体

图 5-17　实验设计 2 的窗体运行结果

表 5-2　实验设计 2 窗体的属性设置

属性名称	属性值	属性名称	属性值
标题	实验设计 2	导航按钮	否
记录选择器	否	滚动条	两者均无

实验提示：

（1）打开窗体设计视图。

（2）设置窗体外观和属性。先适当调整窗体主体节的大小，再打开“属性表”对话框，按照表 5-1 设置窗体的各个属性。

（3）为窗体的 Open 事件编写代码。选择“表单设计”选项卡中“工具”组的“查看代码”按钮，打开代码窗口，在“对象”下拉列表框中选择对象 Form，在“过程”下拉列表框中选择过程 Open，代码编辑窗口中自动生成 Form_Open 事件过程框架，添加如下代码：

```
MsgBox "您好！欢迎光临！"
```

（4）为窗体的 Load 事件编写代码为

```
Me.Caption="这是我的窗体！"
主体.BackColor=RGB(255,255,0)          '将窗体"主体"节的背景设为黄色
```

（5）为窗体的 Unload 事件编写代码为

```
MsgBox "再见！欢迎下次再来！"
```

（6）保存窗体名称为 FD2。

5.2 窗体和常用控件

要求掌握窗体常用属性的设置及简单事件过程的编程。掌握标签、文本框、命令按钮、组合框、复选框、选项按钮、选项组和选项卡控件常用属性的设置和事件过程的编程。

一、实验验证

【实验验证 6】 标签控件的应用。创建窗体，要求当运行窗体时，标签的标题为“我是

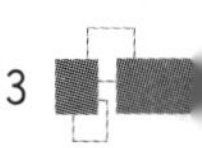

标签!”,文字颜色为红色,字体采用华文新魏且加粗,字号 24,如图 5-18 所示;当单击标签时,标签的标题显示为“还是我哦!”,文字颜色为蓝色,字体采用华文彩云,如图 5-19 所示。窗体和标签的属性设置如表 5-3 所示,保存窗体名为 F6。

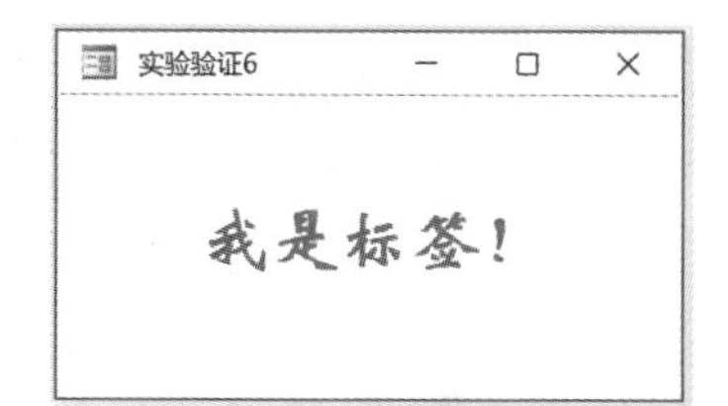

图 5-18 运行实验验证 6 的窗体

图 5-19 实验验证 6 的窗体运行结果

表 5-3 实验验证 6 的窗体及标签控件的属性设置

设置对象	属性名称	属性值
窗体	标题	实验验证 6
	记录选择器	否
	导航按钮	否
	滚动条	两者均无
标签	名称	Mylab
	标题	我是标签!
	字体名称	华文新魏
	字号	24
	字体粗细	加粗
	前景色	#ED1C24(红色)

操作步骤如下:

(1) 打开窗体设计视图。

(2) 设置窗体的外观和属性。适当调整窗体大小,打开“属性表”对话框,按照表 5-3 中的窗体属性完成设置。

(3) 添加标签控件,并设置其属性。选择“表单设计”选项卡中“控件”组的标签按钮 Aa,光标呈+A状,在窗体“主体”节中单击,输入标题“我是标签!”单击空白处或按 Enter 键,即完成了标签对象的添加。选中标签,在“属性表”对话框中按表 5-3 设置标签的各个属性。

说明:在设置字号为 24 后,会发现文字太大不能完整显示,解决方式是选中标签控件,将鼠标指针移至控件右下角的“尺寸控点”上,使鼠标指针呈↖↘状,按住左键调整其尺寸至合适大小。或者选择“排列”选项卡中“调整大小和排序”组的“大小/空格”按钮,从下拉列表中选择“正好容纳”选项,也可以实现同样的效果。

(4) 为标签 Mylab 的 Click 事件添加代码。当单击标签时,标签的标题显示为“还是我哦!”字体采用华文彩云,文字颜色显示为蓝色。事件代码为

```
Mylab.Caption="还是我哦!"
Mylab.FontName="华文彩云"
Mylab.ForeColor=vbBlue
```

(5) 保存窗体名称为F6。

【实验验证7】 标签控件的应用。创建窗体,添加一个标签,标签的标题为“闪烁文字”且每隔0.5s闪烁一次,如图5-20所示,保存窗体名为F7。

图5-20 实验验证7的窗体视图

操作步骤如下:

(1) 打开窗体设计视图。

(2) 设置窗体和主体节的属性。适当调整窗体大小,打开“属性表”对话框,完成如表5-4所示的属性设置。

表5-4 实验验证7的窗体及标签控件的属性设置

设置对象	属性名称	属性值
窗体	标题	实验验证7
	记录选择器	否
	导航按钮	否
	滚动条	两者均无
	计时器触发	事件过程
	计时器间隔	500
主体节	背景色	#2F3699(蓝色)
标签	标题	闪烁文字
	字体名称	华文彩云
	字号	36
	字体粗细	加粗
	前景色	#FFF200(黄色)

(3) 添加标签控件并设置其属性,如表5-4所示。

(4) 设置计时器属性。在“属性表”对话框中选中“事件”,设置“计时器间隔”为500,在“计时器触发”下拉框中选中“事件过程”。

(5) 为窗体Form的Timer事件编写代码。单击“事件过程”右侧的“…”按钮,打开代码窗口,添加代码如图5-21所示。程序代码实现的功能是:标签的可见性在可见与隐藏两个属性中每隔0.5s循环切换。

(6) 保存并运行窗体。单击快速访问工具栏的“保存”按钮,弹出“另存为”对话框,窗体名称为F7,单击“确定”按钮保存窗体。选择“表单设计”选项卡,单击“视图”组中的“窗体视图”运行窗体并观察运行效果。

【实验验证8】 文本框控件的应用。基于教师表创建窗体,显示教师的工号、姓名、性别、职称、工资信息,如图5-22所示。窗体及文本框控件的属性设置如表5-5所示,保存窗体名为 F8。

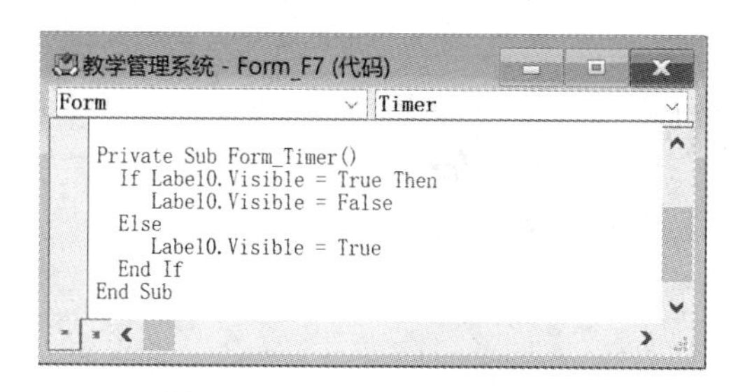

图 5-21　编写 Timer 事件代码

图 5-22　实验验证 8 的窗体视图

表 5-5　实验验证 8 的窗体及各控件的属性设置

设置对象	属性名称	属性值
窗体	标题	实验验证 8
	记录源	教师
	滚动条	两者均无
	记录选择器	否
	图片	D:\Access 实验素材\第 5 章\背景 1.jpg
	图片类型	嵌入
	图片缩放模式	拉伸
标签和文本框	字体粗细	加粗
	文本对齐	居中
	字体名称	宋体
	字号	12

操作步骤如下：

(1) 打开窗体设计视图。

(2) 设置窗体外观和属性。适当调整窗体大小，按表 5-5 设置窗体的各个属性。

(3) 添加文本框控件。设置窗体记录源后，可以选择“表单设计”选项卡中“工具”组的“添加现有字段”按钮，打开“字段列表”对话框，拖动工号、姓名、性别、职称、工资字段到窗体中，窗体设计视图中会自动添加相应的标签和文本框控件。

(4) 设置文本框的属性。选择添加到窗体中的标签控件和文本框控件，在“属性表”对话框中按照表 5-5 设置各个控件的属性，并将标签控件的背景色设置为浅黄色，使字段标题能够清晰地显示出来。

(5) 调整各控件的位置和大小。例如，如果想让添加的标签控件左对齐，可以选中所有标签控件，鼠标指针呈 状时右击，从弹出的快捷菜单中，选择“对齐”菜单项下的“靠左”选项。

说明：要同时调整多个控件的大小、布局、水平间距和垂直间距，也可以先选中控件，然后选择“排列”选项卡中“调整大小和排序”组的“对齐”“大小/空格”按钮，从下拉列表中选择选项实现相应的操作。

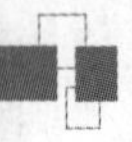

(6) 保存窗体名称为 F8。

【实验验证 9】 文本框控件的应用。在实验验证 8 创建的窗体上添加一个文本框控件,显示教师的工龄,如图 5-23 所示。保存窗体名为 F9。

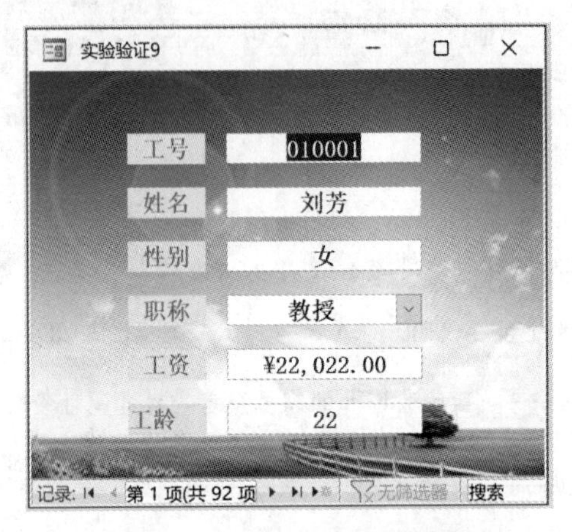

图 5-23 实验验证 9 的窗体视图

操作步骤如下:

(1) 复制窗体。从导航窗格中选择窗体 F8 右击,从弹出的快捷菜单中选择"复制",再次在导航窗格中右击,从弹出的快捷菜单中选择"粘贴",弹出"粘贴为"对话框,将窗体名称重命名为 F9。

(2) 打开窗体设计视图。从导航窗格中选择窗体 F9 右击,从弹出的快捷菜单中选择"设计视图",打开窗体设计视图。

(3) 添加文本框控件。单击"表单设计"选项卡中"控件"组的文本框按钮ab|,鼠标移动至工资字段的下方,按住鼠标左键向右下角移动,即可产生带标签的文本框控件。调整其位置和大小并修改标签的标题为"工龄"。

(4) 设置文本框的"控件来源"。教师表中没有工龄字段,可以使用日期/时间函数 Year()、Date()或 Now(),结合工作日期字段计算得到。选中"工龄"标签后的文本框控件,打开"属性表"对话框,在"数据"选项卡的"控件来源"框中输入: =Year(Date())-Year([工作日期])。

(5) 保存修改并运行。

【实验验证 10】 文本框控件的应用。建立窗体,如图 5-24 所示,要求在第一列的两个文本框中分别输入被除数和除数,当单击整除或取余对应的文本框时,将整除和取余的结果显示在相应的文本框中。窗体及各控件的属性设置如表 5-6 所示,保存窗体名为 F10。

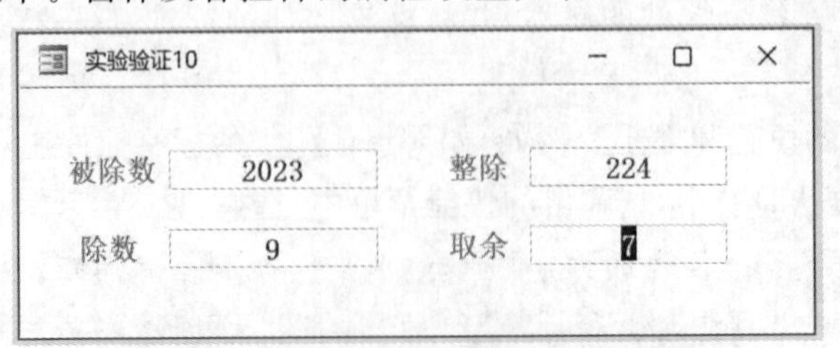

图 5-24 实验验证 10 的窗体运行结果

表 5-6　实验验证 10 的窗体及各控件的属性设置

设置对象	属性名称	属　性　值
窗体	标题	实验验证 10
	记录选择器	否
	导航按钮	否
	滚动条	两者均无
4 个文本框	标签的标题	分别为被除数、除数、整除、取余
	名称	分别为 txtData1、txtData2、txtResult1、txtResult2
	字体名称	宋体
	字号	12
	字体粗细	加粗
	文本对齐	居中

操作步骤如下：

(1) 使用窗体设计视图创建窗体。

(2) 设置窗体外观和属性。适当调整窗体的大小，按照表 5-6 设置窗体的各个属性。

(3) 添加文本框控件，按照表 5-6 设置标签和文本框的属性。

(4) 为文本框 txtResult1 的 Click 事件添加代码，实现整除操作。其单击事件代码为

```
txtResult1=txtData1\txtData2
```

(5) 为文本框 txtResult2 的 Click 事件添加代码，实现取余操作。其单击事件代码为

```
txtResult2=txtData1 Mod txtData2
```

(6) 保存窗体名称为 F10，运行窗体，输入被除数和除数，分别单击整除文本框和取余文本框，测试程序是否正常运行。

【实验验证 11】 命令按钮控件的应用。修改实验验证 10 的窗体，在窗体中添加两个命令按钮："计算"和"清除"。要求单击"计算"按钮时，对被除数和除数对应的文本框取整和取余并将结果显示在相应的文本框中，如图 5-25 所示；单击"清除"按钮时，将 4 个文本框中的数据清除，并将光标插入被除数文本框等待输入数据。两个命令按钮控件的属性设置如表 5-7 所示，保存窗体名为 F11。

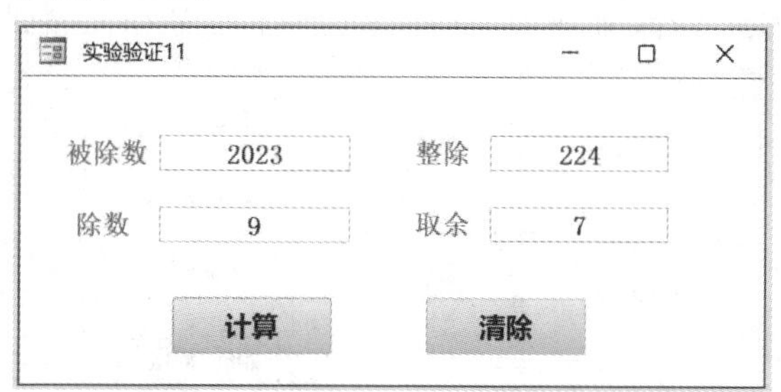

图 5-25　实验验证 11 的窗体运行结果

表 5-7　实验验证 11 的窗体及命令按钮的属性设置

设置对象	属性名称	属　性　值
窗体	标题	实验验证 11
2 个命令按钮	标题	分别为计算、清除
	名称	分别为 cmdCompute、cmdClear
	字体名称	微软雅黑
	字号	12
	字体粗细	加粗

操作步骤如下：

(1) 复制窗体。复制窗体 F10，保存窗体名称为 F11。

(2) 打开窗体设计视图。按表 5-7 设置窗体的“标题”属性。

(3) 添加命令按钮，并设置其属性。单击“表单设计”选项卡中“控件”组右下角的“其他”按钮，单击“使用控件向导”按钮，使之呈未选中状态。适当调整窗体大小，选择“控件”组的“按钮”，光标呈状，在窗体中单击鼠标左键，即添加一个命令按钮对象。以同样的方法添加另一个命令按钮，按照表 5-7 设置两个命令按钮的属性。

(4) 为计算按钮 cmdCompute 的 Click 事件添加代码，实现对被除数和除数对应的文本框取整和取余，并将结果显示在相应的文本框中。其代码为

```
txtResult1=txtData1\txtData2
txtResult2=txtData1 Mod txtData2
```

(5) 为清除按钮 cmdClear 的 Click 事件添加代码，实现清除 4 个文本框中的数据，并将光标插入被除数文本框，等待输入新的数据。其中，为实现将光标插入指定的文本框，可以使用 SetFocus 方法。其代码为

```
txtData1=""
txtData2=""
txtResult1=""
txtResult2=""
txtData1.SetFocus
```

(6) 保存对窗体所做的修改。运行窗体，输入数据，以测试程序是否正常运行。

【实验验证 12】　命令按钮控件的应用。修改实验验证 11 的窗体，实现单击“计算”按钮时，对除数进行判断，如果除数为 0，弹出消息框提示“除数不能为 0!”如图 5-26 所示，单击消息框中的“确定”按钮，清除除数文本框中的 0，并将光标插入除数文本框等待重新输入数据，保存窗体名为 F12。

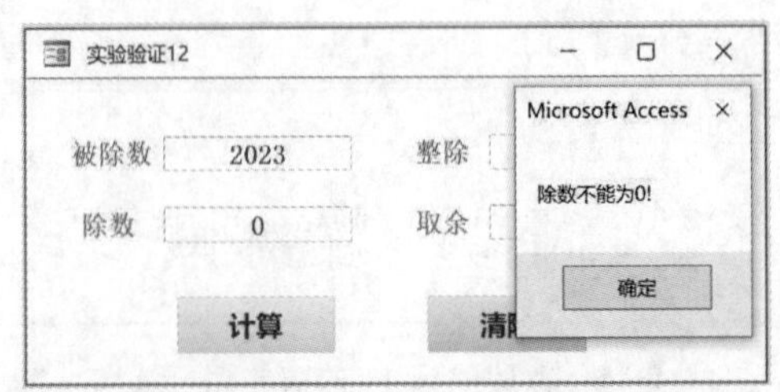

图 5-26　实验验证 12 的窗体运行结果

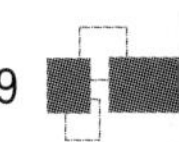

操作步骤如下：

（1）复制窗体。从导航窗格中选择窗体 F11 右击，从弹出的快捷菜单中选择“复制”。再次在导航窗格中右击，从弹出的快捷菜单中选择“粘贴”，弹出“粘贴为”对话框，将窗体名称重命名为 F12。

（2）打开窗体设计视图。从导航窗格中选择 F12 窗体后右击，从弹出的快捷菜单中选择“设计视图”，打开窗体设计视图。

（3）修改计算命令按钮的事件代码为

```
If txtData2=0 Then
    MsgBox "除数不能为 0!"
    txtData2=""
    txtData2.SetFocus
Else
    txtResult1=txtData1\txtData2
    txtResult2=txtData1 Mod txtData2
End If
```

（4）保存修改并运行。

【实验验证 13】 命令按钮控件的应用。创建如图 5-27 所示的窗体，实现圆的面积的计算，在第一个文本框中输入圆的半径后，单击“计算”按钮或按 Enter 键时，圆的面积显示在第二个文本框中；单击“退出”按钮或按 Esc 键时，关闭窗体。窗体及两个命令按钮的属性设置如表 5-8 所示，保存窗体名为 F13。（图 5-27的窗体中，圆周率设为 3.14，读者可以根据需要自行设定。）

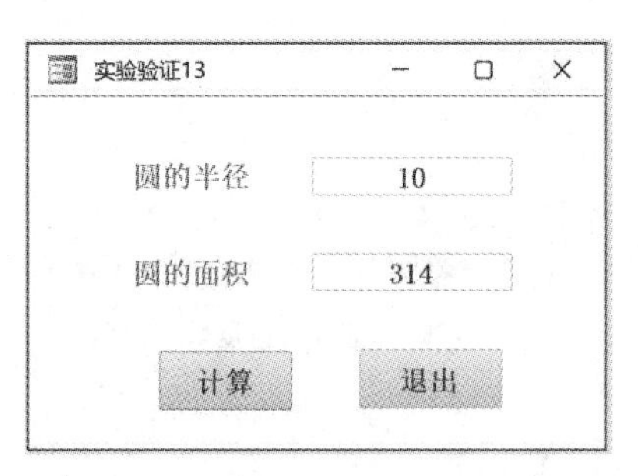

图 5-27 实验验证 13 的窗体运行结果

表 5-8 实验验证 13 的窗体及命令按钮的属性设置

设置对象	属性名称	属性值
窗体	标题	实验验证 13
	滚动条	两者均无
	记录选择器	否
	导航按钮	否
“圆的半径”文本框	名称	txtRadius
“圆的面积”文本框	名称	txtArea
“计算”按钮	名称	cmdCompute
	默认	是
“退出”按钮	名称	cmdQuit
	取消	是

操作步骤如下：

（1）打开窗体设计视图。

（2）按照表 5-8 设置窗体的各个属性。

（3）添加文本框控件和命令按钮控件并按照表 5-8 设置各控件的属性。

（4）为命令按钮 cmdCompute 的 Click 事件添加代码实现圆面积的计算，代码为

```
txtArea=3.14*txtRadius^2
```

（5）为命令按钮 cmdQuit 的 Click 事件添加代码实现关闭窗体的操作，代码为

```
DoCmd.Close
```

（6）保存窗体名称为 F13。

图 5-28　实验验证 14 的窗体运行结果

【实验验证 14】　命令按钮控件的应用。修改实验验证 8 的窗体，使用命令按钮向导为其添加 5 个命令按钮，如图 5-28 所示。实现当依次单击每个命令按钮时，文本框中对应显示第一条、上一条、下一条、最后一条记录的信息以及关闭当前窗体的操作，保存窗体名为 F14。

操作步骤如下：

（1）复制窗体。复制 F8 窗体，保存窗体名称为 F14。

（2）打开窗体设计视图。在"属性表"对话框中将窗体的"标题"属性设置为"实验验证 14"，将"导航按钮"属性设置为"否"。

（3）添加命令按钮。适当调整窗体大小，首先使"表单设计"选项卡中"控件"组的"使用控件向导"按钮呈选中状态，然后在窗体中添加一个命令按钮。系统自动打开"命令按钮向导"对话框，该对话框左侧的"类别"列表框列出了可以选择的操作类别，默认为"记录导航"；右侧"操作"列表框列出了具体的操作，此处选择"转至第一项记录"，单击"下一步"按钮。

（4）确定命令按钮上显示的内容。采用默认选项"图片"，选择"移至第一项"，单击"下一步"按钮。

（5）指定按钮名称。指定按钮的名称为 cmdFirst，单击"完成"按钮，将第一个按钮添加至窗体。

（6）以同样的方式添加其余命令按钮，各个命令按钮的具体设置如表 5-9 所示。

表 5-9　窗体中命令按钮的属性设置

按钮类别	操　作	按钮图片	按钮名称
记录导航	转至第一项记录	移至第一项	cmdFirst
	转至前一项记录	移至上一项	cmdPrevious
	转至下一项记录	移至下一项	cmdNext
	转至最后一项记录	移至最后一项	cmdLast
窗体操作	关闭窗体	退出入门	cmdClose

(7) 保存对窗体所做的修改。

【实验验证 15】 组合框和列表框控件的应用。创建如图 5-29 所示的窗体,其中的性别字段和学院名称字段分别以组合框和列表框控件的形式显示,保存窗体名为 F15。

操作步骤如下:

(1) 打开窗体设计视图。

(2) 添加字段。从"字段列表"对话框中添加工号、姓名、学历和职称字段至窗体"主体"节。

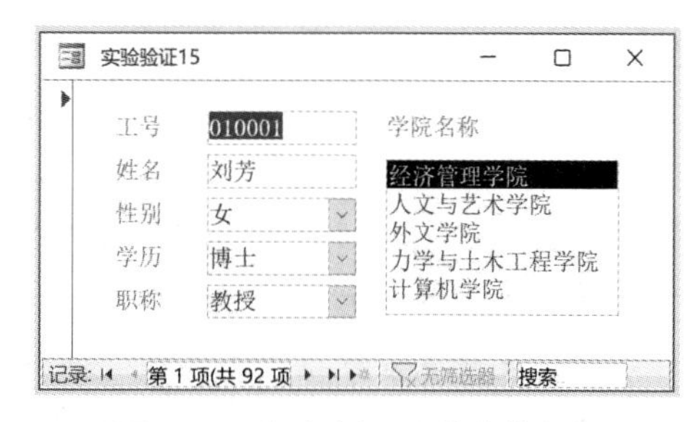

图 5-29　实验验证 15 的窗体视图

(3) 添加"性别"组合框控件。适当调整窗体大小,首先使"表单设计"选项卡中"控件"组的"使用控件向导"按钮呈选中状态;然后选择"控件"组中的组合框按钮,光标呈状,在窗体中单击鼠标左键,即添加一个标签控件和组合框控件;再打开"组合框向导"对话框,确定组合框获取数据的方式为"自行键入所需的值",单击"下一步"按钮。

(4) 确定组合框中显示的值。在"第 1 列"列表第一行输入"男",第二行输入"女",单击"下一步"按钮。

(5) 确定如何处理选择的值。确定在组合框中选择的数值后,将数值保存在"性别"字段中,单击"下一步"按钮。

(6) 指定组合框的标题。为组合框指定标签标题为"性别",单击"完成"按钮,返回窗体设计视图,适当调整组合框控件的位置和大小,至此组合框添加完毕。

(7) 以同样的方式添加"学院名称"列表框控件。列表框中的学院名称分别为"经济管理学院""人文与艺术学院""外文学院""力学与土木工程学院""计算机学院"。

(8) 保存窗体名称为 F15,运行窗体。

【实验验证 16】 列表框控件的应用。创建如图 5-30 所示的窗体,左侧列表框用于显示所有学院的名称,右侧的子窗体用于显示所选学院的学生信息。窗体的属性设置如表 5-10 所示,保存窗体名为 F16。

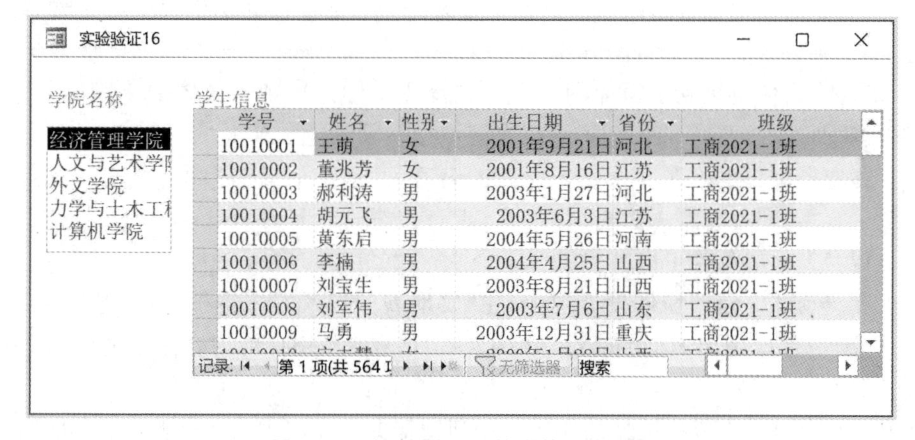

图 5-30　实验验证 16 的窗体运行结果

表 5-10 实验验证 16 窗体的属性设置

设置对象	属性名称	属性值
窗体	标题	实验验证 16
	记录源	学院
	记录选择器	否
	导航按钮	否
	滚动条	两者均无

说明：本题要求子窗体中的信息随列表框的选项发生变化，可以将主窗体的数据源设置为学院表，子窗体的数据源设置为学生表，则主/子窗体的数据源通过学院编号字段建立联系，即实现子窗体中的学生信息与列表框中的学院名称同步变化。

操作步骤如下：

(1) 打开窗体设计视图。

(2) 设置窗体的外观和属性。按表 5-10 设置窗体的各个属性。

(3) 使用控件向导添加列表框控件。首先使"表单设计"选项卡中"控件"组的"使用控件向导"按钮呈选中状态，然后在窗体中添加列表框控件，同时弹出"列表框向导"对话框，选择"在基于列表框中选定的值而创建的窗体上查找记录"，单击"下一步"按钮。

(4) 确定列表框中的列。选择包含到列表框中的字段为"学院名称"，单击"下一步"按钮。

(5) 确定列表框中列的宽度。采用默认值，单击"下一步"按钮。

(6) 指定列表框的标题。为列表框指定标签名称为"学院名称"，单击"完成"按钮，列表框添加完毕。

(7) 使用控件向导添加子窗体控件。选择"控件"组中的子窗体按钮，光标呈⁺▤状，在窗体的适当位置单击鼠标，即添加一个标签控件和子窗体控件，同时弹出"子窗体向导"对话框，采用默认值"使用现有的表和查询"，单击"下一步"按钮。

(8) 确定子窗体中包含的字段。选择子窗体中包含的字段为学生表中的学号、姓名、性别、出生日期、省份、班级字段，单击"下一步"按钮。

(9) 确定主窗体链接到子窗体的字段。选择主窗体链接到子窗体的字段的方式为"从列表中选择"，即"对学院中的每个记录用学院编号显示学生"，单击"下一步"按钮。

(10) 指定子窗体的标题。指定子窗体的名称为"学生信息"，单击"完成"按钮，子窗体添加完毕。

(11) 保存窗体名称为 F16。

(12) 完善窗体。返回窗体设计视图，在"属性表"对话框中，将子窗体"数据"选项卡中的"链接主字段"修改为列表框的名称(默认为 List0)，使子窗体的内容完全随列表框的选项变化。

【实验验证 17】 组合框控件的应用。创建窗体如图 5-31 所示，左侧的组合框用于选择班级，右侧的列表框用于显示相应的学生信息，包括学号、姓名和性别。窗体及各控件的属性设置如表 5-11 所示，保存窗体名为 F17。

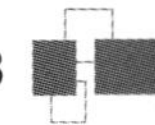

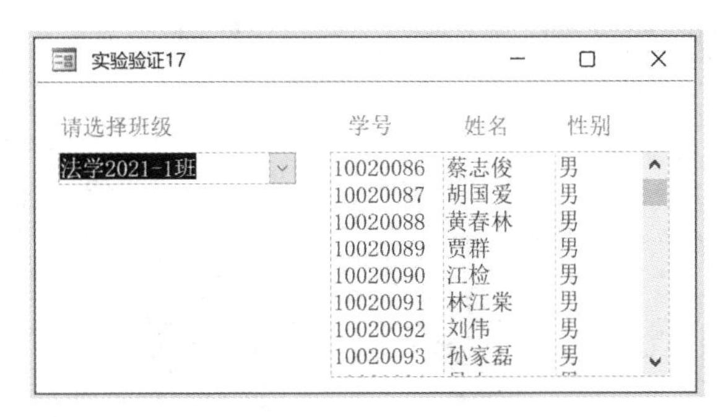

图 5-31 实验验证 17 的窗体运行结果

表 5-11 实验验证 17 窗体及各控件的属性设置

设置对象	属性名称	属性值
窗体	标题	实验验证 17
	记录选择器	否
	导航按钮	否
	滚动条	两者均无
4 个标签	标题	分别为请选择班级、请选择学号、请选择姓名、请选择性别
组合框	名称	cboClass
	行来源类型	表/查询
	行来源	SELECT DISTINCT 学生.班级 FROM 学生;
列表框	名称	lstStudent
	行来源类型	表/查询
	列数	3

操作步骤如下：

(1) 打开窗体设计视图。

(2) 设置窗体的外观和属性。按表 5-11 设置窗体的各个属性。

(3) 添加组合框控件,并设置其属性。首先使“表单设计”选项卡中“控件”组的“使用控件向导”按钮呈未选中状态,然后向窗体中添加一个带标签的组合框控件,按表 5-11 设置组合框控件的属性,修改其标签标题为“请选择班级”。

(4) 添加列表框控件和标签控件。添加列表框控件,按表 5-11 设置列表框控件的属性,修改其标签标题为“学号”,再添加两个标签控件,将标题分别设置为“姓名”和“性别”。

(5) 为组合框的 AfterUpdate 事件编写代码为

```
lstStudent.RowSource="Select 学号,姓名,性别 From 学生 Where 班级=cboClass"
```

(6) 保存窗体名称为 F7,运行窗体。

【实验验证 18】 复选框控件的应用。创建窗体,要求运行窗体时,复选框的状态为不选中,列表框为空;当单击复选框使其状态为选中时,列表框中显示学生党员的姓名和班级,如图 5-32 所示；当再次单击复选框使其状态为未选中时，在列表框中显示非学生党员的姓名和班级。窗体及各控件的属性设置如表 5-12 所示，保存窗体名为 F18。

图 5-32 实验验证 18 的窗体运行结果

表 5-12 实验验证 18 窗体及各控件的属性设置

设置对象	属性名称	属性值
窗体	标题	实验验证 18
	记录选择器	否
	导航按钮	否
	滚动条	两者均无
复选框	标签的标题	党员
	名称	chkCommunist
	特殊效果	阴影
列表框	标签的标题	姓名
	名称	lstStu
	行来源类型	表/查询
	列数	2

操作步骤如下：

(1) 打开窗体设计视图。

(2) 设置窗体的外观和属性。按表 5-12 设置窗体的各个属性。

(3) 添加复选框控件。适当调整窗体大小，选择“控件”组中的复选框按钮，光标呈+☑状，在窗体的适当位置单击鼠标，即添加一个带标签的复选框控件。按表 5-12 设置复选框控件的属性。

(4) 添加列表框控件和标签控件。添加一个列表框控件，按表 5-12 设置列表框控件的属性，再添加一个标签控件，将标签标题设置为“班级”。

(5) 在窗体 Form 的 Load 事件中编写代码，设置复选框控件的初始状态为不选中。代码为

```
chkCommunist.Value=Null
```

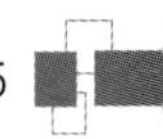

(6) 为复选框的 AfterUpdate 事件编写代码，实现列表框的内容随复选框的 Value 属性值改变。代码为

```
lstStu.RowSource="Select 姓名,班级 From 学生 Where 党员否=chkCommunist"
```

(7) 保存窗体名称为 F18。

【实验验证 19】 选项按钮和选项组控件的应用。创建窗体，要求窗体运行时，文本框为空，选项按钮全为未选中状态；单击命令按钮“显示我的信息”时，文本框显示“班级姓名序号”(如：工商 2021-1 班王萌 01 号)，单击不同的选项按钮时，文本框中的文字颜色随之变化，如图 5-33 所示；单击命令按钮“关闭窗体”，则关闭窗体。窗体及各控件的属性设置如表 5-13 所示，保存窗体名为 F19。

图 5-33 实验验证 19 的窗体运行结果

表 5-13 实验验证 19 窗体及各控件的属性设置

设置对象	属性名称	属性值
窗体	标题	实验验证 19
	记录选择器	否
	导航按钮	否
	滚动条	两者均无
文本框	标签的标题	我的信息
	名称	Text0
选项组	标签的标题	颜色
	名称	fraColor
3 个选项按钮	标签的标题	分别为红色、绿色、蓝色
2 个命令按钮	标签的标题	分别为显示我的信息、关闭窗体
	名称	分别为 cmdShow、cmdClose
所有控件	字体名称	宋体
	字号	12
	字体粗细	加粗

操作步骤如下：

(1) 打开窗体设计视图。

(2) 调整窗体外观。适当调整窗体大小，按表 5-13 设置窗体各属性。

(3) 添加文本框、“颜色”选项组、选项按钮和命令按钮。按表 5-13 设置各控件的属性。

(4) 为窗体的 Load 事件编写代码，使窗体加载时，文本框为空，选项按钮全为未选定状态。代码为

```
Text0.Value=NULL
fraColor.Value=0
```

(5) 为“颜色”选项组 fraColor 的 Click 事件编写代码，代码为

```
Select Case fraColor
  Case 1: Text0.ForeColor=vbRed
  Case 2: Text0.ForeColor=vbGreen
  Case 3: Text0.ForeColor=vbBlue
End Select
```

(6) 为“显示我的信息”按钮 cmdShow 的 Click 事件编写代码，实现单击按钮时在文本框中显示学生的信息，代码为

```
Text0.Value="工商 2021-1 班王萌 01 号"
```

(7) 为“关闭窗体”按钮 cmdClose 的 Click 事件编写代码，实现单击按钮时关闭窗体，代码为

```
DoCmd.Close
```

(8) 保存窗体名称为 F19，运行窗体。

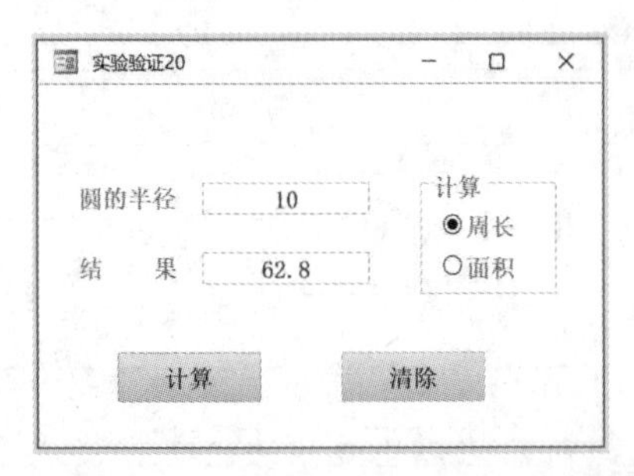

图 5-34　实验验证 20 的窗体运行结果

【实验验证 20】　选项按钮和选项按钮组控件的应用。创建窗体，实现运行窗体时，两个文本框为空，选项按钮为未选中状态。在“圆的半径”文本框中输入半径值，在“计算”选项组中选择要计算的内容，单击“计算”按钮，“结果”文本框显示计算结果，如图 5-34 所示。单击“清除”按钮，清空两个文本框，并将光标插入“圆的半径”文本框中，等待输入新的半径值，保存窗体名为 F20。

操作步骤如下：

(1) 打开窗体设计视图并参照图 5-34 调整窗体外观，修改标题等属性。

(2) 添加文本框、“计算”选项组、选项按钮和命令按钮。其中，两个文本框的名称属性分别为 txtRadius 和 txtResult，选项组的名称属性为 fraCompute，两个命令按钮的名称属性分别为 cmdCompute 和 cmdClear。

(3) 为窗体的 Load 事件编写代码。使窗体加载时，文本框为空，选项按钮全为未选定状态。代码为

```
txtRadius=Null
txtResult=Null
fraCompute=0
```

(4) 为“计算”命令按钮 cmdCompute 的 Click 事件编写代码，代码为

```
Select Case fraCompute
  Case 1: txtResult=2 * 3.14 * txtRadius
  Case 2: txtResult=3.14 * txtRadius^2
End Select
```

(5) 为“清除”命令按钮 cmdClear 的 Click 事件编写代码，代码为

```
txtRadius=Null
txtResult=Null
txtRadius.SetFocus
```

(6) 保存窗体名称为 F20,运行窗体。

【实验验证 21】 选项卡控件的应用。创建窗体,窗体中选项卡的两个页面分别显示教师基本信息和教师授课信息,如图 5-35 和图 5-36 所示。窗体的属性设置如表 5-14 所示,保存窗体名为 F21。

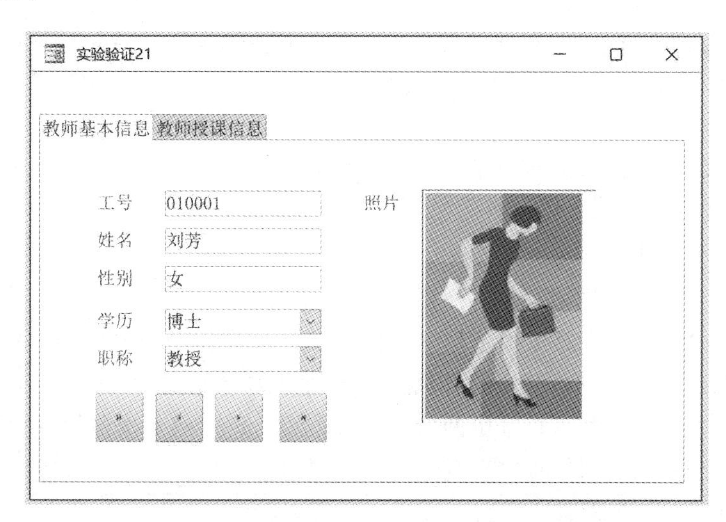

图 5-35　实验验证 21 的教师基本信息页

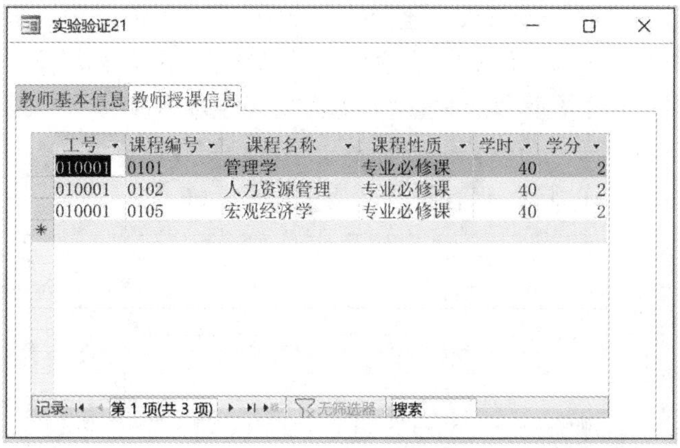

图 5-36　实验验证 21 的教师授课信息页

表 5-14　实验验证 21 窗体及各控件的属性设置

设置对象	属性名称	属性值
窗体	标题	实验验证 21
	记录选择器	否
	导航按钮	否
	滚动条	两者均无

说明：建立教师授课信息页，首先建立查询得到需要显示的信息，再基于此查询建立子窗体控件。

操作步骤如下：

(1) 打开窗体设计视图。

(2) 调整窗体外观。适当调整窗体大小，按表5-14设置窗体各属性。

(3) 添加选项卡控件。添加一个选项卡控件到窗体中，分别将“页1”和“页2”的标题修改为“教师基本信息”和“教师授课信息”。

(4) 为“教师基本信息”页添加所需字段。从“字段列表”对话框中选择工号、姓名、性别、学历、职称和照片字段至“教师基本信息”页，并适当调整各控件的位置和大小，如图5-35所示。

(5) 为“教师基本信息”页添加命令按钮。通过命令按钮向导添加4个命令按钮用于浏览教师记录，如图5-35所示。

(6) 建立“F21数据源”查询。从教师、授课和课程表中筛选工号、课程编号、课程名称、课程性质、学时、学分和学期字段。

(7) 为“教师授课信息”页添加子窗体控件。从“控件”组中选择“子窗体/子报表”控件添加到“教师授课信息”页，弹出“子窗体向导”对话框；选择“使用现有的表和查询”，单击“下一步”按钮；选择“F21数据源”查询中的所有字段作为子窗体的数据源，其余采取默认设置。添加完毕，删除子窗体控件的标签，只保留子窗体控件。

(8) 保存窗体名称为F21。

【实验验证22】 选项卡控件的应用。建立一个窗体，如图5-37和图5-38所示，选项卡控件中的两个页分别是成绩录入和成绩查询。“成绩录入”页用于输入每门课程的成绩，通过选择或输入课程编号，在“成绩录入”子窗体显示选择这门课程的学生，在成绩列输入学生的成绩；“成绩查询”页用于查询学生的成绩，通过选择或输入学号，在“成绩查询”子窗体显示该生选择的课程及成绩，且信息只能查看不能修改。窗体和选项卡中各控件对象及其属性设置如表5-15和表5-16所示，保存窗体名为F22。

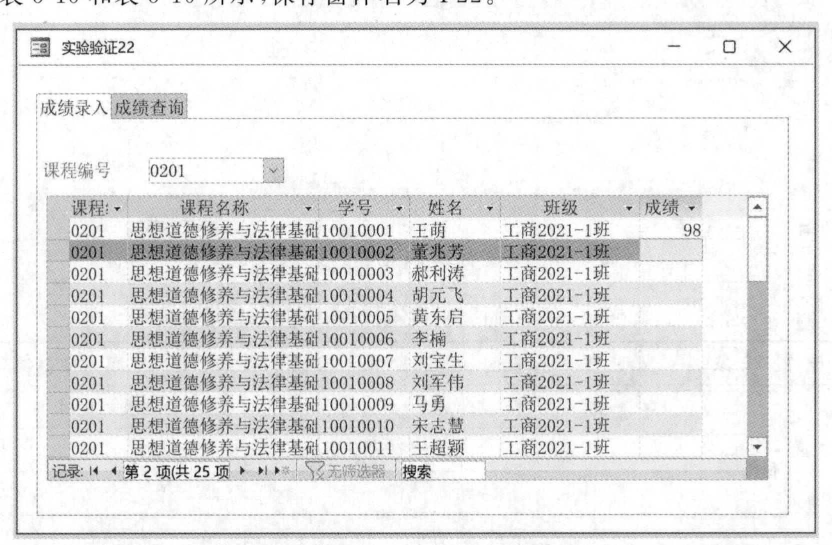

图5-37 实验验证22的“成绩录入”页

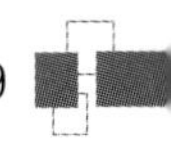

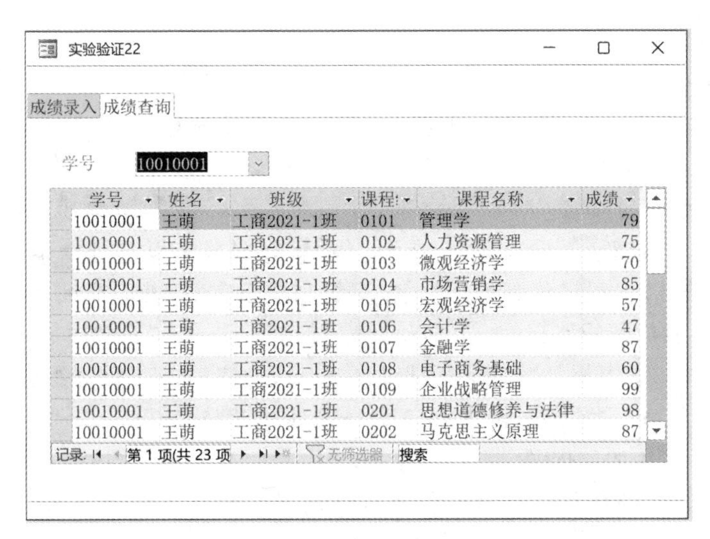

图 5-38 实验验证 22 的"成绩查询"页

表 5-15 实验验证 22 窗体的属性设置

设置对象	属性名称	属性值
窗体	标题	实验验证 22
	记录选择器	否
	导航按钮	否
	滚动条	两者均无

表 5-16 实验验证 22 选项卡中各控件对象及其属性设置

选项卡页面	控件对象	属性名称	属性值
成绩录入	组合框	标签的标题	课程编号
		名称	cboCourseID
		行来源	SELECT DISTINCT 课程编号 FROM F22 成绩录入页数据源;
	子窗体	名称	成绩录入
		链接子字段	课程编号
		链接主字段	cboCourseID
成绩查询	组合框	标签的标题	学号
		名称	cboStudentID
		行来源	SELECT DISTINCT 学号 FROM F22 成绩查询页数据源;
	子窗体	名称	成绩查询
		链接子字段	学号
		链接主字段	cboStudentID
		是否锁定	是

操作步骤如下：

(1) 打开窗体设计视图。

(2) 调整窗体外观。适当调整窗体大小，按表 5-15 设置窗体各属性。

(3) 添加选项卡控件。添加一个选项卡控件到窗体中，修改选项卡的页标题分别为“成绩录入”和“成绩查询”。

(4) 建立“F22 成绩录入页数据源”查询。从课程、选课和学生表查询得到学生的选课情况，包括课程编号、课程名称、学号、姓名、班级和成绩字段，其中成绩字段的条件设为 Is Null，即只显示没有成绩的课程。

(5) 向“成绩录入”页添加“课程编号”组合框控件。按表 5-16 设置组合框的属性。

(6) 向“成绩录入”页添加子窗体。打开“子窗体向导”对话框，选择“F22 成绩录入页数据源”查询作为子窗体的数据源。添加完毕，在“属性表”对话框中，按表 5-16 设置子窗体的“数据”选项卡中的链接子字段为“课程编号”，链接主字段为“cboCourseID”，即子窗体中的数据随组合框中课程编号的变化而变化。

(7) 建立“F22 成绩查询页数据源”查询。为了在成绩查询页面中查看每个学生所选课程的考试成绩，建立一个查询，从课程、选课和学生表查询得到学生的成绩情况，包括学号、姓名、班级、课程编号、课程名称和成绩字段，其中成绩字段的条件设为 Is not Null，即只显示有成绩的课程。

(8) 向“成绩查询”页添加“学号”组合框和子窗体，并按表 5-16 设置各控件的属性。

(9) 保存窗体名称为 F22。

二、实验设计

【实验设计 3】 标签控件的使用。创建窗体并添加一个标签控件，要求：运行窗体并在窗体主体节空白处单击时，标签的文字由“欢迎使用”变为“我是标签”，颜色为蓝色并加粗；当在标签上单击时，窗体主体节的背景色变为红色；双击标签时关闭窗体，窗体名保存为 FD3。

图 5-39 实验设计 3 窗体运行效果 1

实验提示：

(1) 参考图 5-39 完成窗体外观的设计。

(2) 主体节的 Click 事件代码、标签的 Click 事件代码以及标签的 DblClick 事件代码可以参考实验验证 6，执行操作后的窗体运行效果如图 5-40 所示。

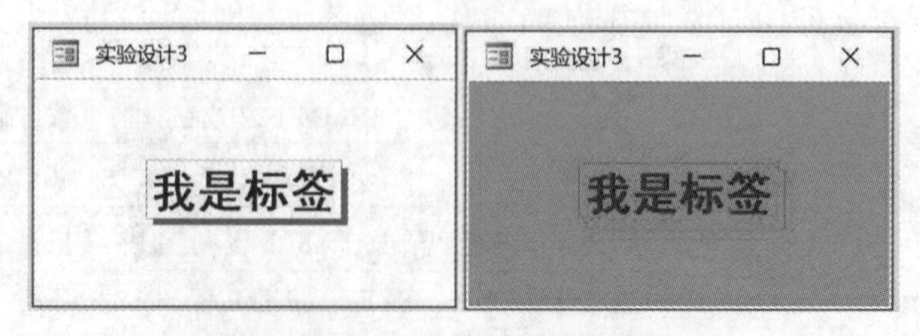

图 5-40 实验设计 3 窗体运行效果 2

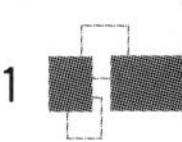

(3) 保存窗体名称为 FD3。

【实验设计 4】 文本框控件的使用。如图 5-41 所示,创建窗体,添加 3 个文本框,要求在前两个文本框中分别输入两个数,当单击第三个文本框时显示两个数相除的结果。注意,除数不能为 0,否则将会弹窗提示错误,并清空第 2 个文本框,要求用户重新输入。单击主体节,3 个文本框清空,第 1 个文本框获得焦点,用户可以再次计算,窗体名保存为 FD4。

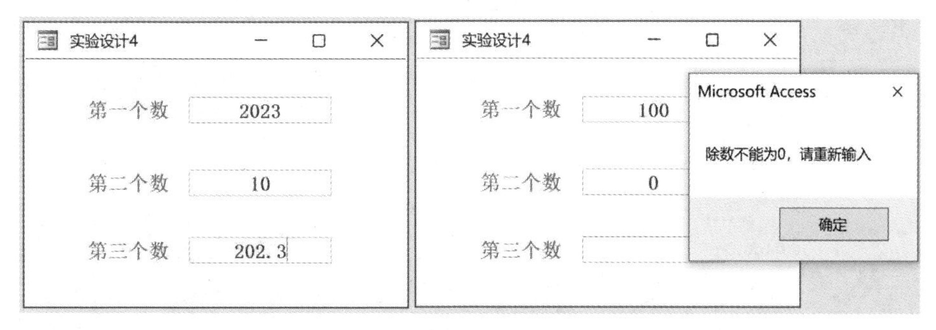

图 5-41 实验设计 4 窗体运行效果

实验提示:

(1) 参考实验验证 10 和图 5-41 完成窗体外观的设计。

(2) “第三个数”文本框的 Click 事件代码参考如下:

```
If txtData2.Value=0 Then
   MsgBox "除数不能为 0,请重新输入"
   txtData2.Value=""
   txtData2.SetFocus
Else
  txtSum.Value=txtData1.Value/txtData2.Value
End If
```

说明:txtSum、txtData1、txtData2 均为文本框的名称属性,也可以不修改文本框的名称属性,一般默认为 Text1、Text2、Text3……

(3) 主体节的 Click 事件代码请自行完成。

(4) 保存窗体名称为 FD4。

【实验设计 5】 命令按钮控件的使用。复制窗体 FD4,在窗体上添加 4 个命令按钮并分别修改其标题为“加法”、“减法”、“乘法”和“除法”,要求单击相应命令按钮时,对第一个文本框和第二个文本框中的数做相应的计算并将结果显示在第三个文本框中,如图 5-42 所示。当在主体节空白处单击时,将 3 个文本框中的数据清除,并将光标插入第一个文本框等待输入数据,窗体名保存为 FD5。

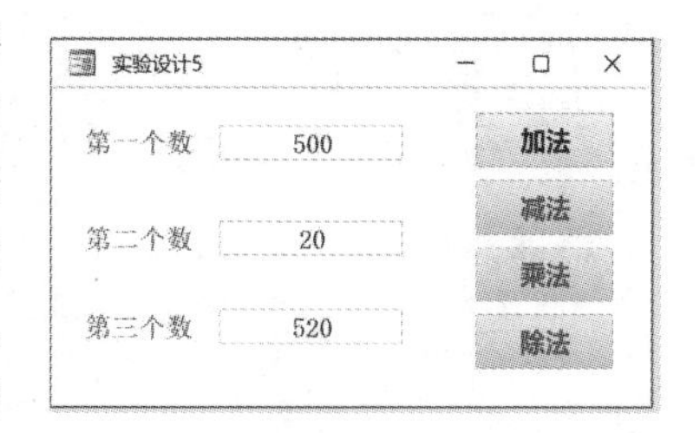

图 5-42 实验设计 5 窗体运行效果

实验提示:

(1) 复制窗体 FD4,窗体名称修改为 FD5,参考图 5-42 完成窗体外观的设计。

(2) 4 个命令按钮和主体节的 Click 事件代码可以参考实验验证 11~实验验证 13。其

中,“加法”命令按钮的 Click 事件代码为

```
txtSum.Value=Val(txtData1.Value)+Val(txtData2.Value)
```

说明：txtSum、txtData1、txtData2 均为文本框的名称属性,也可以不修改文本框的名称属性,一般默认为 Text1、Text2、Text3……

【实验设计 6】 命令按钮控件的使用。创建一个窗体实现 10 以内加法的口算功能,窗体的运行效果如图 5-43 和图 5-44 所示,具体要求如下：

图 5-43　等待用户计算

图 5-44　用户出现计算错误

(1) 窗体初始运行界面包括 3 个文本框及其标签：随机数 1、随机数 2 和计算结果。其中,文本框内的随机数 1 和随机数 2 是由随机数函数产生的,用户不可以修改,其“可用”属性设置为“否”。两个命令按钮的标题分别为“重新计算”和“关闭”,其中“重新计算”命令按钮的“可用”属性为“否”。

(2) 功能要求：窗体运行时,产生两个 10 以内的随机整数,待用户输入结果并按 Enter 键后,若计算的结果正确,则“计算结果”文本框自动清空的同时,再次产生 2 个 10 以内的随机整数,输入计算结果后再次判断是否正确;若计算结果不正确,则“计算结果”文本框中显示“计算错误,请重新计算”,同时,“重新计算”命令按钮由灰色变为正常可用状态,单击该按钮,清空“计算结果”文本框,等待用户重新输入结果,同时“重新计算”按钮重新变为灰色不可用状态。单击“关闭”按钮退出窗体,窗体名保存为 FD6。

实验提示：

(1) 参考图 5-43 完成窗体外观的设计,并按照题目要求修改文本框和“重新计算”命令按钮的“可用”属性。

(2) 窗体 Form 的 Load 事件,完成的功能是产生两个随机数,清空“计算结果”文本框并将光标定位于其中,其代码为

```
txtData1=Int(9 * Rnd)
txtData2=Int(9 * Rnd)
txtSum=""
txtSum.SetFocus
```

(3) “计算结果”文本框的 LostFocus 事件,完成的主要功能是判断用户输入的求和结果是否正确。如果正确,则清空“计算结果”,并再次产生两个随机数等待输入计算结果;否则,给出提示“计算错误,请重新计算”,同时,“重新计算”命令按钮呈可用状态。其代码参考如下：

```
If txtSum.Value=Val(txtData1.Value)+Val(txtData2.Value) Then
```

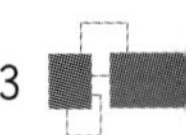

```
    txtSum=""
    txtData1=Int(9 * Rnd)
    txtData2=Int(9 * Rnd)
    txtSum.SetFocus
  Else
     cmdComputer.Enabled=True
     txtSum="计算错误,请重新计算"
  End If
```

（4）“重新计算”命令按钮的 Click 事件完成的功能是清空“计算结果”文本框并将光标定位于其中，“重新计算”命令按钮变成灰色不可用状态。其代码参考如下：

```
txtSum=""
txtSum.SetFocus
cmdComputer.Enabled=False
```

（5）保存窗体名称为 FD6。

【实验设计 7】 列表框和子窗体控件的使用。创建窗体如图 5-45 所示，左侧列表框用于显示教师的工号和姓名，右侧的子窗体用于显示该教师所授课程的课程编号、课程名称、学时和学期，窗体名保存为 FD7。

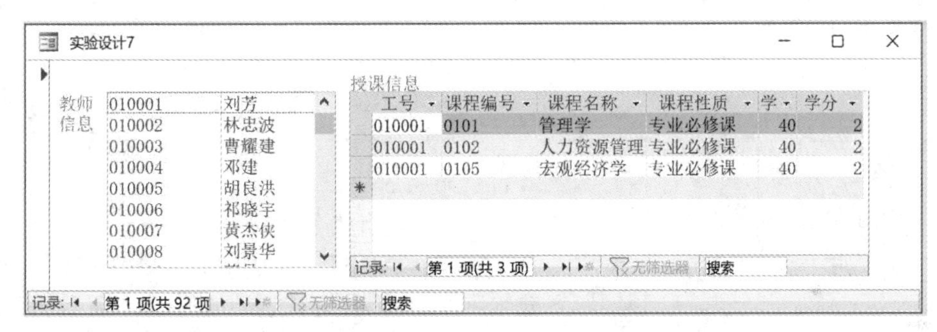

图 5-45　实验设计 7 的运行效果

实验提示：

（1）本题要求子窗体中的授课信息随列表框中所选择的教师而变化，实现方式是将主窗体的数据源设置为教师表，子窗体的数据源为一个查询。此查询以授课表和课程表为数据源，将工号、课程编号、课程名称、课程性质、学时和学分字段筛选出来。主/子窗体的数据源通过工号字段建立联系，即实现子窗体中的授课信息与列表框中的教师信息同步变化。

（2）使用控件向导添加列表框控件和子窗体控件，具体操作步骤可参考实验验证 16。

（3）保存窗体名称为 FD7。

【实验设计 8】 选项组控件的使用。建立如图 5-46所示的窗体，要求：首先在“数据”选项组的“第一个数”文本框和“第二个数”文本框中输入要计算的数据，然后单击“计算”选项组中相应的单选按钮，计算结果显示在“结果”文本框中，窗体名保存为 FD8。

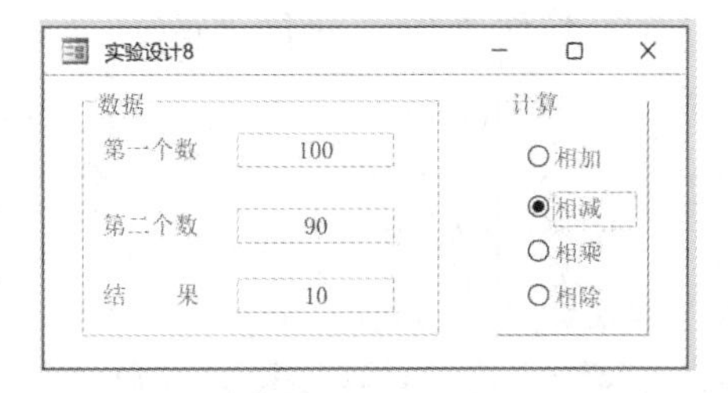

图 5-46　实验设计 8 窗体运行效果

实验提示：

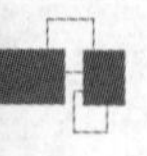

(1) 创建窗体,添加 3 个文本框后再添加一个“数据”选项组,调整其位置如图 5-46 所示。接下来添加一个“计算”选项组,之后再向该选项组中按照顺序依次添加相加、相减、相乘和相除 4 个选项按钮,调整位置并修改相关属性。需要注意的是,若要实现选项按钮的单选功能,必须先添加选项组,然后再向选项组中添加多个选项按钮;若选项组的功能仅仅是为了布局上的美观,则需要最后添加选项组。

说明:设置 4 个选项按钮对应标签的标题属性时,一定要按照添加控件的先后顺序进行设置,添加控件的顺序决定了选项组控件的 Value 属性对应的是哪个选项按钮。例如,如果选中的是添加的第 2 个选项按钮,则选项组的 Value 值就为 2;反之,如果将选项组的 Value 值设为 3,则添加的第 3 个选项按钮被选中。

(2) “计算”选项组的 Click 事件代码为

```
Select Case fraCompute.Value
    Case 1
      txtResult=Val(txtData1)+Val(txtData2)
    Case 2
      txtResult=txtData1-txtData2
    Case 3
      txtResult=txtData1 * txtData2
    Case 4
      txtResult=txtData1/txtData2
End Select
```

上面的代码中并未考虑除数为 0 的情况,请读者自行完成。

(3) 保存窗体名称为 FD8。

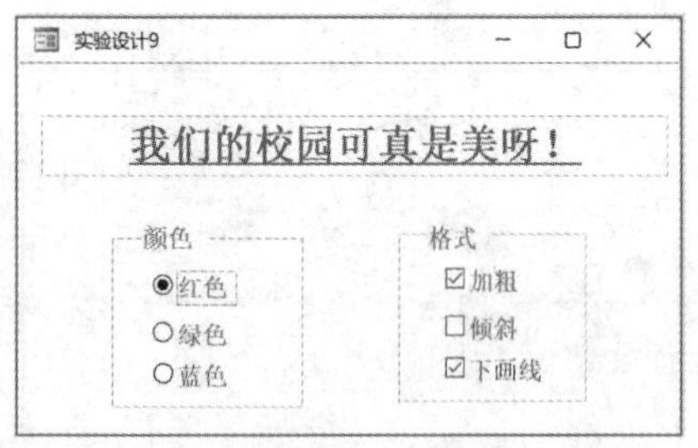

图 5-47　实验设计 9 窗体运行效果

【实验设计 9】 选项组和复选框控件的使用。建立一个窗体,其运行效果如图 5-47 所示。要求加载窗体时,在文本框中显示信息“我们的校园可真是美呀!”,单击“颜色”选项组中的某一种颜色时,文本框中文字的颜色随之发生变化,单击“格式”选项组中的复选框时,文字格式相应改变,窗体名保存为 FD9。

实验提示:

(1) 创建窗体,添加 1 个文本框,用于在加载窗体时显示文字。先添加“颜色”选项组控件,再向选项组中添加 3 个选项按钮控件以实现单选功能。接下来,向窗体中依次添加 3 个复选框控件,最后添加“格式”选项组用于美化界面。

(2) 窗体的 Load 事件代码为

```
Text0="我们的校园可真是美呀!"  '初始化文本框的值
fraColor=Null      '将选项按钮初始化为 Null,即不选中任何一个选项
```

(3) 为“颜色”选项组 fraColor 的 Click 事件编写代码,代码为

```
Select Case fraColor
  Case 1: Text0.ForeColor=vbRed
  Case 2: Text0.ForeColor=vbGreen
  Case 3: Text0.ForeColor=vbBlue
```

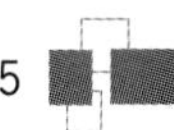

```
End Select
```

（4）为3个复选框的Click事件编写代码，代码为

```
'下面是"加粗"复选框的Click事件
If chkBold=-1 Then
  Text0.FontBold=True
Else
  Text0.FontBold=False
End If
'下面是"倾斜"复选框的Click事件
If chkItalic=-1 Then
  Text0.FontItalic=True
Else
  Text0.FontItalic=False
End If
'下面是"下画线"复选框的Click事件
If chkUnderline=-1 Then
  Text0.FontUnderline=True
Else
  Text0.FontUnderline=False
End If
```

（5）保存窗体名称为FD9。

5.3 VBA数据库编程

要求了解ADO对象模型的Connection对象和Recordset对象，熟悉通过ADO访问数据库的步骤，掌握用ADO浏览记录集中数据的方法，了解用ADO编辑记录集中数据的方法。

实验验证

【实验验证23】 用ADO浏览记录集中的数据。修改实验验证8，为窗体添加4个命令按钮，如图5-48所示。编程实现当依次单击每个命令按钮时，文本框中对应显示第一条、上一条、下一条、最后一条记录的信息，保存窗体名为F23。

说明：Access 2021提供了多个ADO对象库供用户使用，但第一次使用时需要用户自行添加。单击“创建”选项卡的“宏与代码”组中的Visual Basic按钮，在打开的代码窗口中选择“工具”菜单下的“引用”菜单项，打开“引用”对话框，从“可使用的引用”列表中找到要引用的对象库，单击前面的复选框使其显示“√”，如图5-49所示，单击“确定”按钮即可。

操作步骤如下：

（1）复制窗体。复制F8窗体，保存窗体名称为F23。

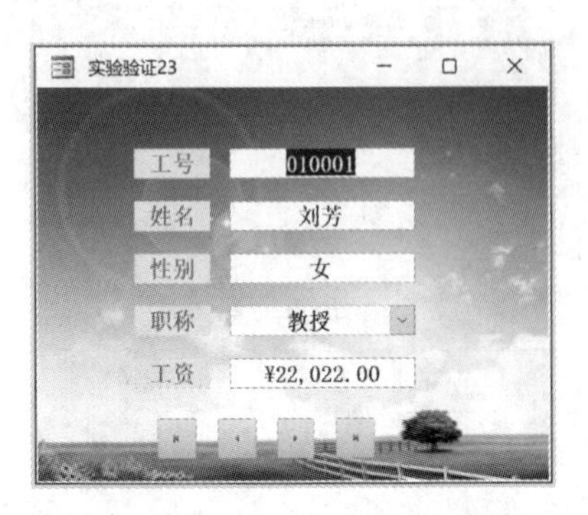

图 5-48　实验 33 的窗体运行结果

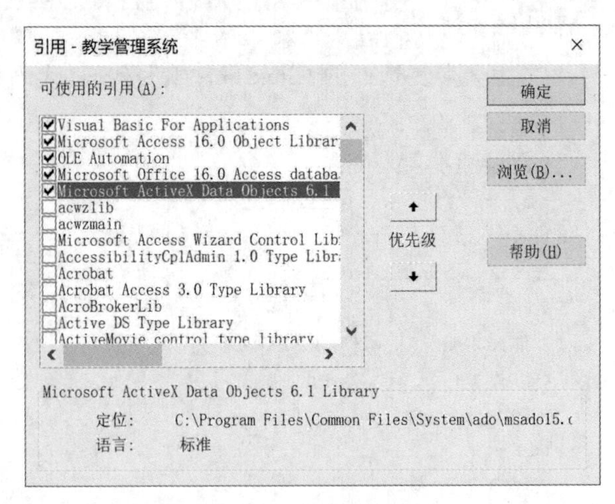

图 5-49　引用对话框

（2）打开窗体设计视图。将窗体的“标题”属性修改为“实验验证 23”，设置窗体的“导航按钮”属性为“否”，并清除窗体的“记录源”属性。

（3）清除各个文本框控件的“控件来源”属性。

（4）添加命令按钮。首先使“控件”组中的“使用控件向导”按钮呈未选中状态，然后向窗体中添加 4 个命令按钮，在“属性表”对话框中依次设置各个按钮的“名称”属性为 cmdFirst、cmdPrevious、cmdNext 和 cmdLast。“图片”属性通过单击[...]按钮，从打开的“图片生成器”对话框中选择“移至第一项”、“移至上一项”、“移至下一项”和“移至最后一项”进行设置。

（5）通过 ADO 连接数据源。在代码窗口的通用声明段定义 Connection 对象和 Recordset 对象，在 Form_Load 事件中完成数据库连接操作和打开表的操作，并在相应的文本框中分别显示第一名教师的工号、姓名、性别、职称和工资，具体代码如图 5-50 所示。

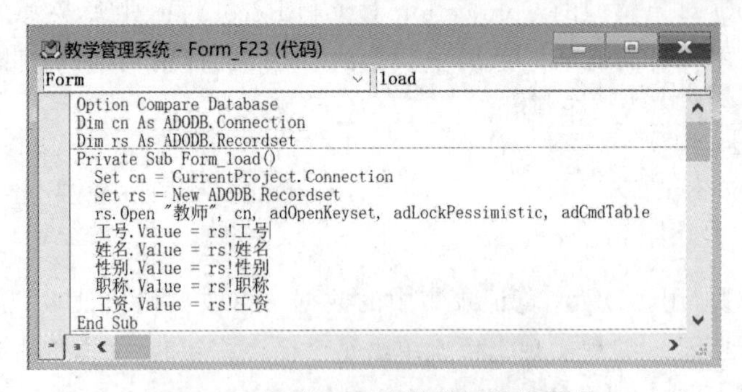

图 5-50　通过 ADO 连接数据源的代码

（6）为命令按钮 cmdFirst 的 Click 事件编写代码为

```
rs.MoveFirst
工号.Value=rs!工号
姓名.Value=rs!姓名
性别.Value=rs!性别
职称.Value=rs!职称
```

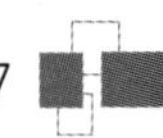

```
工资.Value=rs!工资
```

(7) 为命令按钮 cmdPrevious 的 Click 事件编写代码为

```
rs.MovePrevious
If rs.BOF Then
  rs.MoveFirst
End If
工号.Value=rs!工号
姓名.Value=rs!姓名
性别.Value=rs!性别
职称.Value=rs!职称
工资.Value=rs!工资
```

(8) 为命令按钮 cmdNext 的 Click 事件编写代码为

```
rs.MoveNext
If rs.EOF Then
  rs.MoveNext
End If
工号.Value=rs!工号
姓名.Value=rs!姓名
性别.Value=rs!性别
职称.Value=rs!职称
工资.Value=rs!工资
```

(9) 为命令按钮 cmdLast 的 Click 事件编写代码为

```
rs.MoveLast
工号.Value=rs!工号
姓名.Value=rs!姓名
性别.Value=rs!性别
职称.Value=rs!职称
工资.Value=rs!工资
```

(10) 单击工具栏上的“保存”按钮,保存窗体。

【实验验证 24】 用 ADO 编辑记录集中的数据。进一步修改实验验证 23,添加 3 个编辑记录的命令按钮,如图 5-51 所示。要求单击第一个按钮,清空各个文本框,等待用户输入内容;单击第二个按钮,保存新添加的记录或修改后的记录到教师表;单击第三个按钮,从教师表中删除当前记录。保存窗体名为 F24。

图 5-51 实验验证 24 的窗体运行结果

操作步骤如下：

(1) 复制窗体。复制 F23 窗体，保存窗体名称为 F24。

(2) 打开窗体设计视图。将窗体的“标题”属性修改为“实验验证 24”。

(3) 添加命令按钮。向窗体中添加 3 个命令按钮，依次设置各个按钮的“名称”属性为 cmdAddNew、cmdUpdate 和 cmdDelete。“图片”属性通过单击[...]按钮，从打开的“图片生成器”对话框中选择“转至新对象”、“保存记录”和“删除记录”进行设置。

(4) 为命令按钮 cmdAddNew 的 Click 事件编写代码。

```
工号.Value=""
姓名.Value=""
性别.Value=""
职称.Value=""
工资.Value=""
工号.SetFocus
rs.AddNew
```

(5) 为命令按钮 cmdUpdate 的 Click 事件编写代码。

```
rs!工号=工号.Value
rs!姓名=姓名.Value
rs!性别=性别.Value
rs!职称=职称.Value
rs!工资=工资.Value
rs.Update
```

(6) 为命令按钮 cmdDelete 的 Click 事件编写代码。

```
rs.Delete
rs.MoveNext
If rs.EOF Then
  rs.MoveLast
End If
工号.Value=rs!工号
姓名.Value=rs!姓名
性别.Value=rs!性别
职称.Value=rs!职称
工资.Value=rs!工资
```

(7) 单击快速访问工具栏上的“保存”按钮保存窗体。

【实验验证 25】 用 ADO 编辑记录集中的数据。进一步修改实验验证 24，为了避免错误删除，要求在删除记录前，首先弹出消息对话框确认是否删除，如图 5-52 所示。单击“确定”按钮删除当前记录，显示下一条记录；单击“取消”按钮不执行删除操作。保存窗体名为 F25。

操作步骤如下：

(1) 复制窗体。复制 F24 窗体，保存窗体名称为 F25。

(2) 打开窗体设计视图。将窗体的“标题”属性修改为“实验验证 25”。

(3) 修改“删除记录”命令按钮的事件代码为

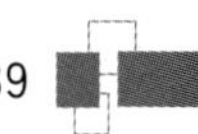

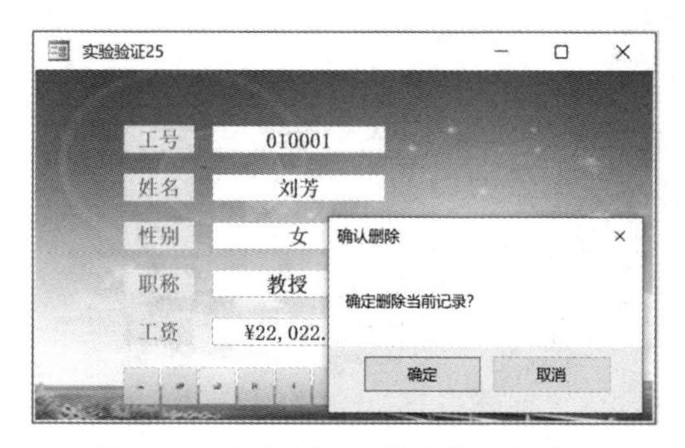

图 5-52 实验验证 25 的窗体运行结果

```
Private Sub cmdDelete_Click()
d=MsgBox("确定删除当前记录?",vbOKCancel,"确认删除")
If d=vbOK Then
  rs.Delete
  rs.MoveNext
  If rs.EOF Then
      rs.MoveLast
  End If
  工号.Value=rs!工号
  姓名.Value=rs!姓名
  性别.Value=rs!性别
  职称.Value=rs!职称
  工资.Value=rs!工资
Else
    Exit Sub
End If
End Sub
```

(4) 单击快速访问工具栏上的“保存”按钮保存窗体并运行窗体。

第6章 报 表

本章主要掌握创建报表的多种方法以及为报表添加排序和分组的方法，并熟悉报表的各种视图。请根据实验验证题目的要求和步骤完成实验的验证内容，并根据题目的要求完成实验设计任务。

要求掌握报表的视图和组成、使用“报表”按钮创建报表、使用“空报表”按钮创建报表、使用“报表向导”按钮创建报表、使用“报表设计”按钮创建报表的方法，了解使用“标签”按钮创建报表的方法，熟悉报表设计视图中“报表设计工具”选项卡的常用功能，掌握在报表设计视图中为报表添加分组和排序的方法，熟悉报表的打印预览功能。

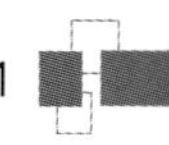

一、实验验证

【实验验证 1】 使用“报表”按钮创建报表。以学生表作为数据源自动创建报表，保存报表名为 R1。报表的打印预览视图如图 6-1 所示。

学生　　2023年10月4日　18:08:20

学号	姓名	性别	出生日期	党员否	省份	民族	班级	照片	学院编号
10010001	王萌	女	2001年9月21日	☐	河北	汉族	工商2021-1班		01
10010002	董兆芳	女	2001年8月16日	☐	江苏	汉族	工商2021-1班		01
10010003	郝利涛	男	2003年1月27日	☐	河北	汉族	工商2021-1班		01
10010004	胡元飞	男	2003年6月3日	☑	江苏	汉族	工商2021-1班		01
10010005	黄东启	男	2004年5月26日	☑	河南	汉族	工商2021-1班		01

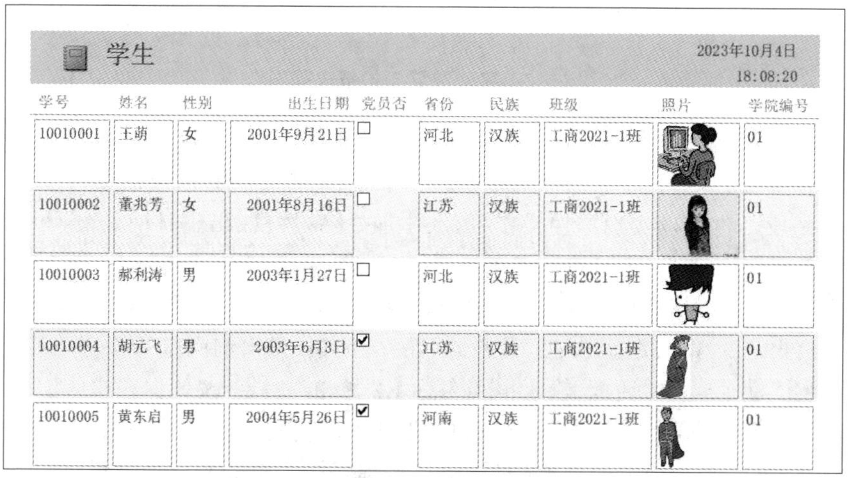

图 6-1　实验验证 1 的报表打印预览视图

操作步骤如下：

(1) 选择数据源。打开教学管理系统数据库，从导航窗格中选择学生表。

(2) 创建报表。选择“创建”选项卡，单击“报表”组中的“报表”按钮，自动生成“学生”报表的布局视图。

(3) 调整报表布局。自动生成的报表布局视图中，存在部分控件的列宽过大或者过小的问题，可以适当调整，方法是用鼠标单击要调整的字段，将鼠标移动至右侧边线，鼠标指针呈 ↔ 状；按住鼠标左键拖动调整至合适大小，松开鼠标。

(4) 预览报表。选择“报表布局设计”选项卡或“开始”选项卡，单击“视图”组中的“视图”下拉按钮，在其下拉列表中选择“打印预览”，切换到报表的打印预览视图，如图 6-1 所示。

(5) 保存报表。单击快速访问工具栏的“保存”按钮，弹出询问是否保存的对话框。单击“是”按钮，弹出“另存为”对话框，输入报表名称 R1；单击“确定”按钮保存报表。

【实验验证 2】 使用“空报表”按钮创建报表。以学生表作为数据源创建报表，显示学生的学号、姓名、性别、出生日期、省份和民族，保存报表名为 R2。报表视图如图 6-2 所示。

操作步骤如下：

(1) 打开空白报表。打开教学管理系统数据库，选择“创建”选项卡，单击“报表”组中的“空报表”按钮，打开标题为“报表 1”的空白报表布局视图，同时在界面右侧显示“字段列表”窗格；单击“字段列表”窗格中的“显示所有表”，可以看到当前数据库中的所有表。

(2) 选择数据源。在“字段列表”窗格中，单击“学生”表前的“＋”号，展开“学生”表中的所有字段。

R2

学号	姓名	性别	出生日期	省份	民族
10010001	王萌	女	2001年9月21日	河北	汉族
10010002	董兆芳	女	2001年8月16日	江苏	汉族
10010003	郝利涛	男	2003年1月27日	河北	汉族
10010004	胡元飞	男	2003年6月3日	江苏	汉族
10010005	黄东启	男	2004年5月26日	河南	汉族

图 6-2　实验验证 2 的报表视图

(3) 添加显示字段。从“学生”表的字段列表中选择“学号”，按住鼠标左键将其拖拽至空白报表中松开鼠标，报表中自动添加了字段名称“学号”及所有学生的学号。直接在字段列表中双击字段名也可以实现添加操作，依次添加姓名、性别、出生日期、省份和民族字段。

(4) 切换到报表视图。选择“报表布局设计”选项卡或“开始”选项卡，单击“视图”组中的“视图”下拉按钮，在其下拉列表中选择“报表视图”，切换到报表视图，如图 6-2 所示。

(5) 保存报表。单击快速访问工具栏的“保存”按钮，弹出询问是否保存的对话框；单击“是”按钮，弹出“另存为”对话框；输入报表名称 R2，单击“确定”按钮保存报表。

【实验验证 3】 使用“报表向导”按钮创建报表。使用报表向导创建基于课程表的报表，要求以“课程性质”分组显示课程编号、课程名称、学时、学分和学期字段，并按照“课程编号”升序排列，保存报表名为 R3。报表的打印预览视图如图 6-3 所示。

操作步骤如下：

(1) 打开“报表向导”对话框。打开“教学管理系统”数据库，选择“创建”选项卡，单击“报表”组中的“报表向导”按钮，即打开“报表向导”对话框。

(2) 确定表和字段。在“报表向导”对话框的“表/查询”下拉列表框中选择“表：课程”，在“可用字段”列表框中双击需要输出的字段，添加到“选定字段”列表框中，包括课程编号、课程名称、课程性质、学时、学分和学期，单击“下一步”按钮。

(3) 确定分组级别。本题要求按课程性质字段分组，在左侧列表框中双击“课程性质”字段，将其添加到右侧的预览框中，单击“下一步”按钮。

(4) 确定排序次序和汇总信息。本题要求按课程编号字段的升序排列记录。报表向导中最多可以设置 4 个排序字段，从第一个下拉列表框中选择课程编号字段，单击“下一步”按钮。

(5) 确定报表的布局方式。报表提供了 3 种布局方式，采用默认选项“递阶”，方向默认为“纵向”，单击“下一步”按钮。

(6) 指定报表标题。指定报表标题为 R3，单击“完成”按钮，打开报表的打印预览视图。

(7) 调整报表布局。关闭报表打印预览视图，在“开始”选项卡的“视图”组选择“布局视图”选项，切换至布局视图。将报表标题 R3 修改为“课程基本信息”，并适当调整各控件的位置和大小。

(8) 保存报表。单击快速访问工具栏的“保存”按钮，保存对报表所做的修改。

【实验验证 4】 使用“报表向导”按钮创建报表。使用报表向导创建学生选课情况汇总报表，显示课程的课程编号、课程名称、课程性质、学时和学分及选修该课程的学生学号、姓名、性别、党员否、民族和班级，按学号升序排列。保存报表名称为 R4。报表的打印预览视

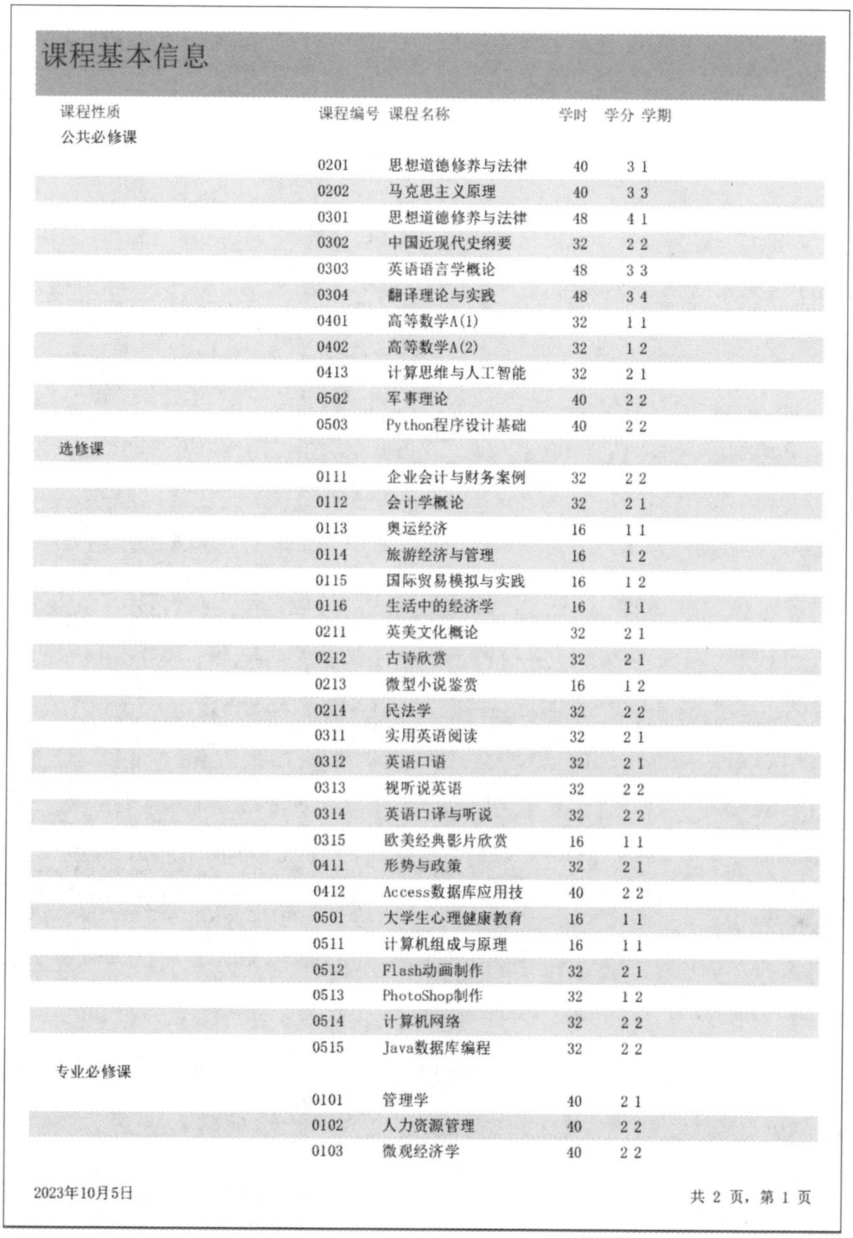

课程基本信息

课程性质	课程编号	课程名称	学时	学分	学期
公共必修课					
	0201	思想道德修养与法律	40	3	1
	0202	马克思主义原理	40	3	3
	0301	思想道德修养与法律	48	4	1
	0302	中国近现代史纲要	32	2	2
	0303	英语语言学概论	48	3	3
	0304	翻译理论与实践	48	3	4
	0401	高等数学A(1)	32	1	1
	0402	高等数学A(2)	32	1	2
	0413	计算思维与人工智能	32	2	1
	0502	军事理论	40	2	2
	0503	Python程序设计基础	40	2	2
选修课					
	0111	企业会计与财务案例	32	2	2
	0112	会计学概论	32	2	1
	0113	奥运经济	16	1	1
	0114	旅游经济与管理	16	1	2
	0115	国际贸易模拟与实践	16	1	2
	0116	生活中的经济学	16	1	1
	0211	英美文化概论	32	2	1
	0212	古诗欣赏	32	2	1
	0213	微型小说鉴赏	16	1	2
	0214	民法学	32	2	2
	0311	实用英语阅读	32	2	1
	0312	英语口语	32	2	1
	0313	视听说英语	32	2	2
	0314	英语口译与听说	32	2	2
	0315	欧美经典影片欣赏	16	1	1
	0411	形势与政策	32	2	1
	0412	Access数据库应用技	40	2	2
	0501	大学生心理健康教育	16	1	1
	0511	计算机组成与原理	16	1	1
	0512	Flash动画制作	32	2	1
	0513	PhotoShop制作	32	1	2
	0514	计算机网络	32	2	2
	0515	Java数据库编程	32	2	2
专业必修课					
	0101	管理学	40	2	1
	0102	人力资源管理	40	2	2
	0103	微观经济学	40	2	2

2023年10月5日　　　　共 2 页，第 1 页

图 6-3　实验验证 3 的报表打印预览视图

图如图 6-4 所示。

说明：课程编号、课程名称、课程性质、学时和学分字段来源于课程表，学号、姓名、性别、党员否、民族和班级字段来源于学生表，所以报表的数据源是多个表，可以直接基于多个表建立报表，也可以先建立查询，再基于此查询建立报表。

操作步骤如下：

（1）打开“报表向导”对话框。

（2）确定表和字段。从“表/查询”下拉列表框中选择“表：课程”，将课程表中的课程编

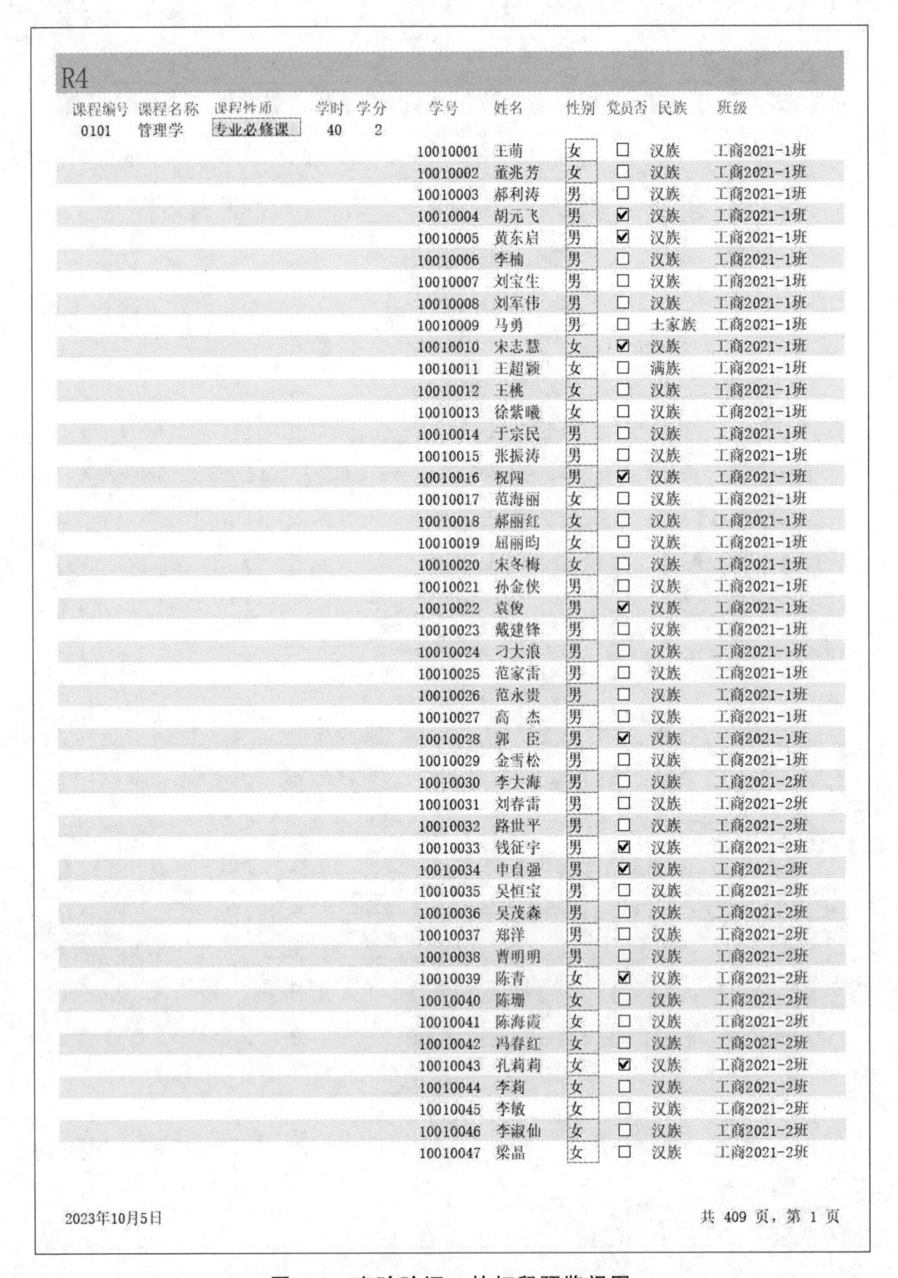

R4

课程编号	课程名称	课程性质	学时	学分	学号	姓名	性别	党员否	民族	班级
0101	管理学	专业必修课	40	2						
					10010001	王萌	女	☐	汉族	工商2021-1班
					10010002	董兆芳	女	☐	汉族	工商2021-1班
					10010003	郝利涛	男	☐	汉族	工商2021-1班
					10010004	胡元飞	男	☑	汉族	工商2021-1班
					10010005	黄东启	男	☑	汉族	工商2021-1班
					10010006	李楠	男	☐	汉族	工商2021-1班
					10010007	刘宝生	男	☐	汉族	工商2021-1班
					10010008	刘军伟	男	☐	汉族	工商2021-1班
					10010009	马勇	男	☐	土家族	工商2021-1班
					10010010	宋志慧	女	☑	汉族	工商2021-1班
					10010011	王超颖	女	☐	满族	工商2021-1班
					10010012	王桃	女	☐	汉族	工商2021-1班
					10010013	徐紫曦	女	☐	汉族	工商2021-1班
					10010014	于宗民	男	☐	汉族	工商2021-1班
					10010015	张振涛	男	☐	汉族	工商2021-1班
					10010016	祝闯	男	☑	汉族	工商2021-1班
					10010017	范海丽	女	☐	汉族	工商2021-1班
					10010018	郝丽红	女	☐	汉族	工商2021-1班
					10010019	屈丽昀	女	☐	汉族	工商2021-1班
					10010020	宋冬梅	女	☐	汉族	工商2021-1班
					10010021	孙金侠	男	☐	汉族	工商2021-1班
					10010022	袁俊	男	☑	汉族	工商2021-1班
					10010023	戴建锋	男	☐	汉族	工商2021-1班
					10010024	刁大浪	男	☐	汉族	工商2021-1班
					10010025	范家雷	男	☐	汉族	工商2021-1班
					10010026	范永贵	男	☐	汉族	工商2021-1班
					10010027	高　杰	男	☐	汉族	工商2021-1班
					10010028	郭　臣	男	☑	汉族	工商2021-1班
					10010029	金雪松	男	☐	汉族	工商2021-1班
					10010030	李大海	男	☐	汉族	工商2021-2班
					10010031	刘春雷	男	☐	汉族	工商2021-2班
					10010032	路世平	男	☐	汉族	工商2021-2班
					10010033	钱征宇	男	☑	汉族	工商2021-2班
					10010034	申自强	男	☑	汉族	工商2021-2班
					10010035	吴恒宝	男	☐	汉族	工商2021-2班
					10010036	吴茂森	男	☐	汉族	工商2021-2班
					10010037	郑洋	男	☐	汉族	工商2021-2班
					10010038	曹明明	男	☐	汉族	工商2021-2班
					10010039	陈青	女	☑	汉族	工商2021-2班
					10010040	陈珊	女	☐	汉族	工商2021-2班
					10010041	陈海霞	女	☐	汉族	工商2021-2班
					10010042	冯春红	女	☐	汉族	工商2021-2班
					10010043	孔莉莉	女	☑	汉族	工商2021-2班
					10010044	李莉	女	☐	汉族	工商2021-2班
					10010045	李敏	女	☐	汉族	工商2021-2班
					10010046	李淑仙	女	☐	汉族	工商2021-2班
					10010047	梁晶	女	☐	汉族	工商2021-2班

2023年10月5日　　　　共 409 页，第 1 页

图 6-4　实验验证 4 的打印预览视图

号、课程名称、课程性质、学时和学分字段添加到“选定字段”列表框，再从“表/查询”下拉列表框中选择“表：学生”，将学生表的学号、姓名、性别、党员否、民族和班级字段添加到“选定字段”列表框中，单击“下一步”按钮。

(3) 确定查看数据的方式。选择“通过 课程”，查看每门课程有哪些选课学生；单击“下一步”按钮。

(4) 确定分组级别。本题不设置分组字段，单击“下一步”按钮。

(5) 确定排序次序。选择排序字段为“学号”，默认“升序”，单击“下一步”按钮。

(6) 确定报表的布局方式。选择报表的布局方式为“递阶”，单击“下一步”按钮。

(7) 指定报表标题。指定报表标题为 R4，单击“完成”按钮，打开报表的打印预览视图。

(8) 调整报表布局。切换到布局视图，适当调整各列的宽度。

(9) 保存报表。

【实验验证 5】 使用“报表设计”按钮创建报表。使用报表设计视图创建报表，显示各学院的学生信息，保存报表名为 R5。报表的打印预览视图如图 6-5 所示。

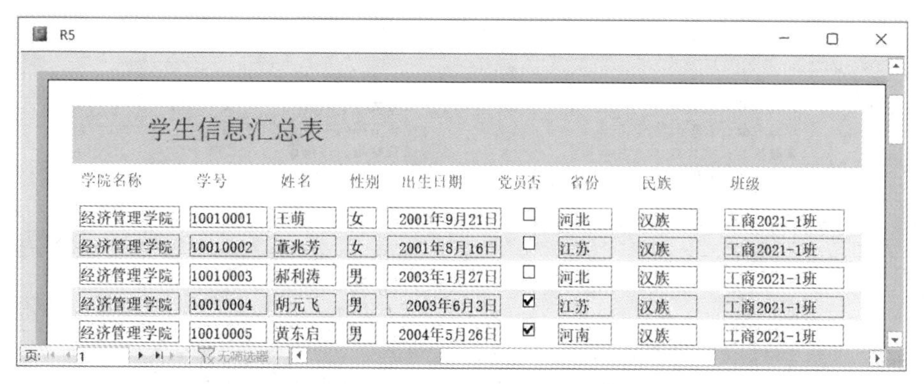

R5

学生信息汇总表

学院名称	学号	姓名	性别	出生日期	党员否	省份	民族	班级
经济管理学院	10010001	王萌	女	2001年9月21日	☐	河北	汉族	工商2021-1班
经济管理学院	10010002	董兆芳	女	2001年8月16日	☐	江苏	汉族	工商2021-1班
经济管理学院	10010003	郝利涛	男	2003年1月27日	☐	河北	汉族	工商2021-1班
经济管理学院	10010004	胡元飞	男	2003年6月3日	☑	江苏	汉族	工商2021-1班
经济管理学院	10010005	黄东启	男	2004年5月26日	☑	河南	汉族	工商2021-1班

页: 1 无筛选器

图 6-5　实验验证 5 的打印预览视图

说明：从输出内容看，学院名称字段来自学院表，学号、姓名、性别、出生日期等字段来自学生表。先建立一个查询，得到以上各个字段，再基于该查询建立报表。

操作步骤如下：

(1) 建立查询。基于学院表和学生表建立“R5 数据源”查询，输出学院名称、学号、姓名、性别、出生日期、党员否、省份、民族和班级字段。

(2) 打开报表设计视图。选择“创建”选项卡，单击“报表”组中的“报表设计”按钮，打开报表设计视图。

(3) 设置报表的数据源。在“属性表”对话框中选择“报表”对象，设置“数据”选项卡的“记录源”属性为“R5 数据源”。此时，单击“工具”组的“添加现有字段”按钮，打开“字段列表”对话框，“R5 数据源”查询中的所有字段出现在该对话框中。

(4) 添加报表标题。选择“报表设计”选项卡中“页眉/页脚”组的“标题”按钮，将默认标题“报表 1”改为“学生信息汇总表”。

(5) 添加要输出的字段名称和字段内容。从“字段列表”对话框中，按住鼠标左键将各个字段拖至“主体”节，然后按住 Shift 键依次选择各个表示字段名称的标签，将其剪切至“页面页眉”节，适当调整各标签和文本框的大小和位置。

说明：在“排列”选项卡的“调整大小和排序”组中可以统一调整控件的大小、间距、对齐等。

(6) 保存报表的名称为 R5。

【实验验证 6】 使用“标签”按钮创建报表。基于“课程”表建立如图 6-6 所示的标签报表，按学期字段和课程编号字段的升序输出课程的基本信息，保存报表名为 R6。

操作步骤如下：

(1) 打开“标签向导”对话框。在导航窗格中选择课程表，单击“创建”选项卡中“报表”

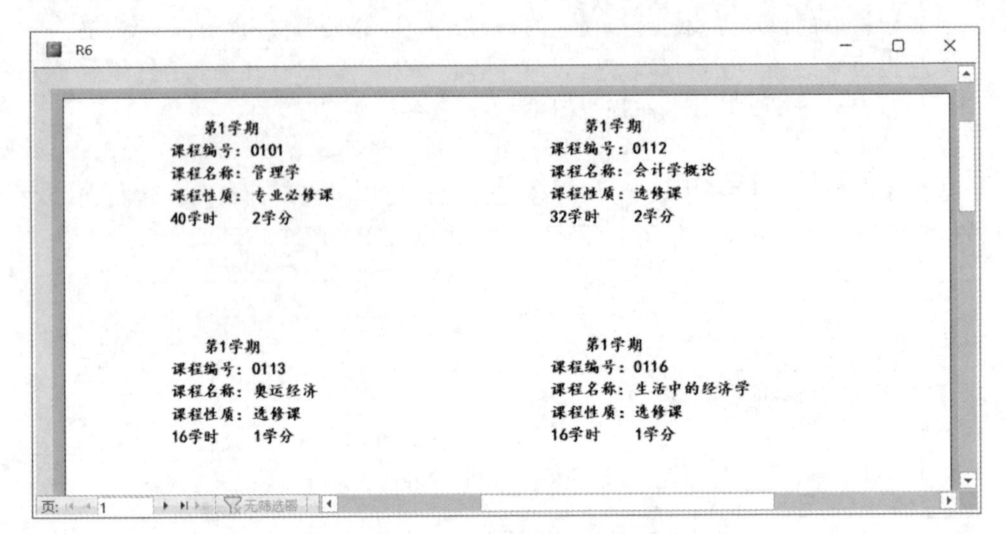

图 6-6 实验验证 6 的打印预览视图

组的“标签”按钮，即打开“标签向导”对话框。

（2）指定标签尺寸。单击“自定义”按钮，打开“新建标签尺寸”对话框；单击“新建”按钮，打开“新建标签”对话框，如图 6-7 所示。设置标签名称为“课程标签”，度量单位为“公制”，横标签号为“2”，标签宽度为“9.00”，标签高度为“5.00”，页面左边距为“2.50”；单击“确定”按钮返回“新建标签尺寸”对话框，单击“关闭”按钮返回“标签向导”对话框；单击“下一步”按钮。

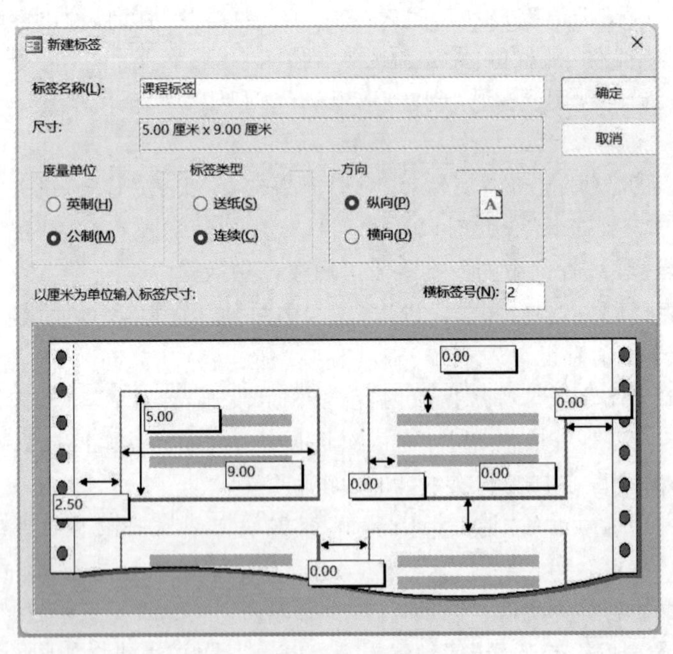

图 6-7 新建自定义标签

（3）选择文本的字体和颜色。将字体设置为“楷体”，字号设置为 11，字体粗细设置为“加粗”，其余采用默认值，单击“下一步”按钮。

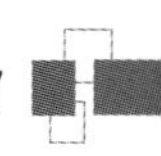

(4) 确定标签的显示内容。如图 6-8 所示，在“原型标签”中输入文字，并从左侧“可用字段”列表中添加相应字段到“原型标签”中，单击“下一步”按钮。

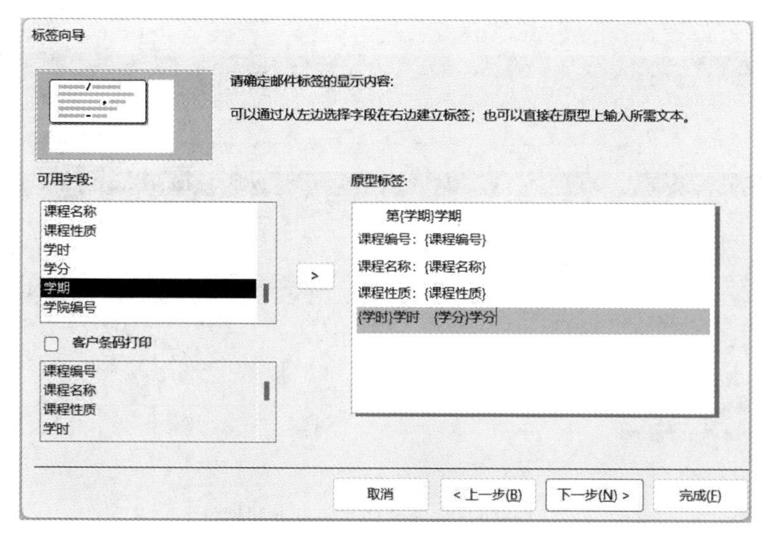

图 6-8　确定标签显示的内容

(5) 确定排序依据。依次选择学期和课程编号字段作为排序依据，单击“下一步”按钮。

(6) 指定报表的名称。指定报表的名称为 R6，单击“完成”按钮，打开标签报表的打印预览视图。

【实验验证 7】 为报表添加分组和排序字段。修改实验验证 5，使学生信息按“学院名称”分组显示，并且先按学院名称的降序排列，再按班级的升序排列，最后按性别的降序排列，其打印预览视图和设计视图分别如图 6-9 和图 6-10 所示。保存报表名为 R7。

学生信息汇总表

外文学院	学号	姓名	性别	出生日期	党员否	省份	民族	班级
	10030114	王萍	女	2004年4月21日	☑	浙江	汉族	德语2021－1班
	10030137	刘媛媛	女	2002年8月8日	☑	江苏	汉族	德语2021－1班
	10030105	李旻明	女	2002年9月12日	☑	江苏	汉族	德语2021－1班
	10030106	李雯倩	女	2003年4月4日	☐	江苏	汉族	德语2021－1班
	10030107	卢桂芹	女	2003年7月14日	☐	江苏	汉族	德语2021－1班
	10030108	袁媛	女	2002年9月7日	☐	江苏	汉族	德语2021－1班
	10030109	张紫薇	女	2001年12月21日	☐	江苏	汉族	德语2021－1班
	10030111	何敏	女	2002年11月23日	☐	江苏	汉族	德语2021－1班

图 6-9　实验验证 7 的打印预览视图

操作步骤如下：

(1) 复制报表。将实验验证 5 创建的报表 R5 复制一份，设置报表名称为 R7。

(2) 打开报表设计视图。在导航窗格中右击报表 R7，在弹出的快捷菜单中选择“设计视图”，打开报表设计视图。

(3) 添加分组字段。单击“报表设计”选项卡中“分组和汇总”组的“分组和排序”按钮，设计视图下方出现“分组、排序和汇总”对话框；单击其中的“添加组”按钮，对话框中出现“分

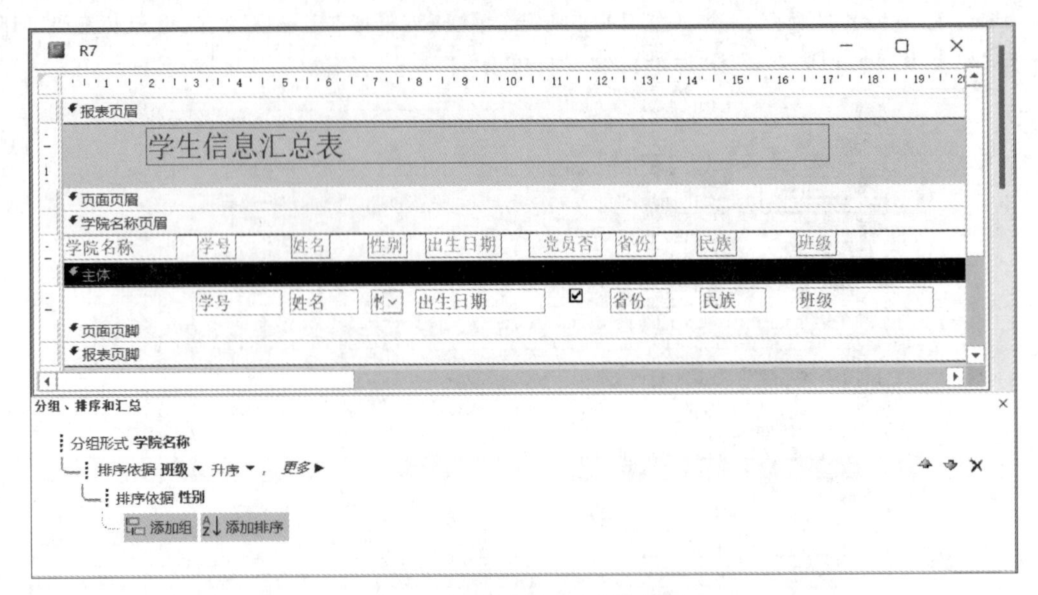

图 6-10　实验验证 7 的设计视图

组形式”矩形框，同时显示一个下拉列表框用于选择分组字段。此处选择学院名称字段，此时，报表设计视图中增加了“学院名称页眉”节。

(4) 设置“学院名称页眉”节。如图 6-10 所示，将“页面页眉”节中的“学院名称”标签删除，其余表示字段名称的标签全部剪切至“学院名称页眉”节；将“主体”节中的“学院名称”文本框剪切至“学院名称页眉”节。

(5) 添加排序字段。如图 6-10 所示，将“分组、排序和汇总”对话框中学院名称字段的排序方式设置为“降序”，然后单击“添加排序”按钮依次添加班级和性别字段，并按题目要求设置排序顺序。

(6) 切换到报表的打印预览视图查看设置效果。

(7) 保存报表。

【实验验证 8】 使用“报表设计”按钮创建报表。使用报表设计视图创建如图 6-11 所示的报表，其设计视图如图 6-12 所示，显示每个学生的各门课程成绩，并统计输出每个学生的总分、平均分、最高分和最低分。保存报表名为 R8。

说明：从输出内容看，学号、姓名和班级字段来自学生表，课程编号、课程名称、课程性质字段来自课程表，成绩字段来自选课表。可以先建立一个查询，得到以上各个字段，再基于此查询建立报表。

实验步骤如下：

(1) 建立查询。基于学生、选课和课程表建立“R8 数据源”查询，得到学号、姓名、班级、课程编号、课程名称、课程性质和成绩字段。

(2) 打开报表设计视图。选择“创建”选项卡，单击“报表”组中的“报表设计”按钮，打开报表设计视图。

(3) 设置报表的数据源。在“属性表”对话框中选择“报表”对象，设置“数据”选项卡的“记录源”属性为“R8 数据源”。

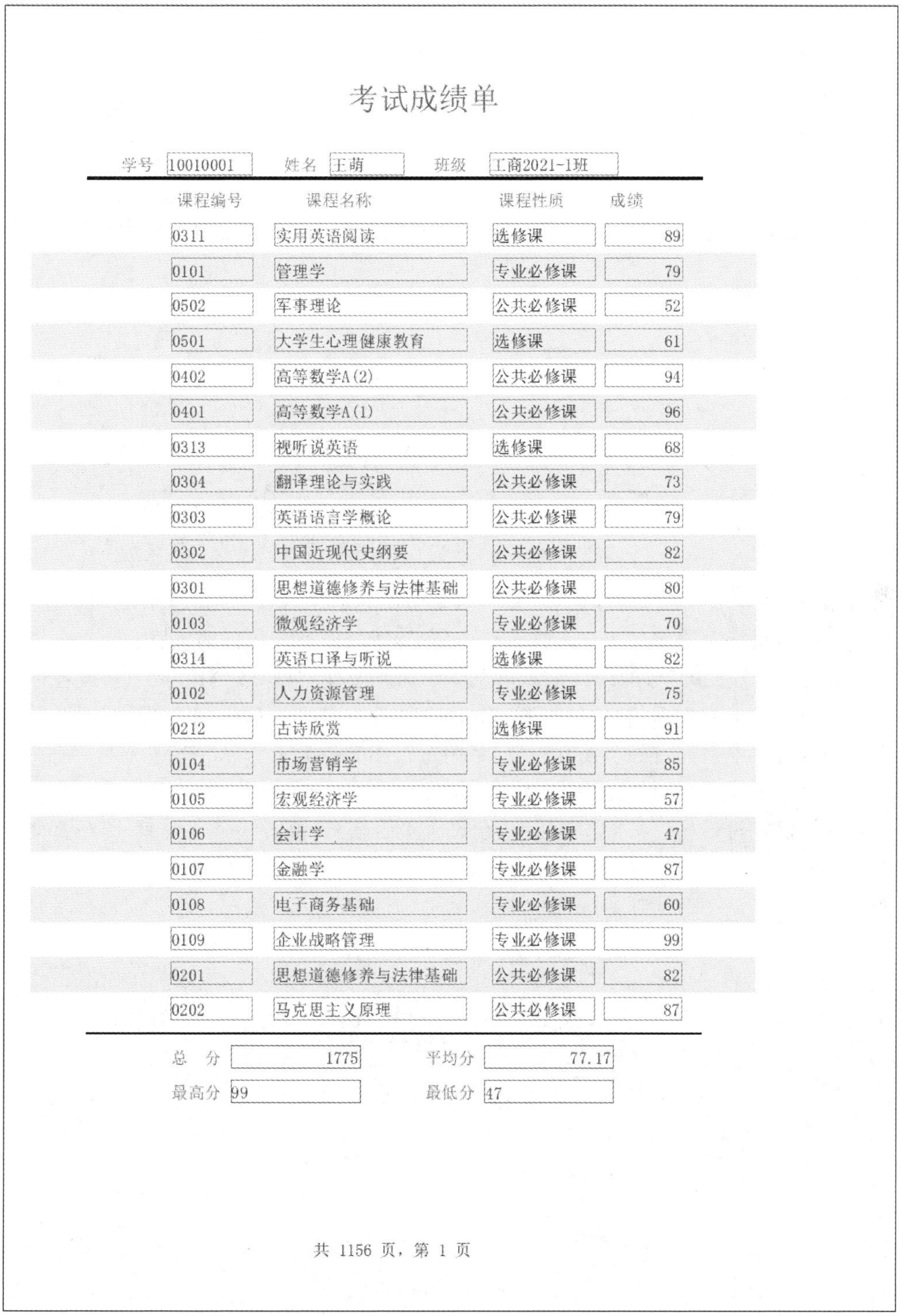

考试成绩单

学号 10010001 姓名 王萌 班级 工商2021-1班

课程编号	课程名称	课程性质	成绩
0311	实用英语阅读	选修课	89
0101	管理学	专业必修课	79
0502	军事理论	公共必修课	52
0501	大学生心理健康教育	选修课	61
0402	高等数学A(2)	公共必修课	94
0401	高等数学A(1)	公共必修课	96
0313	视听说英语	选修课	68
0304	翻译理论与实践	公共必修课	73
0303	英语语言学概论	公共必修课	79
0302	中国近现代史纲要	公共必修课	82
0301	思想道德修养与法律基础	公共必修课	80
0103	微观经济学	专业必修课	70
0314	英语口译与听说	选修课	82
0102	人力资源管理	专业必修课	75
0212	古诗欣赏	选修课	91
0104	市场营销学	专业必修课	85
0105	宏观经济学	专业必修课	57
0106	会计学	专业必修课	47
0107	金融学	专业必修课	87
0108	电子商务基础	专业必修课	60
0109	企业战略管理	专业必修课	99
0201	思想道德修养与法律基础	公共必修课	82
0202	马克思主义原理	公共必修课	87

总　分 1775　　平均分 77.17

最高分 99　　最低分 47

共 1156 页，第 1 页

图 6-11　实验验证 8 的打印预览视图

(4) 设置分组字段。在“分组、排序和汇总”对话框中添加分组字段“学号”，并单击“更多”按钮，设置“将整个组放在同一页上”“有页脚节”。

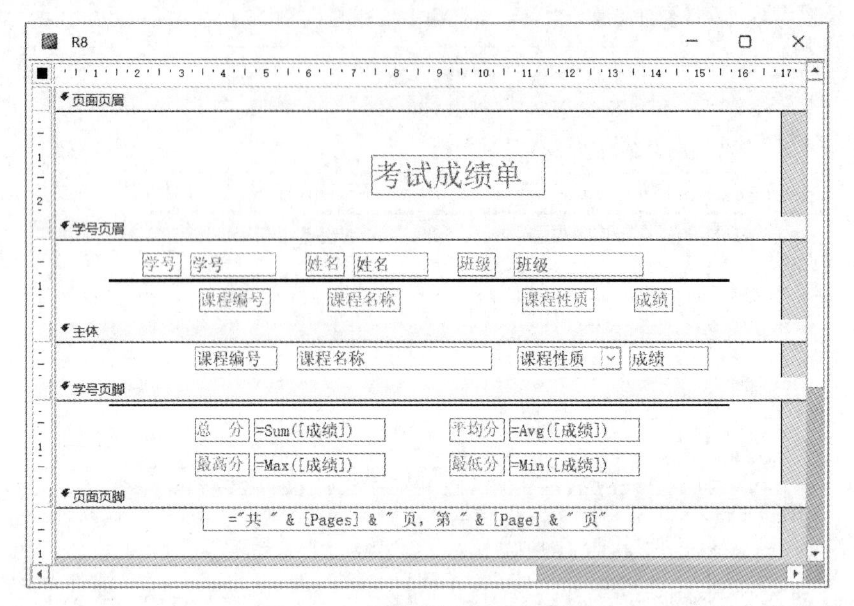

图 6-12 实验验证 8 的设计视图

(5) 设置“页面页眉”、“学号页眉”和“主体”节的内容。如图 6-12 所示，从“字段列表”对话框中，按住鼠标左键将各个字段拖至相应节，并适当调整各控件的位置和大小。

(6) 设置“学号页脚”节的统计汇总信息。添加 4 个文本框，按照图 6-12 修改各标签内容，并依次设置各个文本框的“控件来源”属性，以统计该学生的总分、平均分、最高分和最低分，其中平均分文本框的“格式”属性设置为“固定”，小数位数设置为“2”。

(7) 在“页面页脚”节添加页码。选择“报表设计”选项卡，单击“页眉/页脚”组的“页码”按钮，打开“页码”对话框。按照图 6-13 所示设置页码信息，单击“确定”按钮，则在页面页脚节添加了一个页码文本框。按照图 6-12 所示调整文本框中的页码的显示形式。

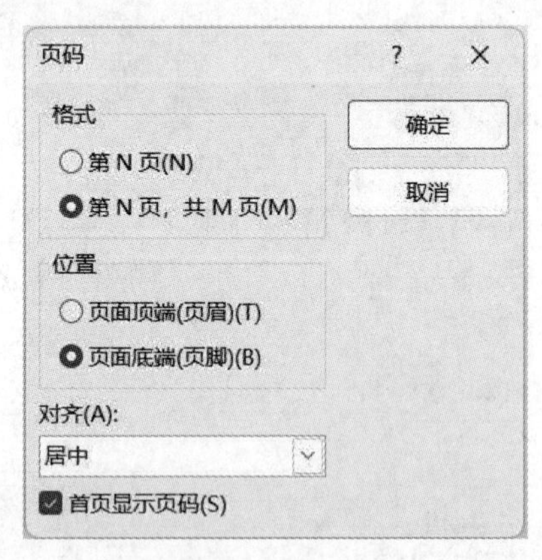

图 6-13 添加页码

(8) 设置“页面页眉”节。在“页面页眉”节添加一个标签控件，设置标签内容为“考试成绩单”，在“属性表”对话框中设置标签的字号为“20”，适当调整标签控件的大小和位置。

(9) 保存报表名称为 R8。

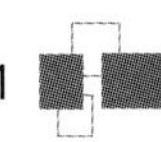

【实验验证 9】 使用报表设计视图修改报表。在报表设计视图中为实验验证 1 建立的报表插入“所选课程”子报表，显示每个学生的选课情况，如图 6-14 所示。保存报表名为 R9。

学生选课信息汇总 2023年10月5日 18:05:24

学号	姓名	性别	出生日期	党员否	省份	民族	班级	照片	学院编号
10010001	王萌	女	2001年9月21日	□	河北	汉族	工商2021-1班		01

所选课程

学号	课程编号	课程名称	课程性质	学时	学分	学期
10010001	0101	管理学	专业必修课	40	2	1
10010001	0102	人力资源管理	专业必修课	40	2	2
10010001	0103	微观经济学	专业必修课	40	2	2
10010001	0104	市场营销学	专业必修课	40	2	2
10010001	0105	宏观经济学	专业必修课	40	2	3
10010001	0106	会计学	专业必修课	40	2	2
10010001	0107	金融学	专业必修课	40	2	3
10010001	0108	电子商务基础	专业必修课	40	2	4
10010001	0109	企业战略管理	专业必修课	40	2	4
10010001	0201	思想道德修养与法律	公共必修课	40	3	1
10010001	0202	马克思主义原理	公共必修课	40	3	3
10010001	0212	古诗欣赏	选修课	32	2	1
10010001	0301	思想道德修养与法律	公共必修课	48	4	1
10010001	0302	中国近现代史纲要	公共必修课	32	2	2
10010001	0303	英语语言学概论	公共必修课	48	3	3
10010001	0304	翻译理论与实践	公共必修课	48	3	4
10010001	0311	实用英语阅读	选修课	32	2	1
10010001	0313	视听说英语	选修课	32	2	2
10010001	0314	英语口译与听说	选修课	32	2	2
10010001	0401	高等数学A(1)	公共必修课	32	1	1
10010001	0402	高等数学A(2)	公共必修课	32	1	2
10010001	0501	大学生心理健康教育	选修课	16	1	1
10010001	0502	军事理论	公共必修课	40	2	2

共 942 页，第 1 页

图 6-14 实验验证 9 的打印预览视图

实验步骤如下：

(1) 复制报表。将实验验证 1 创建的报表 R1 复制一份，保存报表名称为“R9”。

(2) 打开报表设计视图，修改报表布局。在导航窗格中右击报表 R9，在弹出的快捷菜单中选择“设计视图”，打开报表的设计视图，按照图 6-14 所示的效果适当调整报表中各控件的位置和大小。

(3) 打开“子报表向导”对话框。首先使“报表设计”选项卡下“控件”组中的“使用控件向导”按钮呈选中状态；然后选择“子窗体/子报表”控件，在报表设计视图的“主体”节，单击鼠标左键，添加一个带标签的子报表；同时弹出“子报表向导”对话框，选择“使用现有的表和查询”，单击“下一步”按钮。

（4）确定子报表需要的表和字段。选择选课表中的学号字段和课程表中的课程编号、课程名称、课程性质、学时、学分和学期字段，单击“下一步”按钮。

（5）确定主报表到子报表的链接字段。选择“从列表中选择”，通过学号字段将主报表和子报表链接起来，单击“下一步”按钮。

（6）指定子报表的名称。指定子报表的名称为“所选课程”，单击“完成”按钮，子报表添加完毕，在导航窗格的“报表”对象组中增加了一个名称为“所选课程”的子报表。在报表 R9 的设计视图中适当调整子报表控件及其标签控件的大小和位置。

（7）修改报表标题。将“报表页眉”节中的标题修改为“学生选课信息汇总”。

（8）保存报表。

二、实验设计

【实验设计 1】 使用“空报表”按钮创建报表，显示课程表中所有课程的课程编号、课程名称、课程性质、学时、学分和学期字段。报表的打印预览视图如图 6-15 所示，保存报表名为 RD1。

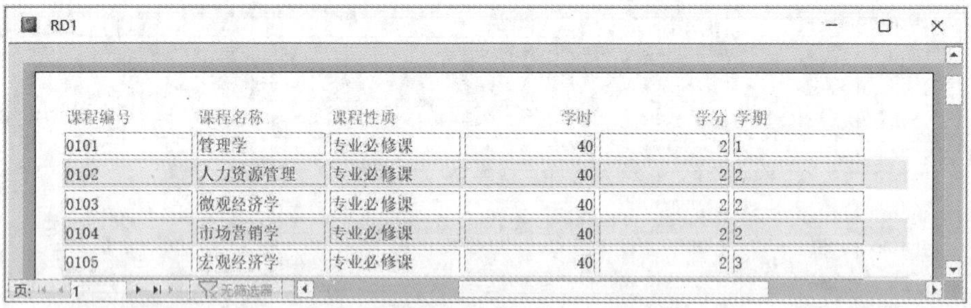

RD1

课程编号	课程名称	课程性质	学时	学分	学期
0101	管理学	专业必修课	40	2	1
0102	人力资源管理	专业必修课	40	2	2
0103	微观经济学	专业必修课	40	2	2
0104	市场营销学	专业必修课	40	2	2
0105	宏观经济学	专业必修课	40	2	3

页: 1 无筛选器

图 6-15 实验设计 1 的打印预览视图

实验提示：

（1）通过“空报表”按钮创建报表。

（2）添加字段。从界面右侧“字段列表”窗格中选择课程表中的相应字段添加到报表中。

（3）调整布局。在报表的布局视图中，适当调整各字段列的宽度。

（4）预览报表。切换到“打印预览”视图，预览报表的打印效果。

（5）保存报表。保存报表名为 RD1。

【实验设计 2】 使用“报表向导”按钮创建报表。使用报表向导创建基于教师表的报表，要求以学院编号和学历字段分组显示教师的工号、姓名、性别、出生日期、工作日期、职称和工资，并按工号字段的升序排列。报表的打印预览视图如图 6-16 所示，保存报表名为 RD2。

实验提示：

（1）通过“报表向导”按钮创建报表，打开“报表向导”对话框。

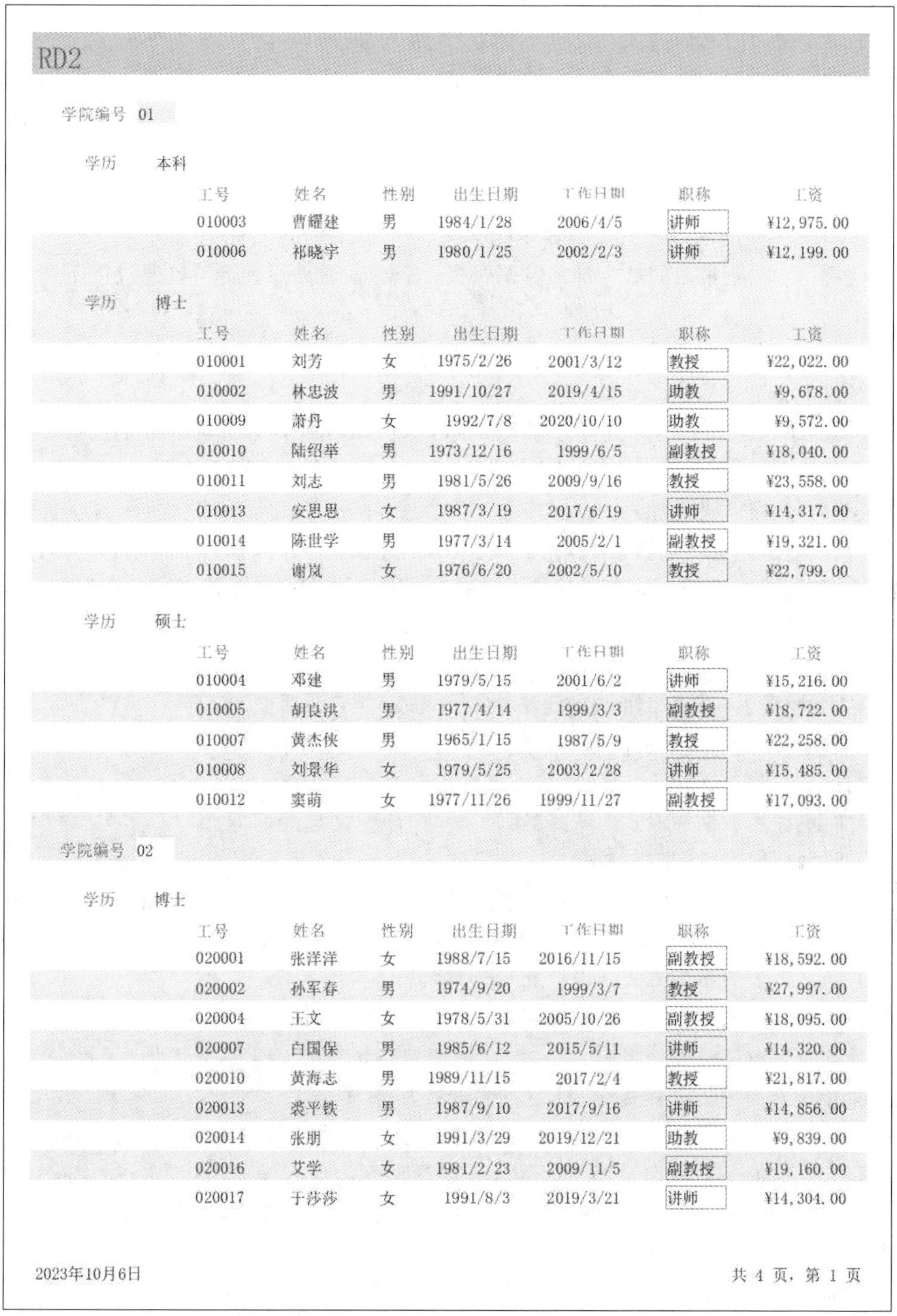

RD2

学院编号 01

学历 本科

工号	姓名	性别	出生日期	工作日期	职称	工资
010003	曹耀建	男	1984/1/28	2006/4/5	讲师	¥12,975.00
010006	祁晓宇	男	1980/1/25	2002/2/3	讲师	¥12,199.00

学历 博士

工号	姓名	性别	出生日期	工作日期	职称	工资
010001	刘芳	女	1975/2/26	2001/3/12	教授	¥22,022.00
010002	林忠波	男	1991/10/27	2019/4/15	助教	¥9,678.00
010009	萧丹	女	1992/7/8	2020/10/10	助教	¥9,572.00
010010	陆绍举	男	1973/12/16	1999/6/5	副教授	¥18,040.00
010011	刘志	男	1981/5/26	2009/9/16	教授	¥23,558.00
010013	安思思	女	1987/3/19	2017/6/19	讲师	¥14,317.00
010014	陈世学	男	1977/3/14	2005/2/1	副教授	¥19,321.00
010015	谢岚	女	1976/6/20	2002/5/10	教授	¥22,799.00

学历 硕士

工号	姓名	性别	出生日期	工作日期	职称	工资
010004	邓建	男	1979/5/15	2001/6/2	讲师	¥15,216.00
010005	胡良洪	男	1977/4/14	1999/3/3	副教授	¥18,722.00
010007	黄杰侠	男	1965/1/15	1987/5/9	教授	¥22,258.00
010008	刘景华	女	1979/5/25	2003/2/28	讲师	¥15,485.00
010012	窦萌	女	1977/11/26	1999/11/27	副教授	¥17,093.00

学院编号 02

学历 博士

工号	姓名	性别	出生日期	工作日期	职称	工资
020001	张洋洋	女	1988/7/15	2016/11/15	副教授	¥18,592.00
020002	孙军春	男	1974/9/20	1999/3/7	教授	¥27,997.00
020004	王文	女	1978/5/31	2005/10/26	副教授	¥18,095.00
020007	白国保	男	1985/6/12	2015/5/11	讲师	¥14,320.00
020010	黄海志	男	1989/11/15	2017/2/4	教授	¥21,817.00
020013	裘平铁	男	1987/9/10	2017/9/16	讲师	¥14,856.00
020014	张朋	女	1991/3/29	2019/12/21	助教	¥9,839.00
020016	艾学	女	1981/2/23	2009/11/5	副教授	¥19,160.00
020017	于莎莎	女	1991/8/3	2019/3/21	讲师	¥14,304.00

2023年10月6日 共 4 页，第 1 页

图 6-16 实验设计 2 的报表打印预览视图

（2）添加字段。在“报表向导”对话框中，选取教师表中所需字段添加到右侧“选定字段”列表中。

（3）添加分组字段。默认按学院编号字段分组，继续添加学历字段作为分组字段。

（4）设置排序字段。按工号字段升序排列。

（5）确定报表的布局方式。设置布局为“大纲”。

（6）为报表指定标题。设置报表标题为 RD2。

（7）调整报表布局。报表向导完成后，系统自动切换到“打印预览”视图，若报表布局不合理，可切换到“布局视图”，调整各字段列的宽度和位置。

【实验设计 3】 使用“报表向导”创建报表。使用报表向导创建报表，效果同实验设计 2，但要求将其中的学院编号更改为具体的学院名称，保存报表名称为 RD3。

实验提示：本题报表的数据源涉及两张表：学院表和教师表。可以通过以下两种方法完成。

（1）先基于学院表和教师表建立查询得到学院名称、工号、姓名、性别、出生日期、工作日期、学历、职称和工资字段，再基于此查询建立报表。

（2）将 RD2 另存为 RD3 并打开报表 RD3 的设计视图，删除学院编号字段对应的标签及文本框控件，再从“字段列表”窗格中将学院名称字段添加到“学院编号页眉”节。

【实验设计 4】 使用“报表向导”按钮创建报表，按照学院名称字段分组显示各学院开设课程的课程编号、课程名称、学时和学分字段，按课程编号字段的升序排列，并统计每个学院开设课程的总学分，报表的布局方式为“递阶”，报表标题为“各学院开课情况”。报表的打印预览视图如图 6-17 所示，报表名称保存为 RD4。

实验提示：

（1）通过“报表向导”按钮创建报表，打开“报表向导”对话框。

（2）添加字段。在“报表向导”对话框中，分别从学院表和课程表中选取相应字段添加到右侧“选定字段”列表中。

（3）确定查看数据的方式。选择“通过 学院”查看数据。

（4）添加分组字段。默认按学院名称分组，直接单击“下一步”按钮。

（5）确定排序次序和汇总信息。设置按学院编号字段升序排列。单击“汇总选项…”按钮，打开“汇总选项”对话框，设置按学分字段“汇总”，显示“明细和汇总”。

（6）确定报表的布局方式。设置布局为“递阶”。

（7）为报表指定标题。设置报表标题为“各学院开课情况”。

（8）重命名报表。关闭报表，在左侧导航窗格中，右击“各学院开课情况”报表，在弹出的快捷菜单中选择“重命名”命令，将报表重命名为 RD4。

【实验设计 5】 使用“报表向导”按钮创建报表。使用报表向导创建教师授课情况汇总报表，显示教师的工号、姓名、性别、职称及其讲授课程的课程编号、课程名称、课程性质、学时和学分，按课程编号字段的升序排列，并统计每个教师的授课总学时数。报表的打印预览视图如图 6-18 所示，保存报表名为 RD5。

实验提示：

（1）通过“报表向导”按钮创建报表，打开“报表向导”对话框。

（2）添加字段。在“报表向导”对话框中，分别从教师表和课程表中选取相应字段添加到右侧“选定字段”列表中。

（3）确定查看数据的方式。选择“通过 教师”查看数据。

（4）添加分组字段。直接单击“下一步”按钮。

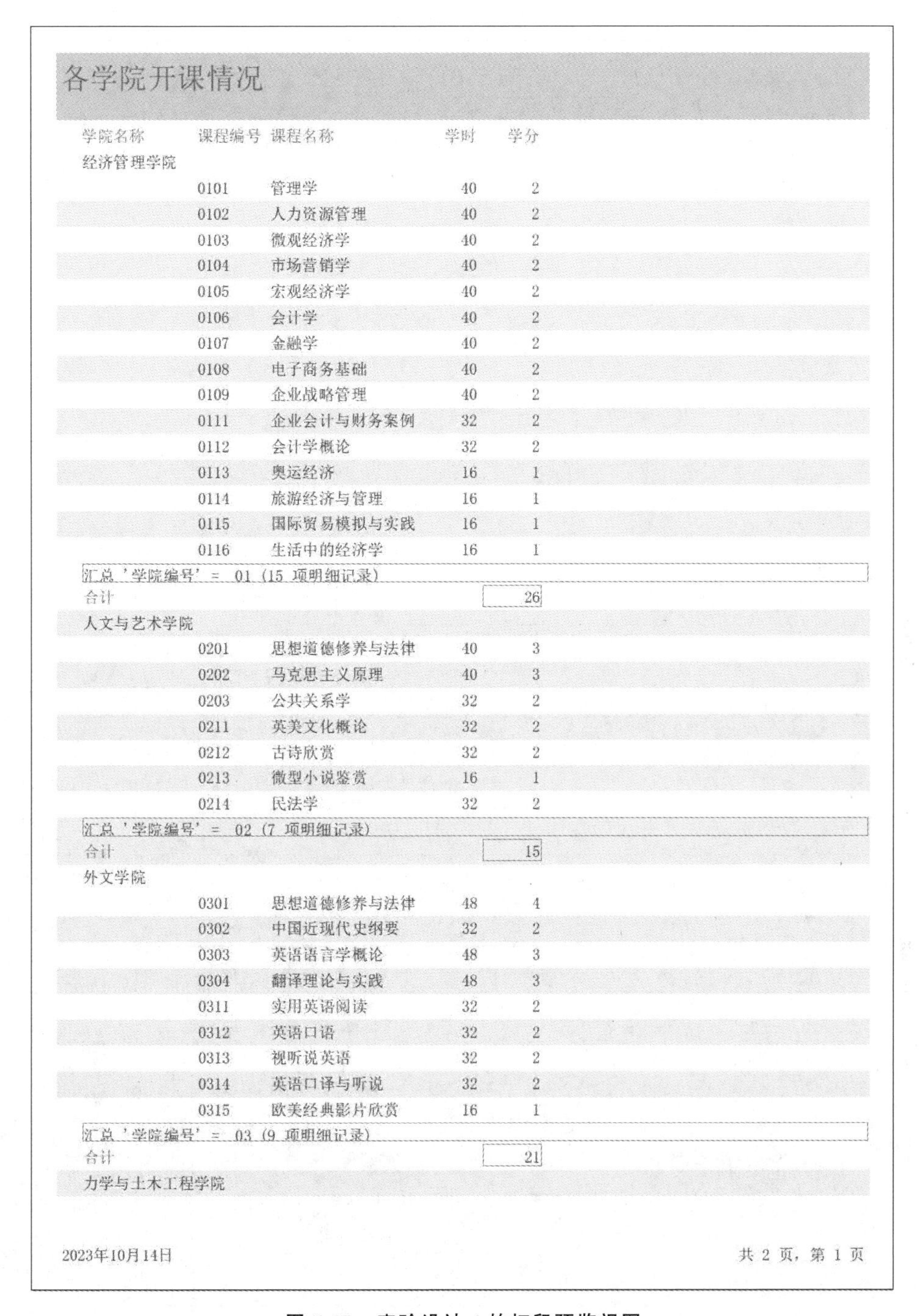

各学院开课情况

学院名称	课程编号	课程名称	学时	学分
经济管理学院				
	0101	管理学	40	2
	0102	人力资源管理	40	2
	0103	微观经济学	40	2
	0104	市场营销学	40	2
	0105	宏观经济学	40	2
	0106	会计学	40	2
	0107	金融学	40	2
	0108	电子商务基础	40	2
	0109	企业战略管理	40	2
	0111	企业会计与财务案例	32	2
	0112	会计学概论	32	2
	0113	奥运经济	16	1
	0114	旅游经济与管理	16	1
	0115	国际贸易模拟与实践	16	1
	0116	生活中的经济学	16	1
汇总 '学院编号' = 01 (15 项明细记录)				
合计				26
人文与艺术学院				
	0201	思想道德修养与法律	40	3
	0202	马克思主义原理	40	3
	0203	公共关系学	32	2
	0211	英美文化概论	32	2
	0212	古诗欣赏	32	2
	0213	微型小说鉴赏	16	1
	0214	民法学	32	2
汇总 '学院编号' = 02 (7 项明细记录)				
合计				15
外文学院				
	0301	思想道德修养与法律	48	4
	0302	中国近现代史纲要	32	2
	0303	英语语言学概论	48	3
	0304	翻译理论与实践	48	3
	0311	实用英语阅读	32	2
	0312	英语口语	32	2
	0313	视听说英语	32	2
	0314	英语口译与听说	32	2
	0315	欧美经典影片欣赏	16	1
汇总 '学院编号' = 03 (9 项明细记录)				
合计				21
力学与土木工程学院				

2023年10月14日　　共 2 页，第 1 页

图 6-17　实验设计 4 的打印预览视图

(5) 确定排序次序和汇总信息。设置按课程编号字段升序排列，按学时字段“汇总”。

(6) 确定报表的布局方式。设置布局为“大纲”。

(7) 为报表指定标题。设置报表的标题为 RD5。

【实验设计 6】 使用“标签”按钮创建标签报表，按学号升序显示会计学这门课程的学生成绩。报表的打印预览视图如图 6-19 所示，保存报表名为 RD6。

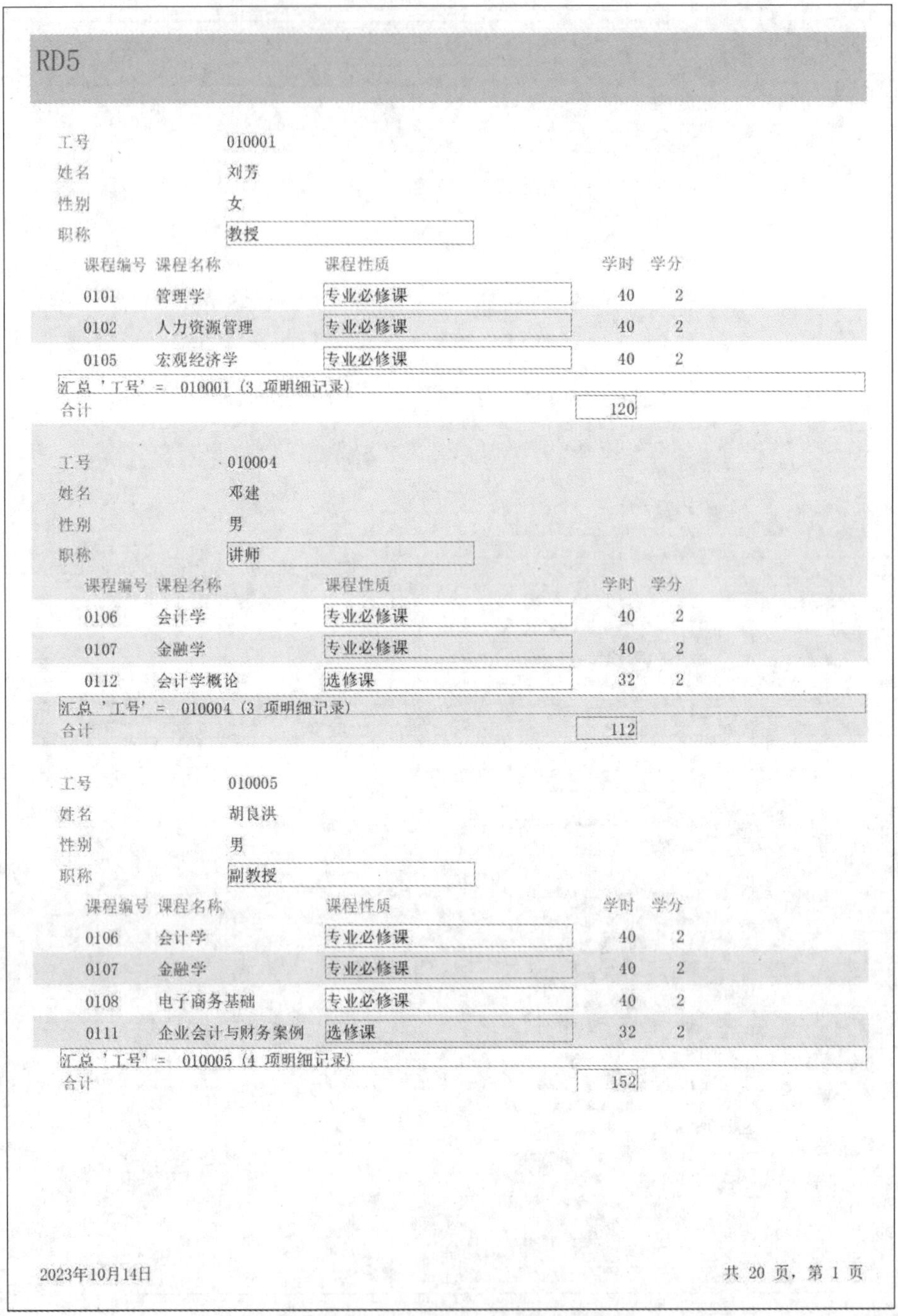

RD5

工号 010001

姓名 刘芳

性别 女

职称 教授

课程编号	课程名称	课程性质	学时	学分
0101	管理学	专业必修课	40	2
0102	人力资源管理	专业必修课	40	2
0105	宏观经济学	专业必修课	40	2

汇总 '工号' = 010001 (3 项明细记录)

合计 120

工号 010004

姓名 邓建

性别 男

职称 讲师

课程编号	课程名称	课程性质	学时	学分
0106	会计学	专业必修课	40	2
0107	金融学	专业必修课	40	2
0112	会计学概论	选修课	32	2

汇总 '工号' = 010004 (3 项明细记录)

合计 112

工号 010005

姓名 胡良洪

性别 男

职称 副教授

课程编号	课程名称	课程性质	学时	学分
0106	会计学	专业必修课	40	2
0107	金融学	专业必修课	40	2
0108	电子商务基础	专业必修课	40	2
0111	企业会计与财务案例	选修课	32	2

汇总 '工号' = 010005 (4 项明细记录)

合计 152

2023年10月14日　　共 20 页，第 1 页

图 6-18　实验设计 5 的打印预览视图

实验提示：

(1) 创建数据源查询。创建一个名为“RD6 数据源”的查询，查询选择会计学这门课程的学生的学号、姓名、班级和成绩。

(2) 先在左侧导航窗格中选中“RD6 数据源”查询，再通过“标签”按钮创建报表，打开标签向导对话框。

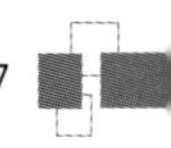

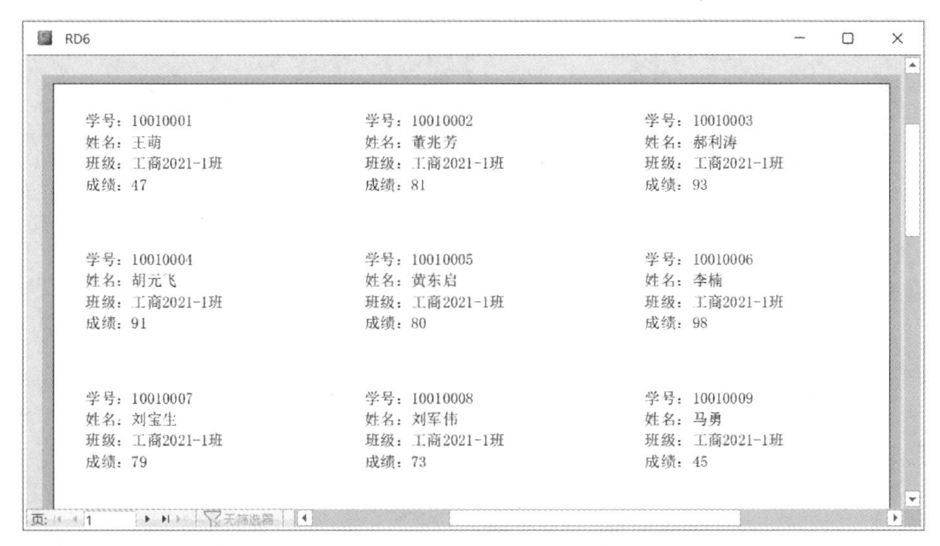

图 6-19　实验设计 6 的打印预览视图

(3) 指定标签尺寸。选择标签型号为 AE3x8。

(4) 设置文本字体和颜色。设置字体为宋体、11 号，其余使用默认值。

(5) 确定标签的显示内容。按图 6-19 所示的报表内容设计原型标签。

(6) 确定排序字段。设置按学号升序排序。

(7) 指定报表的名称。设置报表的名称为 RD6。

【实验设计 7】 使用“报表设计”按钮创建报表，输出会计学这门课程的所有选课学生的班级、学号、姓名、性别和成绩，并添加报表标题、页码和日期。报表的打印预览视图如图 6-20 所示，保存报表名为 RD7。

实验提示：

(1) 创建数据源查询。创建一个名为“RD7 数据源”的查询，查询选择会计学这门课程的学生的班级、学号、姓名、性别和成绩。

(2) 通过“报表设计”按钮创建报表，打开报表设计视图。

(3) 选择“报表设计”选项卡，单击“工具”组中的“属性表”按钮，打开“属性表”窗格，在其中设置报表的记录源为“RD7 数据源”查询。

(4) 单击“工具组”中的“添加现有字段”按钮，打开“字段列表”窗格，此时“字段列表”窗格仅显示报表数据源中的字段。

(5) 从“字段列表”窗格中依次把班级、学号、姓名、性别、成绩字段添加到报表主体节中，再把每个字段用于显示字段名的标签控件移动到页面页眉节。

(6) 适当调整页面页眉节和主体节中控件的大小和位置，并调整页面页眉节和主体节的高度。

(7) 选中主体节中所有控件，在“属性表”窗格中设置“边框样式”为“透明”。

(8) 在报表设计视图上右击，在弹出的快捷菜单中选择“报表页眉/页脚”，则在设计视图中显示报表页眉节和报表页脚节。

(9) 在报表页眉节添加一个标签控件，输入标签标题“《会计学》考试成绩单”，设置标签

《会计学》考试成绩单

班级	学号	姓名	性别	成绩
工商2021-1班	10010001	王萌	女	47
工商2021-1班	10010002	董兆芳	女	81
工商2021-1班	10010003	郝利涛	男	93
工商2021-1班	10010004	胡元飞	男	91
工商2021-1班	10010005	黄东启	男	80
工商2021-1班	10010006	李楠	男	98
工商2021-1班	10010007	刘宝生	男	79
工商2021-1班	10010008	刘军伟	男	73
工商2021-1班	10010009	马勇	男	45
工商2021-1班	10010010	宋志慧	女	86
工商2021-1班	10010011	王超颖	女	91
工商2021-1班	10010012	王桃	女	61
工商2021-1班	10010013	徐紫曦	女	72
工商2021-1班	10010014	于宗民	男	81
工商2021-1班	10010015	张振涛	男	91
工商2021-1班	10010016	祝闯	男	95
工商2021-1班	10010017	范海丽	女	61
工商2021-1班	10010018	郝丽红	女	83
工商2021-1班	10010019	屈丽昀	女	80
工商2021-1班	10010020	宋冬梅	女	72
工商2021-1班	10010021	孙金侠	男	49
工商2021-1班	10010022	袁俊	男	70
工商2021-1班	10010023	戴建锋	男	58
工商2021-1班	10010024	刁大浪	男	81
工商2021-1班	10010025	范家雷	男	77
工商2021-1班	10010026	范永贵	男	72
工商2021-1班	10010027	高　杰	男	53
工商2021-1班	10010028	郭　臣	男	64
工商2021-1班	10010029	金雪松	男	100
工商2021-2班	10010030	李大海	男	71
工商2021-2班	10010031	刘春雷	男	64
工商2021-2班	10010032	路世平	男	62
工商2021-2班	10010033	钱征宇	男	73
工商2021-2班	10010034	申自强	男	87
工商2021-2班	10010035	吴恒宝	男	53
工商2021-2班	10010036	吴茂森	男	97
工商2021-2班	10010037	郑洋	男	65
工商2021-2班	10010038	曹明明	男	84
工商2021-2班	10010039	陈青	女	88
工商2021-2班	10010040	陈珊	女	71
工商2021-2班	10010041	陈海霞	女	61

第 1 页，共 13 页　　　　2023年10月14日

图 6-20　实验设计 7 的打印预览视图

字号为 20，适当调整标签控件的大小和位置。

（10）在页面页脚节插入页码和日期，按图 6-20 所示设置页码格式和日期格式。

（11）保存报表，报表名称为 RD7。

（12）切换到报表的打印预览视图，查看报表设计的效果。

说明：使用“报表设计”按钮创建报表更为灵活，可以完全根据用户需求来创建报表。在设计报表时需要经常切换到打印预览视图查看报表的设计效果，再回到设计视图进行修改和调整。

【实验设计 8】 将实验设计 7 创建的报表 RD7 复制一份，重命名为 RD8。为报表 RD8 设置分组和排序，要求按照班级分组，统计每个班级的平均分和最高分以及所有学生的平均分和最高分，再依次按照班级的升序、性别的升序和成绩的降序排列。报表的打印预览视图如图 6-21 所示。

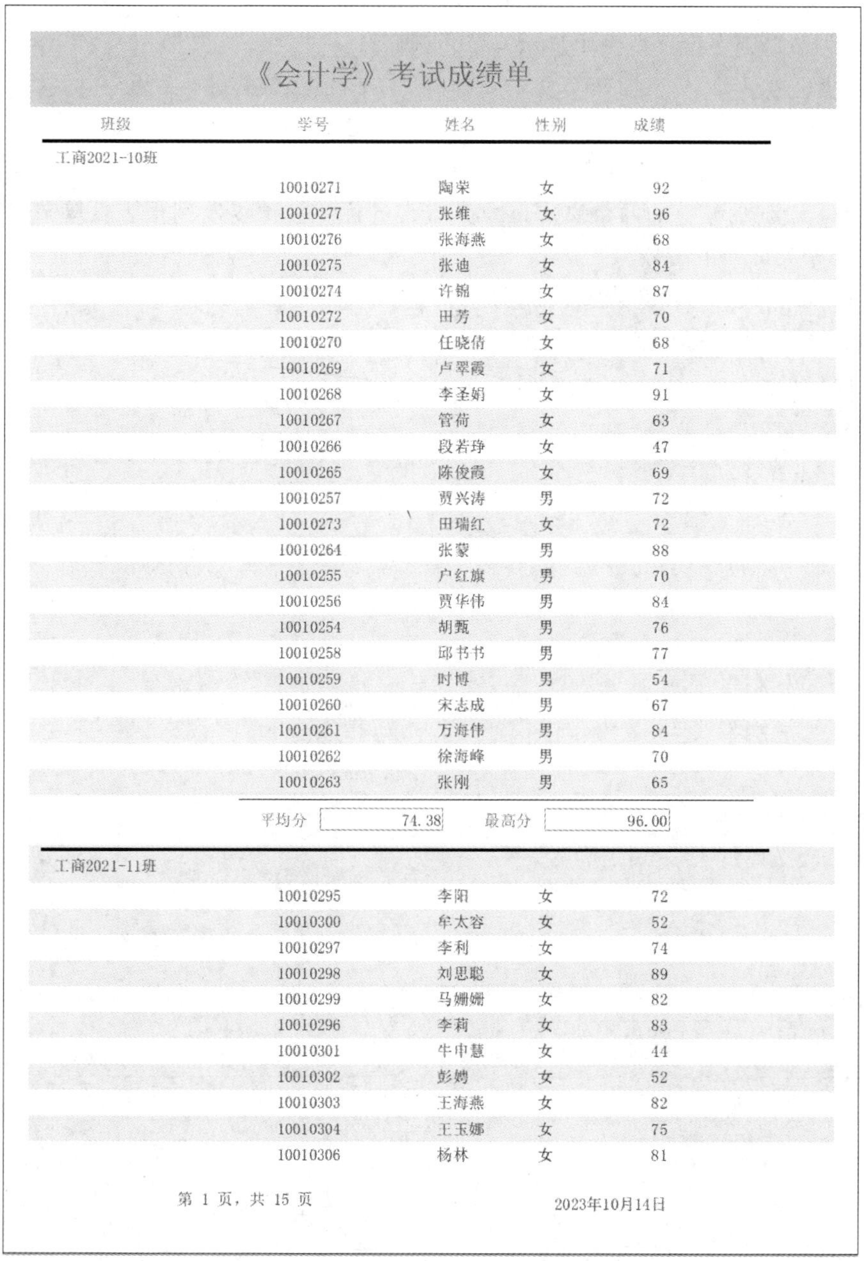

《会计学》考试成绩单

班级	学号	姓名	性别	成绩
工商2021-10班				
	10010271	陶荣	女	92
	10010277	张维	女	96
	10010276	张海燕	女	68
	10010275	张迪	女	84
	10010274	许锦	女	87
	10010272	田芳	女	70
	10010270	任晓倩	女	68
	10010269	卢翠霞	女	71
	10010268	李圣娟	女	91
	10010267	管荷	女	63
	10010266	段若琤	女	47
	10010265	陈俊霞	女	69
	10010257	贾兴涛	男	72
	10010273	田瑞红	女	72
	10010264	张蒙	男	88
	10010255	户红旗	男	70
	10010256	贾华伟	男	84
	10010254	胡甄	男	76
	10010258	邱书书	男	77
	10010259	时博	男	54
	10010260	宋志成	男	67
	10010261	万海伟	男	84
	10010262	徐海峰	男	70
	10010263	张刚	男	65
	平均分	74.38	最高分	96.00
工商2021-11班				
	10010295	李阳	女	72
	10010300	牟太容	女	52
	10010297	李利	女	74
	10010298	刘思聪	女	89
	10010299	马姗姗	女	82
	10010296	李莉	女	83
	10010301	牛中慧	女	44
	10010302	彭娉	女	52
	10010303	王海燕	女	82
	10010304	王玉娜	女	75
	10010306	杨林	女	81

第 1 页，共 15 页　　　　2023年10月14日

图 6-21　实验设计 8 的打印预览视图

实验提示：

（1）复制报表 RD7，设置新报表名称为 RD8 并打开 RD8 的报表设计视图。

（2）选择“报表设计”选项卡，单击“分组和汇总”组中的“分组和排序”按钮，打开“分组、排序和汇总”对话框。

（3）在“分组、排序和汇总”对话框中单击“添加组”按钮，设置按班级字段分组，则在设计视图中显示“班级页眉”节。

（4）把主体节中显示班级字段值的文本框移动到“班级页眉”节中。

（5）在“分组、排序和汇总”对话框中，单击“分组形式 班级”后面的“更多”，将该分组设置为“有页脚节”，则在设计视图中显示“班级页脚”节。

（6）在“班级页脚”节添加两个文本框控件，用于统计各班级的平均分和最高分。设置两个文本框的控件来源属性分别为“＝Avg([成绩])”和“＝Max([成绩])”，并将两个文本框的格式属性设置为“固定”，小数位数属性设置为“2”。

（7）把“班级页脚”节的两个文本框及其自带的标签控件复制到报表页脚节，用于统计所有学生的平均分和最高分。

（8）在“班级页眉”节和“班级页脚”节中各添加一条直线，按图 6-21 所示适当调整直线控件的边框宽度、大小和位置。

（9）保存报表。

第7章 宏

本章要求掌握创建与运行宏的方法、在窗体中调用宏的方法、条件宏的设置和子宏的创建方法，并熟悉常见的宏操作。请根据实验验证题目的要求和步骤完成实验的验证内容，并根据题目的要求完成实验设计任务。

一、实验验证

【实验验证 1】 创建宏。创建一个名为 M1 的宏，要求运行该宏时，使用可以编辑的方式打开学生表。

实验步骤如下：

（1）打开宏的设计视图。打开教学管理系统数据库，单击“创建”选项卡中“宏与代码”组的“宏”按钮，打开宏的设计视图。

（2）添加注释信息。双击界面右侧“操作目录”窗格中“程序流程”目录下的 Comment 选项，宏设计视图中出现一个矩形框，输入注释信息“打开学生表”。

（3）添加打开表操作。单击宏设计视图窗口中“添加新操作”组合框右端的下拉按钮，从下拉列表中选择宏操作 OpenTable 选项，展开 OpenTable 操作。

（4）设置参数。设置 OpenTable 操作的 3 个参数，如图 7-1 所示。

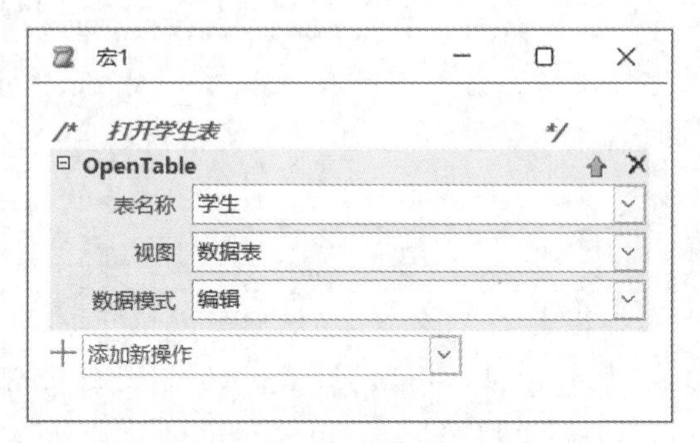

图 7-1 实验验证 1 的宏设计视图

（5）保存宏。单击快速访问工具栏的“保存”按钮，弹出“另存为”对话框。在该对话框中输入 M1，然后单击“确定”按钮。

（6）运行宏。在宏的设计视图中，单击“宏工具设计”选项卡上的运行按钮，打开学生表的数据表视图，且表中数据可以编辑。

【实验验证 2】 创建宏。创建一个名为 M2 的宏，要求运行该宏时，打开“学生基本信息”窗体，窗体中的信息只能浏览不能编辑，且只显示女学生的记录。

操作步骤如下：

（1）打开宏的设计视图。打开教学管理系统数据库，单击“创建”选项卡中“宏与代码”组的“宏”按钮，打开宏的设计视图。

（2）添加打开窗体操作。单击宏设计视图窗口中“添加新操作”组合框右端的下拉按钮，从下拉列表中选择宏操作 OpenForm 选项，展开 OpenForm 操作。

（3）设置参数。设置 OpenForm 操作的参数，如图 7-2 所示。

（4）保存宏。保存宏的名称为 M2。

（5）运行宏。

【实验验证 3】 在窗体中通过命令按钮运行宏。创建一个名为“F3”的窗体，在窗体中添加一个命令按钮，要求单击该按钮运行“实验验证 1”所创建的宏 M1。

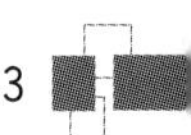

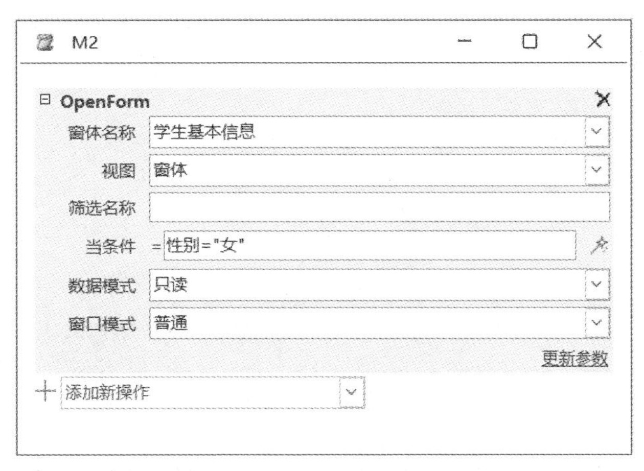

图 7-2 实验验证 2 的宏设计视图

实验步骤如下：

(1) 创建窗体。新建一个窗体，如图 7-3 所示。设置窗体的"记录选择器"属性为"否"，"导航按钮"属性为"否"，在窗体的"主体"节添加一个命令按钮，设置命令按钮的标题为"学生信息管理"。

(2) 设置命令按钮的"单击"事件。打开"属性表"窗格，选择"学生信息管理"命令按钮(其名称为 Command0)，在"事件"选项卡中"单击"事件右侧的下拉列表中选择 M1，设置结果如图 7-4 所示。

图 7-3 F3 的窗体视图

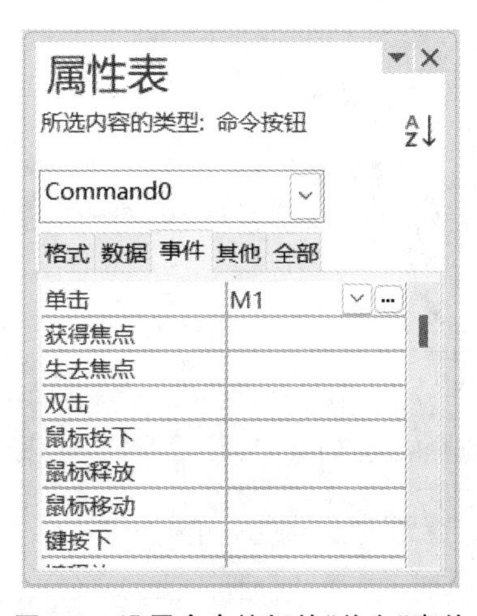

图 7-4 设置命令按钮的"单击"事件

(3) 保存窗体名称为 F3。

(4) 查看结果。运行窗体 F3，单击"学生信息管理"命令按钮，可以打开学生表并进行浏览和编辑。

【实验验证 4】 创建条件宏。创建一个名为 F4 的窗体，如图 7-5 所示。在窗体中输入一个数值后，单击"判断"按钮，判断并显示该数是正数、零还是负数。要求判断过程使用一个名为 M4 的条件宏实现。

操作步骤如下：

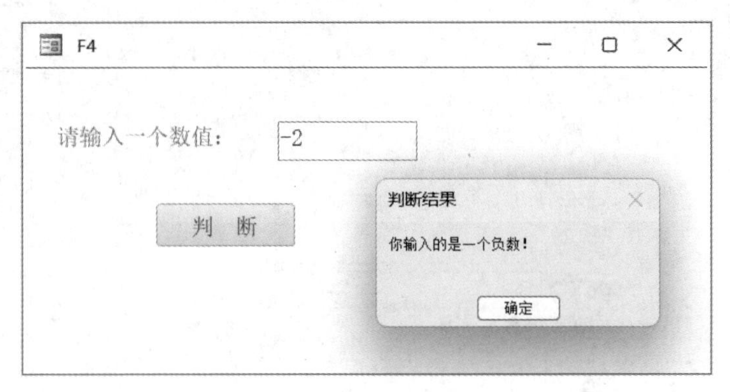

图 7-5　F4 窗体的运行结果

(1) 创建窗体。新建一个名为 F4 的窗体，设置窗体的"记录选择器"属性为"否"，"导航按钮"属性为"否"。向窗体中添加一个文本框和一个命令按钮，如图 7-5 所示，设置命令按钮的标题和文本框自带标签的标题；设置文本框的名称属性为 Text0。

(2) 创建条件宏。新建一个宏，在宏设计视图中选择宏操作 If 选项，或者双击"操作目录"对话框的"程序流程"目录中的 If 选项，展开 If 操作框。在 If 后的文本框中输入条件表达式：[Forms]![F4]![Text0]>0。然后，添加 MessageBox 宏操作，并在其"消息"框输入"你输入的是一个正数！"，"标题"框输入"判断结果"。单击 If 和 End If 之间的"添加新操作"组合框右侧的"添加 Else If"，展开 Else If 操作框，设置其余条件及满足条件时的宏操作，如图 7-6 所示，最后将该条件宏保存为 M4。

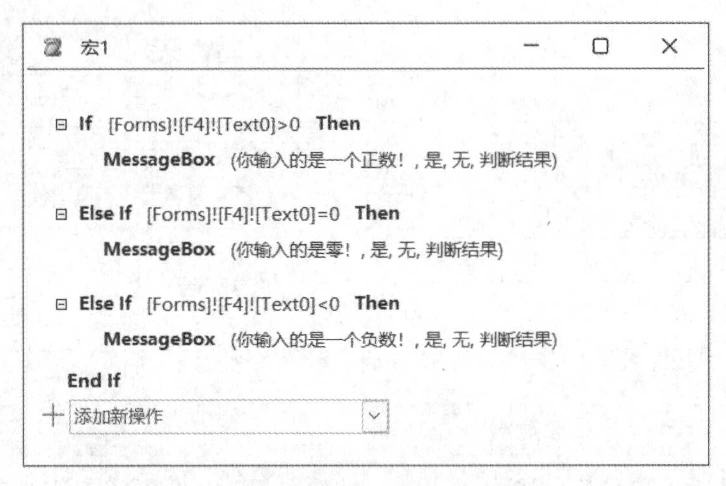

图 7-6　实验验证 4 的宏设计视图

说明：对窗体中控件的引用需要使用语法格式"Forms![窗体名]![控件名]"或者"[Forms]![窗体名]![控件名]"。

(3) 设置命令按钮的"单击"事件。在窗体 F4 的设计视图中，设置"判断"命令按钮的"单击"事件为 M4。

(4) 运行窗体。运行窗体 F4，在文本框中输入一个数值，如−2，单击"判断"按钮，运行结果如图 7-5 所示。

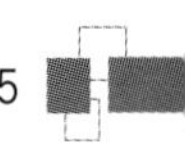

【实验验证 5】 创建条件宏。创建一个名为 F5 的窗体,如图 7-7 所示。在窗体中输入正确的口令 123456,单击“确定”按钮,关闭当前窗体,打开“教师基本信息”报表的打印预览视图;当输入的口令错误时,弹出消息框提示“口令不正确!请重新输入”;单击“确定”按钮,清除口令,文本框获得焦点,等待重新输入。要求判断口令是否正确的过程使用一个名为 M5 的条件宏实现。

图 7-7 F5 的窗体视图

操作步骤如下:

(1) 创建 F5 窗体。按照图 7-7 所示添加控件并设置相关属性,其中文本框的名称属性为 Text0,输入掩码属性为“密码”。

(2) 创建条件宏。创建名为 M5 的宏,按照图 7-8 设置条件、宏操作和操作参数。

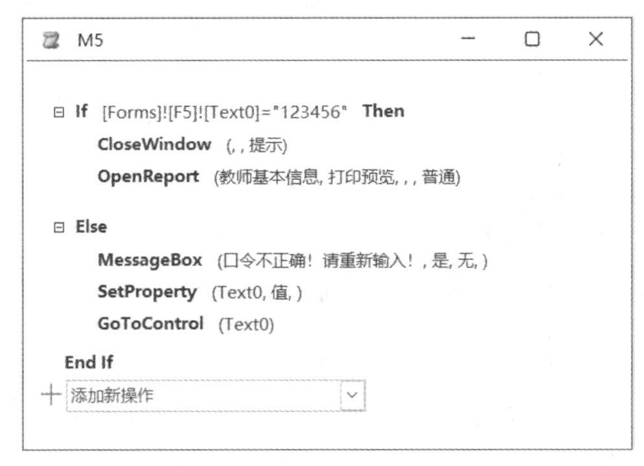

图 7-8 实验验证 5 的宏设计视图

(3) 设置命令按钮的“单击”事件。设置 F5 窗体中“确定”按钮的“单击”事件为 M5。

(4) 运行窗体。运行 F5 窗体,分别输入正确和错误的口令,查看运行结果。

【实验验证 6】 创建子宏。创建一个名为 M6 的宏,该宏由“浏览学生表”“数值判断”“关闭窗体”3 个子宏组成;并创建一个名为 F6 的窗体,在窗体中通过命令按钮分别运行 3 个子宏。

图 7-9 F6 的窗体视图

实验步骤如下:

(1) 创建窗体。创建一个名为 F6 的窗体,按照图 7-9 所示添加 3 个命令按钮,并设置命令按钮的标题属性。

(2) 创建子宏。新建一个宏,在宏设计视图中从“添加新操作”组合框中选择宏操作 Submacro 选项,或者双击“操作目录”对话框中“程序流程”目录下的 Submacro 选项,宏设计视图出现“子宏”操作框,将 Sub1 修改为“浏览学生表”,添加 OpenTable 操作并设置参数,依次添加其余子宏及操作,具体设置如图 7-10 所示。

(3) 设置命令按钮的"单击"事件。打开 F6 窗体的设计视图,分别设置各个命令按钮的"单击"事件,其中"浏览学生表"命令按钮的"单击"事件选择"M6.浏览学生表",如图 7-11 所示;"数值判断"命令按钮的"单击"事件选择"M6.数值判断";"关闭窗体"命令按钮的"单击"事件选择"M6.关闭窗体"。

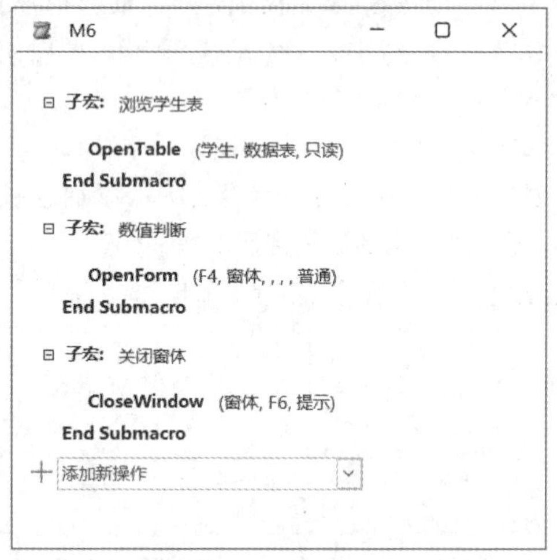

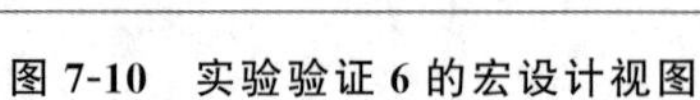
图 7-10 实验验证 6 的宏设计视图

图 7-11 "浏览学生表"命令按钮的"单击"事件

(4) 运行窗体。运行 F6 窗体,单击各个命令按钮,查看运行结果。

二、实验设计

【实验设计 1】 创建一个宏,先弹出消息框显示"浏览课程表",再以编辑方式浏览课程表,保存宏的名称为 MD1。

实验提示:

(1) 创建宏,打开宏的设计视图。

(2) 添加宏操作 MessageBox,并设置参数。

(3) 添加宏操作 OpenTable,并设置参数。

(4) 保存并运行宏。保存宏的名称为 MD1。

【实验设计 2】 创建一个宏,打开当前数据库中的"欢迎使用"窗体,保存宏的名称为 MD2。再创建如图 7-12 所示的窗体,要求单击"打开窗体"按钮,运行宏 MD2;单击"浏览数据表"按钮,运行在实验设计 1 中创建的宏 MD1,保存窗体名称为 FD2。

实验提示:

(1) 创建宏 MD2,添加宏操作 OpenForm 并设置参数。

(2) 创建窗体 FD2,按照图 7-12 所示,添加两个命令按钮,并设置相关属性。

(3) 设置窗体 FD2 中两个命令按钮的单击事件。

(4) 保存设置。

(5) 运行窗体,单击命令按钮,查看运行结果。

【实验设计 3】 创建一个窗体,运行界面如图 7-13 所示,保存窗体名称为 FD3。再创建

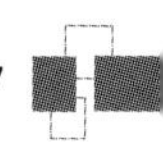

一个条件宏,根据用户在窗体的文本框中输入的数字进行奇偶数的判断。如果用户输入的是奇数,用消息框显示“你输入的是奇数”;如果是偶数,用消息框显示“你输入的是偶数”;如果不是整数,用消息框显示“你输入的不是整数”,保存宏的名称为MD3。要求当用户单击窗体上的“奇偶判断”按钮时,运行宏MD3进行判断。

图7-12　窗体FD2的运行界面

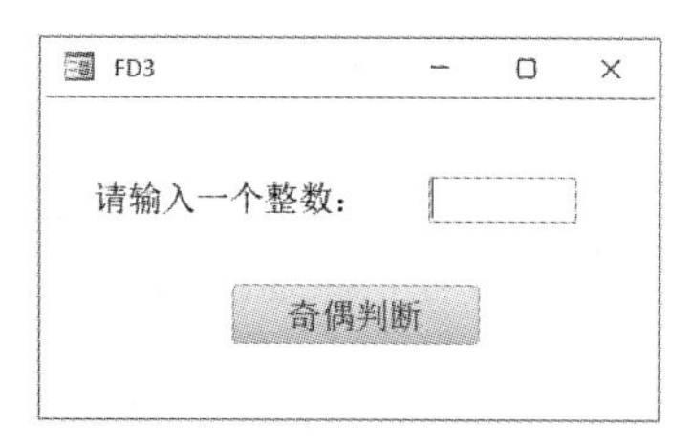

图7-13　窗体FD3的运行界面

实验提示:

(1) 创建窗体FD3,按照图7-13所示添加控件并设置相关属性,其中文本框控件的名称属性值为Text0。

(2) 创建条件宏MD3,添加宏操作If,根据题目要求设置条件及条件成立时应该执行的操作。宏MD3的设计视图如图7-14所示。

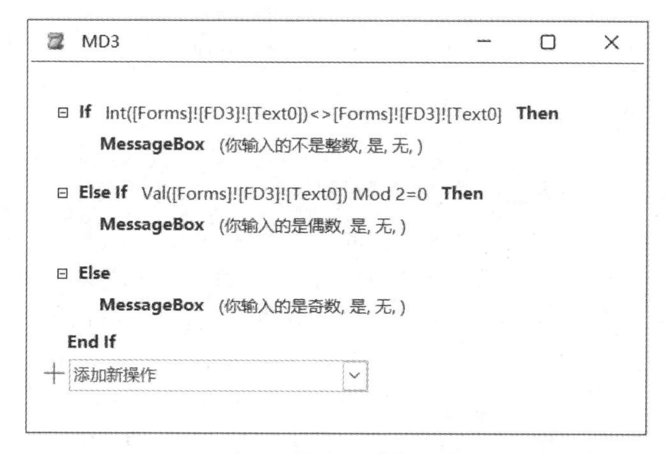

图7-14　宏MD3的设计视图

(3) 设置窗体FD3中命令按钮的单击事件。

(4) 保存设置。

(5) 运行窗体FD3,在文本框中输入数据后单击“奇偶判断”按钮,查看运行结果。

【实验设计4】 创建一个窗体FD4,其运行界面如图7-15所示。编写一个条件宏,根据用户输入的半径计算圆的周长或者圆的面积,计算结果显示在窗体上第二个文本框中,保存宏的名称为MD4。要求当用户在选项组中选择一个选项以后,运行宏MD4进行判断和计算。

实验提示:

(1) 创建窗体FD4,按照图7-15所示,添加控件并设置相关属性,其中两个文本框的名称属性分别为Text0和Text1,选项组的名称属性为Frame1。

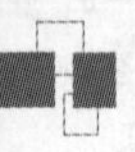

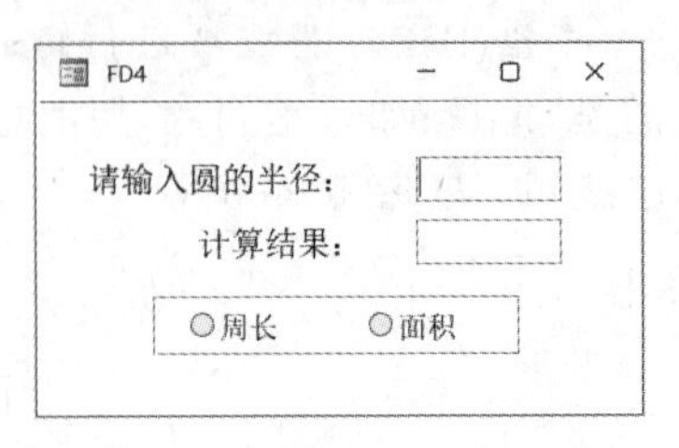

图 7-15　窗体 FD4 的运行界面

（2）创建条件宏 MD4，添加宏操作 If，根据题目要求设置条件及条件成立时应该执行的操作。宏 MD4 的设计视图如图 7-16 所示。

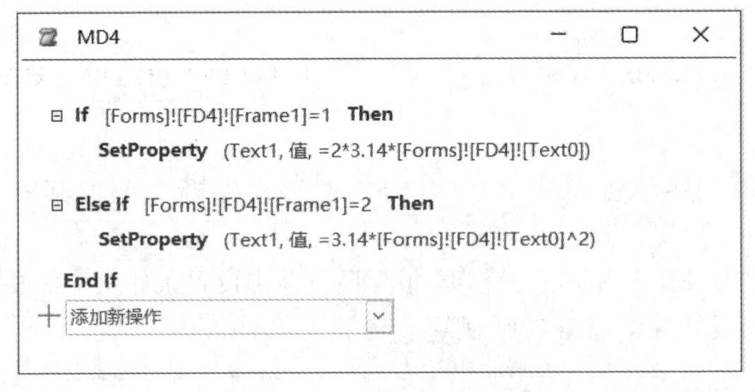

图 7-16　宏 MD4 的设计视图

（3）设置窗体 FD4 中选项组的单击事件。

（4）保存设置。

（5）运行窗体 FD4，输入圆的半径，选择周长或者面积，查看运行结果。

【实验设计 5】 创建一个宏，在其中添加 3 个子宏："浏览课程表"子宏，以只读方式浏览课程表；"打开教师窗体"子宏，打开教师信息窗体；"预览课程报表"子宏，打开课程信息报表的打印预览视图，且只显示选修课。保存宏的名称为 MD5。再创建一个如图 7-17 所示的窗体，单击窗体上的命令按钮分别运行不同的子宏，保存窗体名称为 FD5。

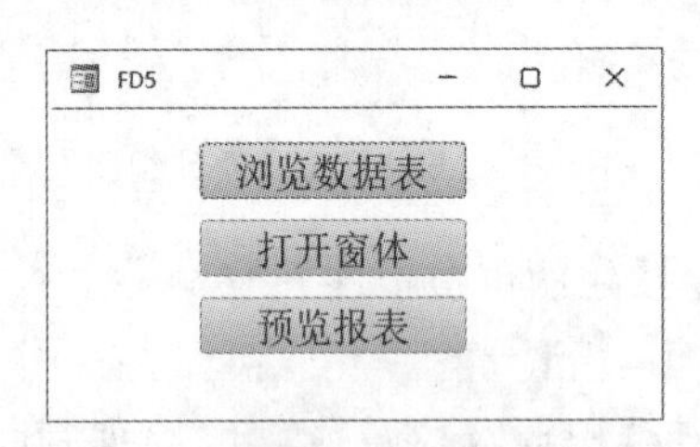

图 7-17　窗体 FD5 的运行界面

说明：本题用到的数据表、窗体、报表在实验素材数据库中均已创建。

实验提示：

（1）创建窗体 FD5，按照图 7-17 所示，添加控件并设置相关属性。

（2）创建宏 MD5，依次添加三个子宏，根据题目要求分别设置三个子宏的名称及需要执行的操作，宏 MD5 的设计视图如图 7-18 所示。

（3）设置窗体 FD5 中三个命令按钮的单击事件。

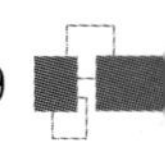

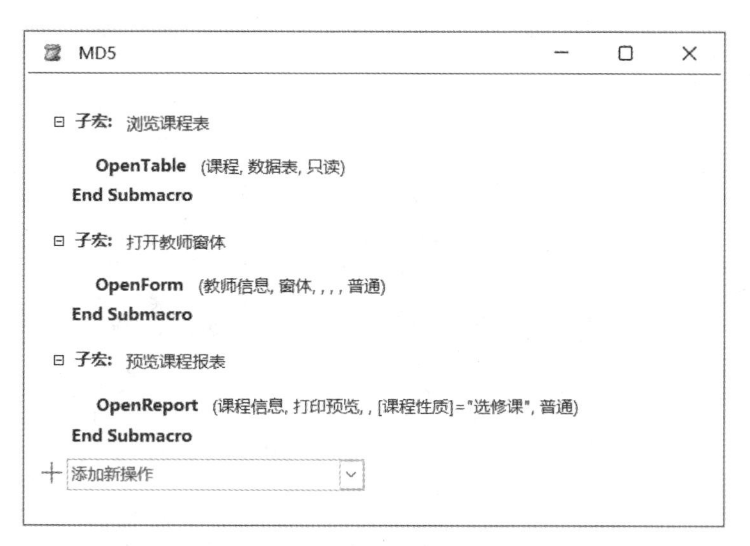

图 7-18　宏 MD5 的设计视图

(4) 保存设置。

(5) 运行窗体 FD5,分别单击三个命令按钮,查看运行结果。

第8章 数据库的安全与管理

本章要求掌握设置和撤销数据库密码的方法、压缩和修复数据库的方法、备份数据库文件和数据库对象的方法、数据的导入与导出操作。请根据实验验证题目的要求和步骤完成实验的验证内容，并根据题目的要求完成实验设计任务。

一、实验验证

【实验验证 1】 设置数据库密码。为教学管理系统数据库设置密码，要求密码不少于8位，且必须包含大小写字母和数字。

操作步骤如下：

(1) 选择数据库。启动 Access 2021，单击界面左侧的"打开"命令，再单击"浏览"命令，弹出"打开"对话框，在"打开"对话框中选择教学管理系统数据库。

(2) 选择打开数据库的方式。单击"打开"对话框中"打开"按钮右侧的下拉按钮，在弹出的下拉列表中选择"以独占方式打开"选项打开数据库，如图 8-1 所示。

图 8-1 从"打开"对话框中选择打开数据库的方式

(3) 设置密码。单击"文件"选项卡中的"信息"，然后单击"用密码进行加密"按钮，弹出"设置数据库密码"对话框，如图 8-2 所示。在"密码"框中设置密码(密码区分大小写)，然后在"验证"框中输入相同的密码进行确认，单击"确定"按钮，完成密码的设置。

(4) 验证设置结果。关闭教学管理系统数据库后重新打开，弹出"要求输入密码"对话框，输入步骤(3) 中设置的密码，单击"确定"按钮，打开"教学管理系统"数据库，说明密码设置成功。

【实验验证 2】 撤销数据库密码。撤销在实验验证 1 中为教学管理系统数据库设置的密码。

操作步骤如下：

(1) 选择数据库。启动 Access 2021，单击界面左侧的"打开"命令，再单击"浏览"命令，

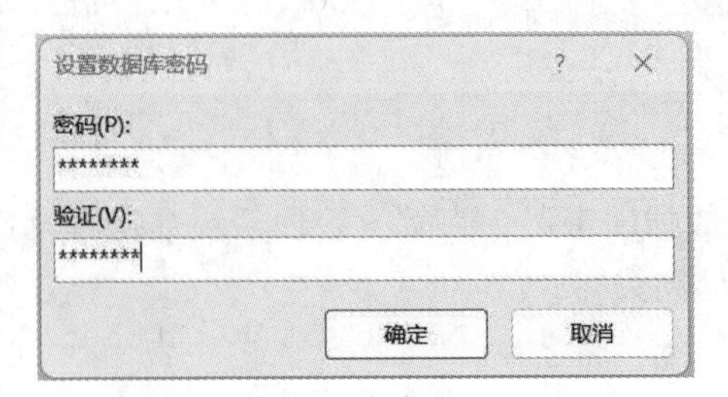

图 8-2 “设置数据库密码”对话框

弹出“打开”对话框,在“打开”对话框中选择教学管理系统数据库。

(2) 选择打开方式。单击“打开”对话框中“打开”按钮右侧的下拉按钮,在弹出的下拉列表中选择“以独占方式打开”选项打开数据库。

(3) 撤销密码。单击“文件”选项卡中的“信息”,然后单击“解密数据库”按钮,弹出“撤销数据库密码”对话框,如图 8-3 所示。在“密码”框中输入在实验验证 1 中设置的密码,单击“确定”按钮。

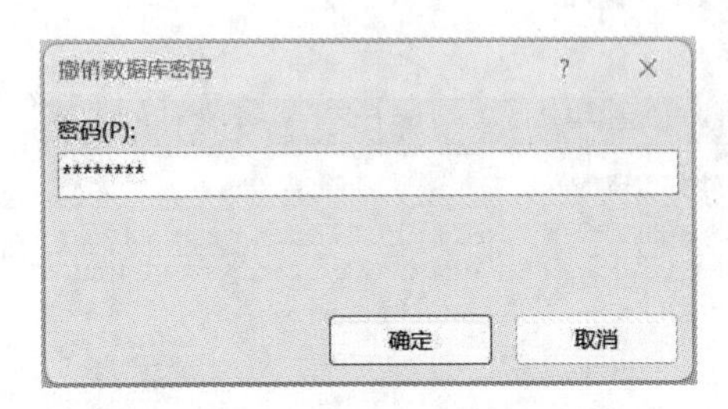

图 8-3 “撤销数据库密码”对话框

(4) 验证设置结果。关闭教学管理系统数据库后再重新打开,不再需要密码,可直接打开数据库。

【实验验证 3】 压缩和修复数据库。设置当关闭教学管理系统数据库时自动执行压缩和修复数据库的操作。

操作步骤如下:

(1) 在实验素材中将数据库文件复制一份,默认的名称为“教学管理系统-副本.accdb”。

(2) 打开教学管理系统数据库。

(3) 打开“Access 选项”对话框。单击“文件”选项卡,然后单击“选项”,弹出“Access 选项”对话框。

(4) 选中“关闭时压缩”复选框。在“Access 选项”对话框的左侧窗格中单击“当前数据库”选项,然后在右侧窗格中选中“关闭时压缩”复选框,如图 8-4 所示。单击“确定”按钮,弹出警示提示消息框,如图 8-5 所示;单击“确定”按钮。

(5) 查看压缩效果。打开教学管理系统数据库所在的文件夹,发现压缩后的“教学管理系统.accdb”文件比压缩前的“教学管理系统-副本.accdb”文件小。

【实验验证 4】 备份数据库文件。备份“教学管理系统.accdb”数据库为“备份教学管理系统.accdb”。

操作步骤如下:

(1) 打开教学管理系统数据库。

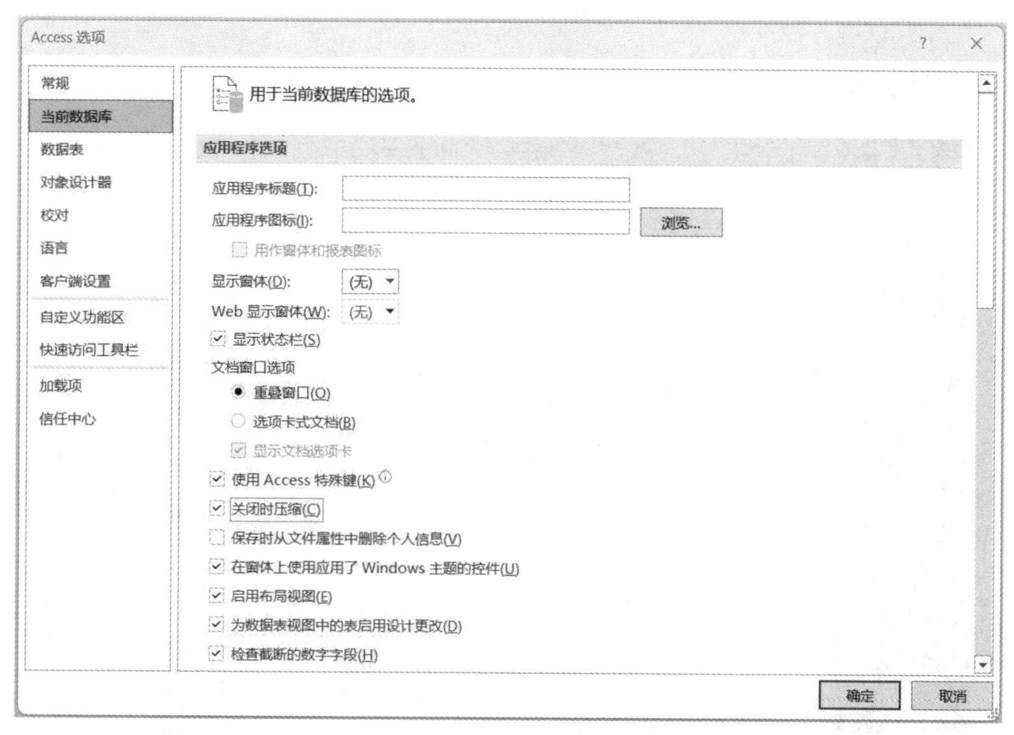

图 8-4　选中“关闭时压缩”复选框

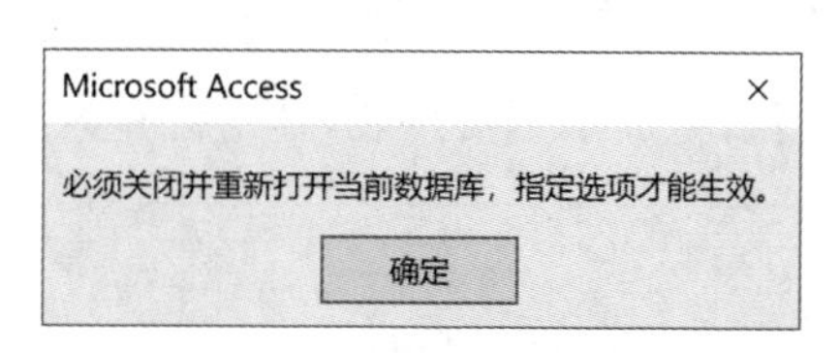

图 8-5　警示提示消息框

(2) 选择“备份数据库”选项。选择“文件”选项卡中的“另存为”选项，右侧窗格中出现“数据库另存为”选项对应的各种数据库文件类型及“高级”选项，选择“备份数据库”选项，如图 8-6 所示。

(3) 备份数据库。单击图 8-6 中的“另存为”按钮，在弹出的“另存为”对话框中，指定备份数据库的保存位置和文件名，其中，文件名默认为在原数据库文件名后加下画线和当前系统日期，本题将文件名修改为“备份教学管理系统.accdb”。单击“保存”按钮，完成数据库文件的备份。

【实验验证 5】 备份数据库对象。备份教学管理系统数据库中的学生表为学生信息表。

操作步骤如下：

(1) 打开教学管理系统数据库并双击打开其中的学生表。

(2) 备份学生表。选择“文件”选项卡“另存为”选项中的“对象另存为”选项，右侧窗格中出现“保存当前数据库对象”选项对应的各种数据库文件类型及“高级”选项，采用默认选项“将对象另存为”，如图 8-7 所示。单击“另存为”按钮，弹出“另存为”对话框，指定文件名

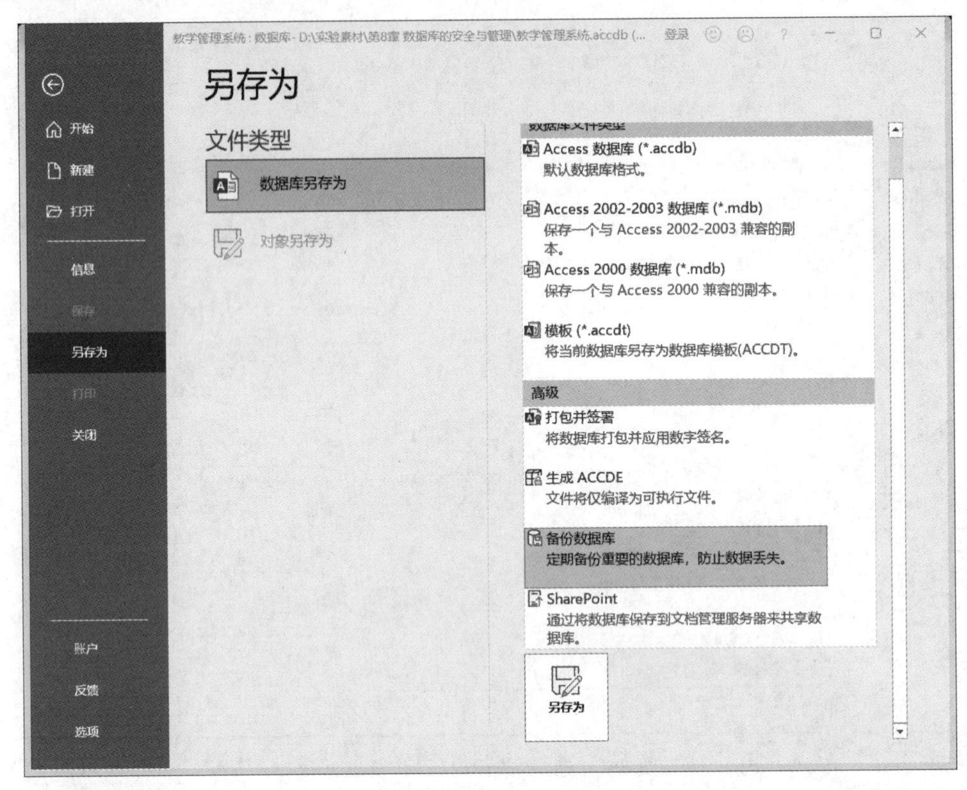

图 8-6　在"保存为"选项中选择"备份数据库"选项

为"学生信息";单击"确定"按钮,生成学生信息表,其结构和数据与学生表完全相同。

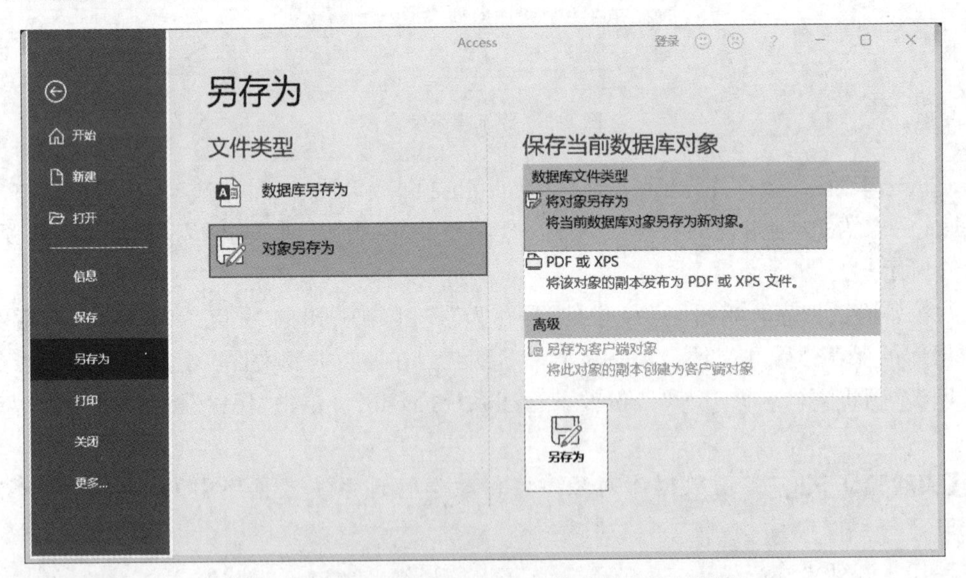

图 8-7　在"另存为"选项中选择"将对象另存为"选项

【实验验证 6】 数据的导入操作。将"研究生管理"数据库中的所有查询导入到教学管理系统数据库中。

操作步骤如下：

（1）打开要接收数据的教学管理系统数据库。

（2）打开“获取外部数据-Access数据库”对话框。单击“外部数据”选项卡中“导入并链接”组的“新数据源”下拉按钮，如图8-8所示。在弹出的下拉列表中选择“从数据库”→Access选项，打开“获取外部数据-Access数据库”对话框。

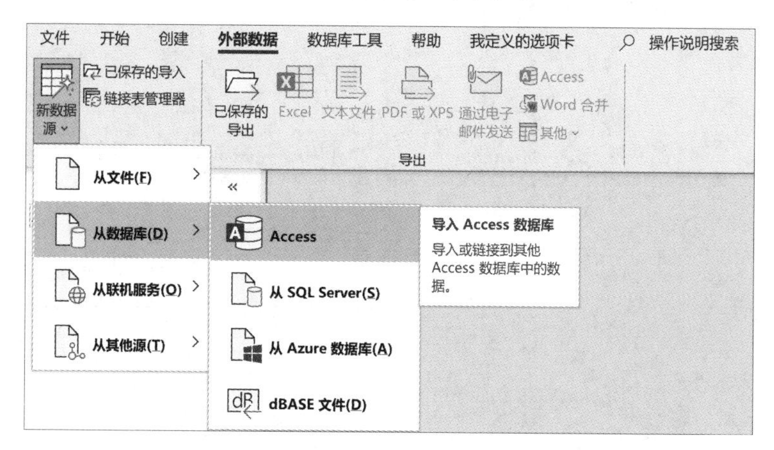

图8-8　在“外部数据”选项卡中选择Access数据库为新数据源

（3）指定数据源。单击“获取外部数据-Access数据库”对话框中的“浏览”按钮，弹出“打开”对话框，选择实验素材中的“研究生管理.mdb”文件，单击“打开”按钮，返回“获取外部数据-Access数据库”对话框，如图8-9所示，此时“指定对象定义的来源”的“文件名”文本框中显示选中文件的完整路径和文件名。数据在当前数据库中的存储方式和存储位置采用默认选项“将表、查询、窗体、报表、宏和模块导入当前数据库”。

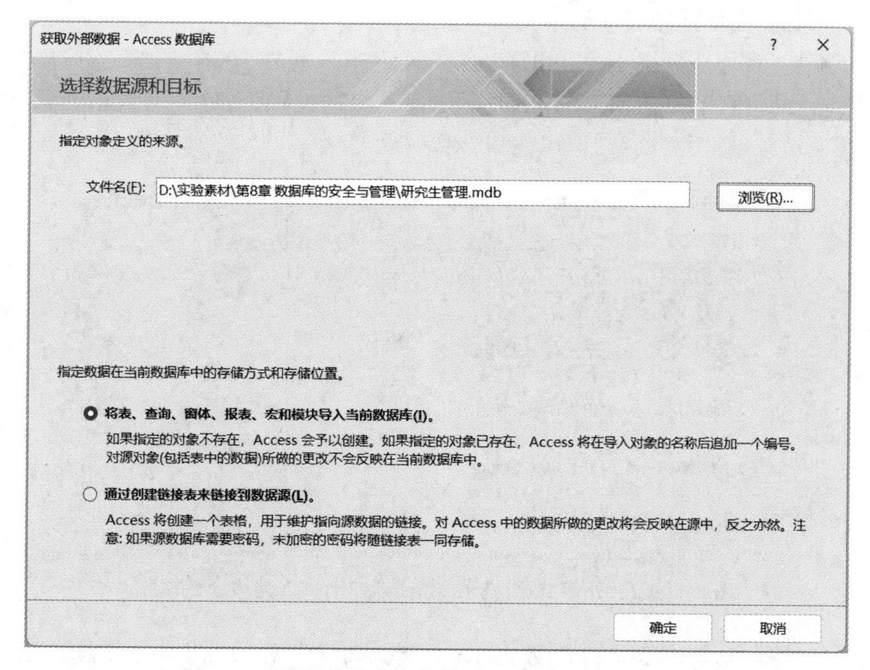

图8-9　设置“获取外部数据-Access数据库”对话框

(4) 导入对象。单击“获取外部数据-Access 数据库”对话框中的“确定”按钮，弹出“导入对象”对话框，选择“查询”选项卡，单击“全选”按钮选中“研究生管理”数据库中所有的查询对象，如图 8-10 所示。单击“确定”按钮，返回“获取外部数据-Access 数据库”对话框，提示“已成功导入所有对象”，单击“关闭”按钮，完成导入。

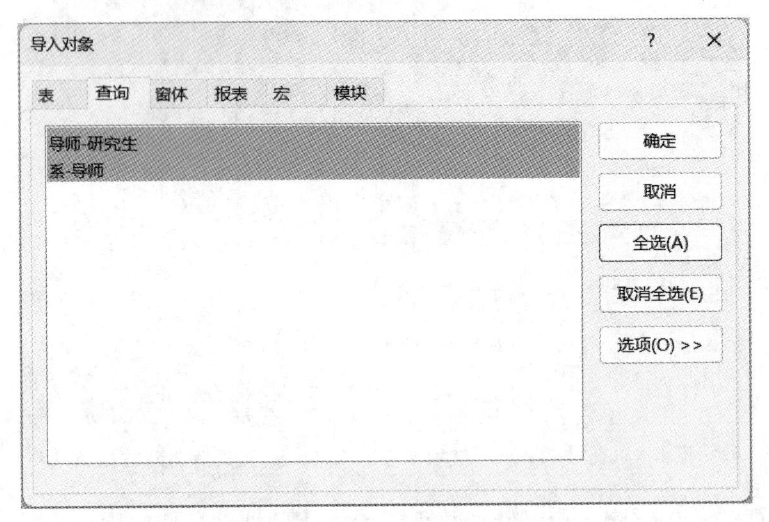

图 8-10　设置“导入对象”对话框

【实验验证 7】 数据的导入操作。将 Excel 文件“学生成绩表.xls”导入教学管理系统数据库中，命名为“Access 数据库应用技术成绩表”。

操作步骤如下：

(1) 打开要接收数据的教学管理系统数据库。

(2) 打开“获取外部数据-Excel 电子表格”对话框。单击“外部数据”选项卡中“导入并链接”组的“新数据源”下拉按钮，在弹出的下拉列表中选择“从文件”→Excel 选项，如图 8-11 所示，打开“获取外部数据-Excel 电子表格”对话框。

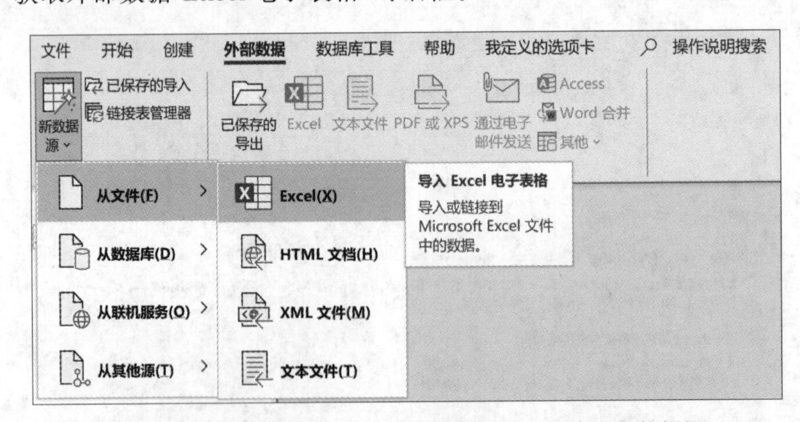

图 8-11　在“外部数据”选项卡中选择 Excel 文件为新数据源

(3) 指定数据源。在“获取外部数据-Excel 电子表格”对话框中单击“浏览”按钮，弹出“打开”对话框，在实验素材中选择文件“学生成绩表.xls”作为数据源；单击“确定”按钮，返回“获取外部数据-Excel 电子表格”对话框，如图 8-12 所示。数据在当前数据库中的存储方式和存储位置采用默认选项“将源数据导入当前数据库的新表中”，单击“确定”按钮，弹出“导入数据表向导”对话框。

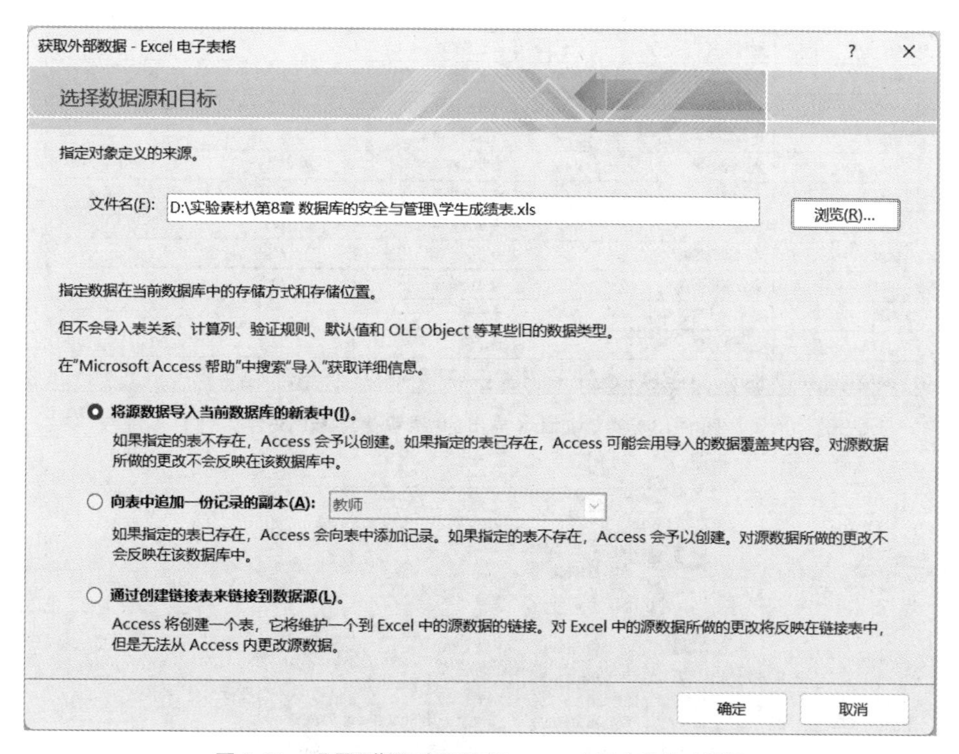

图 8-12　设置“获取外部数据-Excel 电子表格”对话框

(4) 指定列标题。在“导入数据表向导”对话框中，默认选中“第一行包含列标题”，单击“下一步”按钮。

(5) 选择导入的字段。默认导入全部字段，单击“下一步”按钮。

(6) 定义主键。选择“我自己选择主键”选项，并将“学号”字段作为表的主键，单击“下一步”按钮。

(7) 指定新表的名称。指定新表的名称为“Access 数据库应用技术成绩表”，单击“完成”按钮，返回“获取外部数据-Excel 电子表格”对话框，提示完成导入。单击“关闭”按钮，结束导入工作。

(8) 完善“Access 数据库应用技术成绩表”的表结构。打开“Access 数据库应用技术成绩表”的设计视图，将其中的学号和姓名字段的字段大小属性均设置为 10，将实验 1、实验 2、实验 3、实验 4、考试和总成绩字段的字段大小属性设置为“字节”。

【实验验证 8】 数据的导出操作。将教学管理系统数据库中的课程表导出为文本文件“课程信息.txt”并使用 Windows 操作系统的记事本打开，如图 8-13 所示。

操作步骤如下：

(1) 打开教学管理系统数据库。

(2) 打开“导出-文本文件”对话框。在导航窗格中右击“课程”表，在弹出的快捷菜单中选择“导出”，展开的子菜单如图 8-14 所示。单击“文本文件”选项，弹出“导出-文本文件”对话框。

课程信息.txt - 记事本

文件(F) 编辑(E) 格式(O) 查看(V) 帮助(H)

课程编号	课程名称	课程性质	学时	学分	学期
0101	管理学	专业必修课	40	2	1
0102	人力资源管理	专业必修课	40	2	2
0103	微观经济学	专业必修课	40	2	2
0104	市场营销学	专业必修课	40	2	2
0105	宏观经济学	专业必修课	40	2	3
0106	会计学	专业必修课	40	2	2
0107	金融学	专业必修课	40	2	3
0108	电子商务基础	专业必修课	40	2	4
0109	企业战略管理	专业必修课	40	2	4
0111	企业会计与财务案例分析	选修课	32	2	2
0112	会计学概论	选修课	32	2	1

图 8-13 实验验证 8 导出的“课程信息.txt”文件

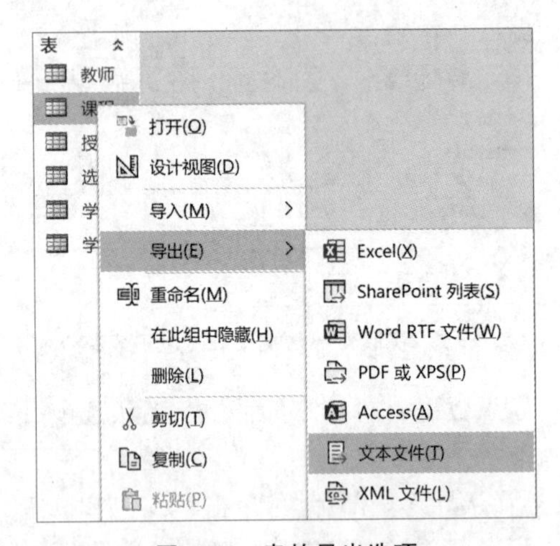

图 8-14 表的导出选项

(3) 指定目标文件名及格式。单击“导出-文本文件”对话框中的“浏览”按钮，打开“保存文件”对话框，选择保存位置为“教学管理系统.accdb”文件所在文件夹，保存类型为文本文件，文件名为“课程信息.txt”。单击“保存”按钮，返回“导出-文本文件”对话框，如图 8-15 所示。

(4) 指定导出选项。选中“导出数据时包含格式和布局”复选框，如图 8-15 所示，单击“确定”按钮，弹出“对‘课程’的编码方式”对话框，采用默认设置；单击“确定”按钮，返回“导出-文本文件”对话框，提示“课程”导出成功；单击“关闭”按钮，完成导出操作。

【实验验证 9】 数据的导出操作。将教学管理系统数据库中的学生表导出为一个名为“学生信息.xlsx”的 Excel 工作表，要求导出数据时不包含格式和布局。

操作步骤如下：

(1) 打开教学管理系统数据库。

(2) 打开“导出-Excel 电子表格”对话框。在导航窗格中选择学生表，选择“外部数据”选项卡中“导出”组的 Excel 按钮，打开“导出-Excel 电子表格”对话框。

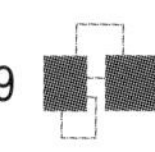

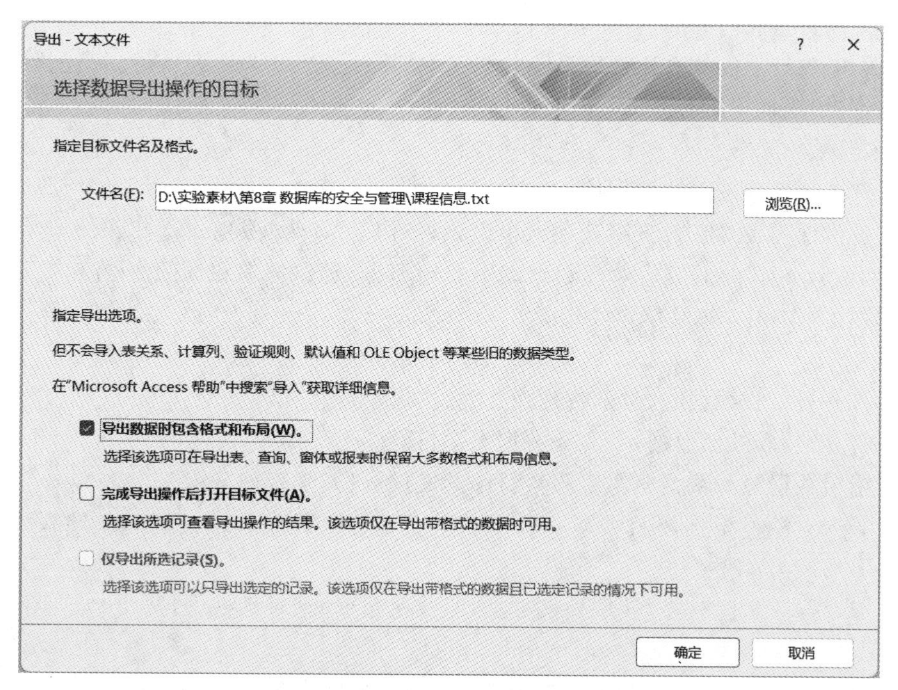

图 8-15　设置"导出-文本文件"对话框

(3) 指定目标文件名及文件格式。单击"导出-Excel 电子表格"对话框中的"浏览"按钮,打开"保存文件"对话框,选择保存位置为"教学管理系统.accdb"文件所在文件夹,保存类型为 Excel 工作簿,文件名为"学生信息.xlsx",单击"保存"按钮,返回"导出-Excel 电子表格"对话框。

(4) 指定导出选项。默认"导出数据时包含格式和布局"复选框未选择,本题使用默认值,单击"确定"按钮,提示"学生"表导出成功;单击"关闭"按钮,完成导出操作。

二、实验设计

【实验设计 1】 备份教学管理系统数据库,使用默认的文件名保存备份的数据库。

实验提示:

(1) 打开教学管理系统数据库。

(2) 选择"备份数据库"选项。在"文件"选项卡中选择"另存为"选项,在其中选择"备份数据库"选项。

(3) 备份数据库。单击"另存为"按钮,在弹出的"另存为"对话框中,指定备份数据库的保存位置,使用默认的文件名,单击"保存"按钮。

【实验设计 2】 为实验设计 1 中备份的数据库设置密码,并验证设置效果。

实验提示:

(1) 启动 Access 2021。

(2) 以独占方式打开实验设计 1 中备份的数据库。

(3) 设置密码。

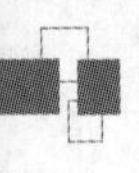

(4) 关闭并重新打开数据库，验证设置结果。

【实验设计 3】 备份教学管理系统数据库中的课程表，将课程表备份到当前数据库中，备份的表名为“课程_备份”。

实验提示：

(1) 打开教学管理系统数据库，双击打开其中的课程表。

(2) 备份课程表。在“文件”选项卡中设置将对象另存为“课程_备份”。

【实验设计 4】 将研究生管理数据库中的导师表、研究生表和导师-研究生查询导入教学管理系统数据库中，并保存导入步骤。

实验提示：

(1) 打开要接收数据的“教学管理系统”数据库。

(2) 打开“获取外部数据-Access 数据库”对话框。

(3) 指定数据源。数据源为实验素材中的文件“研究生管理.mdb”。

(4) 导入对象。根据题目要求，将“研究生管理”数据库中的相应对象导入当前数据库中。

(5) 保存导入步骤。在“获取外部数据-Access 数据库”对话框中，选中“保存导入步骤”对话框。

【实验设计 5】 将名为“Access 成绩”的 Excel 文件中的工作表“Access 成绩”中的学号、姓名、班级名称和成绩列导入教学管理系统数据库中，将学号作为主键，导入的新表名称为“Access 考试成绩”。

实验提示：

(1) 打开要接收数据的教学管理系统数据库。

(2) 打开“获取外部数据-Excel 电子表格”对话框。

(3) 指定数据源。数据源为实验素材中的文件“Access 成绩.xlsx”。

(4) 选择工作表。选择工作表“Access 成绩”。

(5) 指定第一行包含列标题。

(6) 指定导入的字段。仅导入学号、姓名、班级名称和成绩列，即将“专业名称”列设置为“不导入字段(跳过)”。

(7) 定义主键。将“学号”字段作为表的主键。

(8) 指定新表的名称。设置导入到“Access 考试成绩”表中。

【实验设计 6】 将教学管理系统数据库中课程表的表结构和数据导出到“研究生管理”数据库中，将表命名为“研究生课程”。

实验提示：

(1) 打开教学管理系统数据库，选择课程表。

(2) 打开“导出-Access 数据库”对话框。

(3) 设置目标文件名及格式。目标文件为实验素材中的文件“研究生管理.mdb”。

(4) 设置导出的表的名称和导出方式。表的名称为“研究生课程”，导出方式为导出“定义和数据”，完成导出。

【实验设计 7】 将教学管理系统数据库中的课程表导出为一个 HTML 格式的文件，导出的文件名为“课程信息.html”，导出时包含格式和布局。

实验提示：

(1) 打开教学管理系统数据库，选择课程表。

(2) 打开"导出-HTML 文档"对话框。

(3) 指定目标文件名及格式。将数据导出为实验素材中的一个 HTML 文件"课程信息.html"。

(4) 指定导出选项，设置"导出数据时包含格式和布局""完成导出操作后打开目标文件"，完成导出。

第9章 数据库应用系统开发实例

本章以“商品销售系统”为例,开发一个完整的数据库应用系统。要求掌握数据库和各个功能界面的设计方法,熟悉数据库应用系统开发的基本流程。请根据实验验证题目的要求和步骤完成实验的验证内容,本章没有实验设计任务。

实验说明

“商品销售系统”所包含的数据表名称及其表结构的描述如下：
(1) 商品(商品编号、商品名称、单价、类别、库存、生产日期、产地、简介)。
(2) 员工(员工号、姓名、性别、出生日期、部门、密码、照片)。
(3) 商品销售(销售单号、员工号、销售日期)。
(4) 销售明细(销售单号、商品编号、数量)。
各个数据表之间的关系如图 9-1 所示。

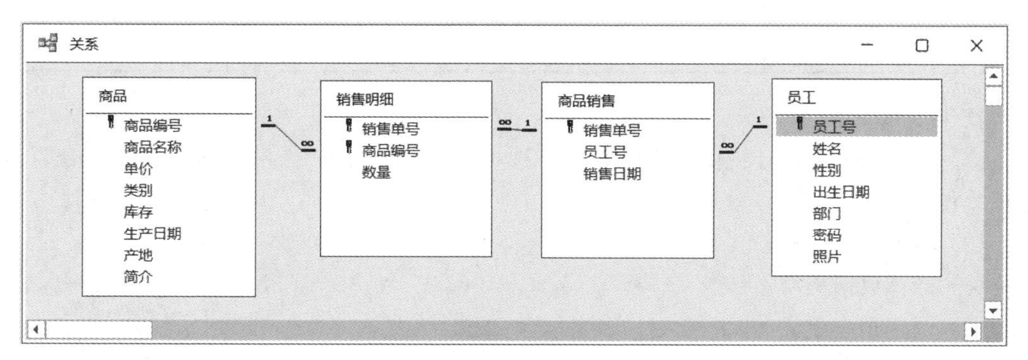

图 9-1 表间关系

“商品销售系统”所实现的基本功能描述如下：
(1) 对商品基本信息的管理，包括商品信息的添加、删除、修改、查询等。
(2) 对员工基本信息的管理，包括员工信息的添加、删除、修改、查询等。
(3) 对商品销售过程的管理。
(4) 对商品销售信息的查询，包括按时间段查询和按商品查询。
(5) 对商品的月销售情况进行统计。

实验验证

【实验验证 1】 创建一个名为“商品销售系统”的数据库。
操作步骤如下：
(1) 打开 Access 2021。
(2) 新建空白数据库。
(3) 设置数据库文件名为“商品销售系统.accdb”，选择数据库的存储路径。
(4) 单击“创建”按钮完成数据库的创建。

【实验验证 2】 建立“商品”表，表结构如表 9-1 所示。

表 9-1 “商品”表结构

字段名称	数据类型	字段大小	说明
商品编号	短文本	10	主键

续表

字段名称	数据类型	字段大小	说明
商品名称	短文本	30	
单价	货币		
类别	短文本	10	
库存	数字	整型	
生产日期	日期/时间		
产地	短文本	10	
简介	长文本		

操作步骤如下：

(1) 打开数据表设计视图。选择“创建”选项卡，单击“表格”组中的“表设计”命令，打开数据表设计视图。

(2) 输入字段名称。

(3) 选择数据类型。

(4) 设置相应字段的“字段大小”属性。

(5) 保存表名为“商品”。

【实验验证 3】 建立“员工”表，表结构如表 9-2 所示。

表 9-2 “员工”表结构

字段名称	数据类型	字段大小	说明
员工号	短文本	4	主键
姓名	短文本	10	
性别	短文本	1	
出生日期	日期/时间		
部门	短文本	5	
密码	短文本	6	
照片	OLE 对象		

操作步骤如下：

(1) 打开数据表设计视图。

(2) 输入字段名称。

(3) 选择数据类型。

(4) 设置相应字段的“字段大小”属性。

(5) 保存表名为“员工”。

【实验验证 4】 建立“商品销售”表，表结构如表 9-3 所示。

表 9-3 “商品销售”表结构

字段名称	数据类型	字段大小	说 明
销售单号	自动编号	长整型	主键
员工号	短文本	4	
销售日期	日期/时间		

操作步骤如下：

(1) 打开数据表设计视图。

(2) 输入字段名称。

(3) 选择数据类型。

(4) 设置相应字段的“字段大小”属性。

(5) 保存表名为“商品销售”。

【实验验证 5】 建立“销售明细”表,表结构如表 9-4 所示。

表 9-4 “销售明细”表结构

字段名称	数据类型	字段大小	说 明
销售单号	数字	长整型	组合主键
商品编号	短文本	10	组合主键
数量	数字	整型	

操作步骤如下：

(1) 打开数据表设计视图。

(2) 输入字段名称。

(3) 选择数据类型。

(4) 设置相应字段的“字段大小”属性。

(5) 保存表名为“销售明细”。

【实验验证 6】 建立表间关系。

操作步骤如下：

(1) 设置主键。按表 9-1～表 9-4 为各数据表设置主键。

(2) 在“关系”窗口中建立表间关系。选择“数据库工具”选项卡,单击“关系”组中的“关系”按钮,打开“关系”窗口。从右侧“添加表”窗格中把所有数据表添加到关系窗口中,拖动鼠标指针设置各表间的关系,并在弹出的“编辑关系”对话框中依次选中“实施参照完整性”、“级联更新相关字段”和“级联删除相关记录”三个复选框。设置完成后的“关系”窗口如图 9-1 所示。

【实验验证 7】 输入数据记录。“商品销售系统”中需要录入原始数据的表为“商品”表和“员工”表。输入的数据分别如图 9-2 和图 9-3 所示。

操作步骤如下：

(1) 打开商品表的数据表视图。在左侧导航窗格中双击“商品”表,打开商品表的数据表视图。

商品

商品编号	商品名称	单价	类别	库存	生产日期	产地	简介	单击以添加
1000100001	百利乐金装幼儿奶粉（1段）	¥338.00	食品	16	2022/2/7	新西兰	0~6个月婴儿食用	
1000100002	美国Mariani玛莉安妮葡萄干	¥35.00	食品	28	2023/5/30	美国		
1000100003	味正品新疆和田大枣四星	¥89.00	食品	14	2023/7/2	中国		
1000200001	雅嘉德美国大杏仁	¥85.00	食品	38	2023/8/22	美国		
1000200002	波力海苔罐装	¥39.90	食品	54	2023/4/10	中国		
1000200003	Nestle雀巢咖啡原味1+2罐装	¥75.60	食品	30	2023/5/2	中国		
2000100001	妈咪宝贝女XL	¥32.50	日用品	50	2021/9/7	中国	纸尿裤	
2000200001	贝亲宽口径玻璃奶瓶（黄色）	¥95.00	日用品	11	2021/9/7	中国	奶瓶 160ml	
2000200002	微波炉蒸汽消毒锅	¥167.70	日用品	9	2020/12/29	日本	飞利浦新安怡快速湝	
3000100001	小霸王subor	¥59.00	玩具	37	2021/1/29	中国	玩具	
3000100002	多功能迷你钢琴	¥99.00	玩具	28	2021/6/3	日本	玩具	
4000100001	快乐认知贴纸书(四册)	¥19.90	图书音像	19	2021/12/29	英国	图书	
4000100002	改变世界的发明	¥39.00	图书音像	32	2021/1/3	中国	图书	
4000200001	洪恩 幼儿英语（DVD）	¥128.00	图书音像	55	2022/1/29	中国	影像	
4000200002	淡定的人生不寂寞	¥20.00	图书音像	7	2021/10/29	中国		
4000200003	空谷幽兰	¥29.00	图书音像	20	2021/9/28	中国		
5000100001	宝耶都市型格衬衫	¥79.00	服装	12	2022/2/26	中国	衬衫	
5000200001	无袖新贵族风连衣裙	¥99.00	服装	10	2022/4/28	中国	连衣裙	
5000200002	荷叶边宫廷华贵短袖衬衫	¥59.00	服装	8	2022/2/26	中国	女童衬衫	
5000200003	宽腰修饰迷你短裤	¥59.00	服装	15	2022/5/5	中国	女童短裤	

记录: 第 1 项(共 20 项) 无筛选器 搜索

图 9-2 “商品”表数据

员工

员工号	姓名	性别	出生日期	部门	密码	照片	单击以添加
1001	魏炜	女	2001/2/24	销售	654321	ıtbrush Picture	
1002	李红	女	2000/3/1	销售	123456	ıtbrush Picture	
1003	王凯	男	1999/11/29	销售	333333	ıtbrush Picture	
1004	赵一航	男	1998/7/16	管理	444444	ıtbrush Picture	
1005	陈洁	女	1999/7/30	管理	555555	ıtbrush Picture	

记录: 第 1 项(共 5 项) 无筛选器 搜索

图 9-3 “员工”表数据

（2）按图 9-2 所示输入数据。

（3）打开员工表的数据表视图。

（4）按图 9-3 所示输入数据。

【实验验证 8】 创建“商品信息管理”窗体，窗体视图如图 9-4 所示。

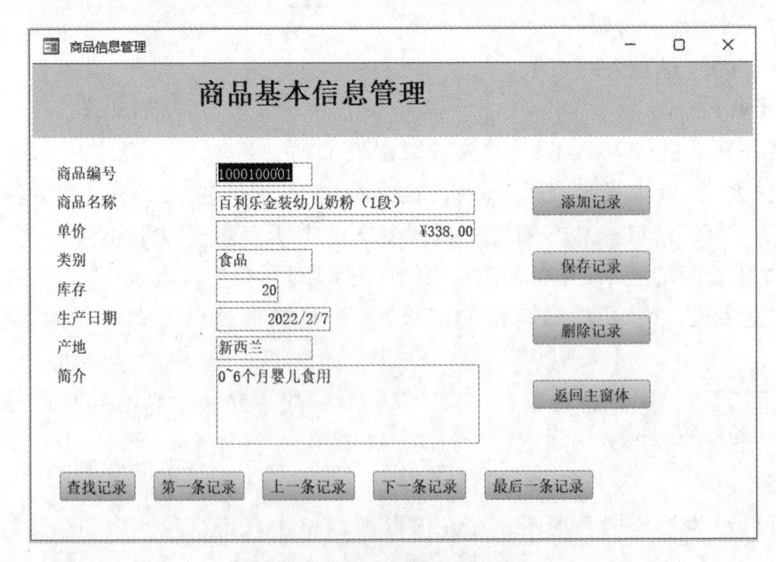

图 9-4 “商品信息管理”窗体

操作步骤如下：

(1) 通过“窗体向导”按钮创建窗体。选择“创建”选项卡，单击“窗体”组中的“窗体向导”按钮，在窗体向导步骤中设置窗体上使用的字段为“商品”表中的所有字段；窗体布局为“纵栏表”；窗体标题为“商品信息管理”，单击“完成”按钮。

(2) 修饰窗体。切换到窗体设计视图，显示“属性表”对话框，在“格式”选项卡中将“记录选择器”和“导航按钮”均设置为“否”，滚动条设为“两者均无”；将窗体页眉节中标签的标题修改为“商品基本信息管理”，并适当调整其大小和位置。

(3) 利用控件向导添加命令按钮。

① 调整窗体主体节的大小，使其足够容纳所有控件。

② 选择“表单设计”选项卡，使“控件”组中的“使用控件向导”呈选中状态。

③ 添加记录导航按钮和记录操作按钮。将“控件”组中的“命令按钮”控件添加到窗体主体节中适当位置，在弹出的“命令按钮向导”对话框中依次选择命令按钮的类别、操作，并设置显示文本和命令按钮的名称，各命令按钮的属性设置如表 9-5 所示。

表 9-5 窗体中命令按钮的属性设置

按钮类别	操　作	显示文本	按钮名称
记录导航	查找记录	查找记录	cmdFind
	转至第一项记录	第一条记录	cmdFirst
	转至前一项记录	上一条记录	cmdPrevious
	转至下一项记录	下一条记录	cmdNext
	转至最后一项记录	最后一条记录	cmdLast
记录操作	添加新记录	添加新记录	cmdAdd
	保存记录	保存记录	cmdSave
	删除记录	删除记录	cmdDelete

(4) 添加“返回主窗体”按钮。使“控件”组中的“使用控件向导”呈未选中状态。添加一个命令按钮，将其标题设为“返回主窗体”，先不对其编程。

(5) 适当调整各控件的大小与位置。

(6) 保存设置。

【实验验证 9】 创建“员工信息管理”窗体，窗体视图如图 9-5 所示。

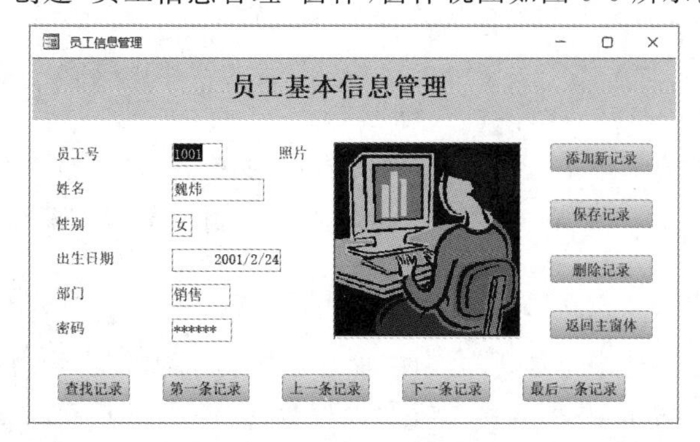

图 9-5 “员工信息管理”窗体

操作步骤如下：

（1）使用窗体向导创建“员工信息管理”窗体。

（2）修饰窗体。

（3）设置密码文本框。在“属性表”对话框中设置“密码”文本框的属性，在“数据”选项卡下单击“输入掩码”属性设置框，再单击右侧的“…”按钮，在弹出的“输入掩码向导”对话框中选择“密码”，单击“完成”按钮。

（4）添加命令按钮。各命令按钮的设置同实验验证8。

（5）适当调整各控件的大小与位置。

（6）保存设置。

【实验验证10】 创建“销售管理”窗体，窗体视图如图9-6所示。

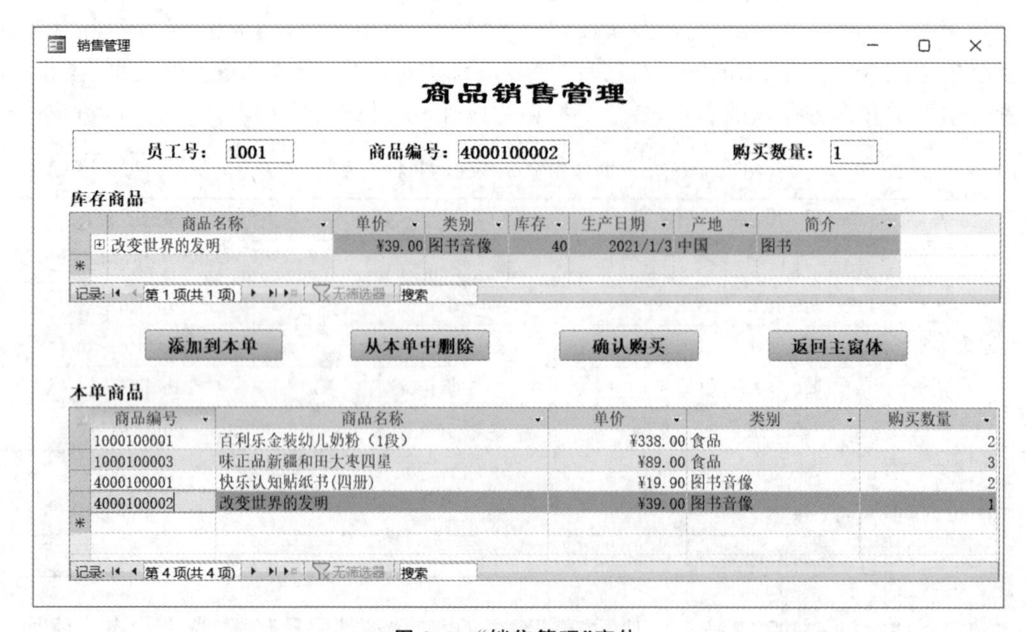

图9-6 “销售管理”窗体

“销售管理”窗体实现的主要功能如下：

（1）输入一个商品编号后，在“库存商品”子窗体中显示对应商品的信息。

（2）输入商品编号和购买数量后，单击“添加到本单”按钮，将对应商品的购买信息添加到“本单商品”子窗体中。

（3）在“本单商品”子窗体中选中一个商品，单击“从本单中删除”按钮，将选中的商品从“本单商品”中删除。

（4）商品选择完毕后，单击“确认购买”按钮，将“本单商品”子窗体中商品的销售情况分别添加到“商品销售”表和“销售明细”表中，同时修改“商品”表中的库存。

操作步骤如下：

（1）界面设计。选择“创建”选项卡，单击“窗体”组中的“窗体设计”按钮，打开窗体设计视图，按图9-6所示向窗体中添加所需控件，保存窗体名称为“销售管理”。

（2）创建“临时销售单”数据表。为方便处理数据，创建一个名为“临时销售单”的数据表，用于临时存放当前处理的销售单的相关信息。其表结构如表9-6所示。

表 9-6　“临时销售单”表结构

字段名称	数据类型	字段大小	说　明
商品编号	短文本	10	主键
商品名称	短文本	30	
单价	货币		
类别	短文本	10	
购买数量	数字	整型	

(3) 窗体及控件的属性设置。“销售管理”窗体及其主要控件的属性设置如表 9-7 所示。

表 9-7　“销售管理”窗体及其主要控件的属性设置

设置对象	属性名称	属　性　值
窗体	记录选择器	否
	导航按钮	否
	滚动条	两者均无
3 个文本框	名称	txtYgh、txtSpbh、txtGmsl
4 个命令按钮	名称	cmdAdd、cmdDelete、cmdOk、cmdExit
	标题	添加到本单、从本单中删除、确认购买、返回主窗体
“库存商品”子窗体	名称	cldKcsp
	源对象	表.商品
	链接主字段	商品编号
	链接子字段	txtSpbh
“本单商品”子窗体	名称	cldBdsp
	源对象	表.临时销售单

(4) 编写事件代码。在窗体设计视图中，选择“表单设计”选项卡，单击“工具”组中的“查看代码”按钮，打开“销售管理”窗体的代码编辑窗口，在其中为窗体和控件编写事件代码。

说明：为了能在程序中使用 ADO 对象库，需先执行如下操作：在代码窗口中选择“工具→引用”菜单命令，打开“引用”对话框，在其中选中“Microsoft ActiveX Data Objects 6.0 Library”，单击“确定”按钮。

① “添加到本单”命令按钮的 Click 事件代码。该命令按钮的功能是：单击该按钮，在“临时销售单”表中添加一条新记录，记录内容为用户输入的商品编号对应商品的基本信息以及购买数量，然后在“本单商品”子窗体中重新显示“临时销售单”中的所有信息。

事件代码为

```
Private Sub cmdAdd_Click()
  If IsNull(Me.txtSpbh) Then     '"商品编号"文本框为空
    MsgBox "请先输入商品编号和数量!"
    Me.txtSpbh.SetFocus
    Exit Sub                 '退出当前事件过程
  End If
  Dim i As Integer
  Dim rs As ADODB.Recordset
  Set rs=New ADODB.Recordset
  rs.Open "临时销售单",CurrentProject.Connection, adOpenKeyset, _
adLockOptimistic, adCmdTable
  For i=1 To val(rs.RecordCount)
    If rs!商品编号=Me.txtSpbh Then    '输入的商品编号在临时销售单中已存在
      If MsgBox("该商品已包含在本单中,是否继续购买?", 36)=vbYes Then
        '继续购买
        rs!购买数量=rs!购买数量+Me.txtGmsl
        rs.Update
        Me.cldBdsp.Requery    '重新获得子窗体数据,显示修改以后的数据源信息
      Else
        Me.txtSpbh.SetFocus
      End If
      Exit Sub
    End If
    rs.MoveNext
  Next i
  rs.AddNew    '添加新记录
  rs!商品编号=Me.txtSpbh
  rs!商品名称=DLookup("商品名称", "商品", "商品编号='" & Forms!销售管理!txtSpbh & "'")
  rs!单价=DLookup("单价", "商品", "商品编号='" & Forms!销售管理!txtSpbh & "'")
  rs!类别=DLookup("类别", "商品", "商品编号='" & Forms!销售管理!txtSpbh & "'")
  rs!购买数量=Me.txtGmsl
  rs.Update
  Me.cldBdsp.Requery
End Sub
```

② “从本单中删除”命令按钮的 Click 事件代码。该命令按钮的功能是：在“本单商品”子窗体中选择了一个商品后，单击该按钮，把选中商品从“临时销售单”表中删除，同时更新“本单商品”子窗体中的信息。

事件代码为

```
Private Sub cmdDelete_Click()
  Dim i As Integer
  Dim rs As ADODB.Recordset
  Set rs=New ADODB.Recordset
  rs.Open "临时销售单", CurrentProject.Connection, adOpenKeyset, _
adLockOptimistic, adCmdTable
```

```
    If rs.RecordCount<1 Then Exit Sub    '"临时销售单"表中无记录
    For i=1 To val(rs.RecordCount)
      If rs!商品编号=Me.cldBdsp!商品编号 Then
    '在"临时销售单"表中找到选定商品
        MsgBox Me.cldBdsp!商品编号 & "商品已从本单中删除!"
        rs.Delete 1
        rs.Update
        Exit For
      Else
        rs.MoveNext
      End If
    Next i
    Me.cldBdsp.Requery
  End Sub
```

③“确认购买”命令按钮的Click事件代码。该命令按钮的功能为：单击该按钮，将“临时销售单”中的商品销售情况分别添加到“商品销售”表和“销售明细”表中，同时修改“商品”表中的库存量。

事件代码为

```
  Private Sub cmdOk_Click()
    If MsgBox("确认购买这些商品?", 36, "确认购买")=vbNo Then Exit Sub
    Dim xsdh As Integer, i As Integer, j As Integer
    Dim rs As ADODB.Recordset, rs1 As ADODB.Recordset, rs2 As ADODB.Recordset
    Set rs=New ADODB.Recordset
    Set rs1=New ADODB.Recordset
    Set rs2=New ADODB.Recordset
    '在"商品销售"表中添加一条新记录
    rs.Open "商品销售", CurrentProject.Connection, adOpenKeyset, adLockOptimistic, _
  adCmdTable
    rs.AddNew
    rs!员工号=Me.txtYgh '员工号暂时由用户输入,登录窗体设计完成后再修改
    rs!销售日期=Now
    rs.Update
    rs.MoveLast
    xsdh=rs!销售单号   '"商品销售"表中销售单号是自动编号,由系统生成
    rs.Close
    rs.Open "销售明细", CurrentProject.Connection, adOpenKeyset, _
  adLockOptimistic, adCmdTable
    rs1.Open "临时销售单", CurrentProject.Connection, adOpenKeyset, _
  adLockOptimistic, adCmdTable
    rs2.Open "商品", CurrentProject.Connection, adOpenKeyset, _
  adLockOptimistic, adCmdTable
    '将"临时销售单"表中的记录基本信息逐条添加到销售明细表中
    For i=1 To Val(rs1.RecordCount)
      rs.AddNew
      rs!销售单号=xsdh
      rs!商品编号=rs1!商品编号
      rs!数量=rs1!购买数量
      rs.Update
      rs2.MoveFirst
      '根据购买数量修改"商品"表中的库存量
      For j=1 To Val(rs2.RecordCount)
```

```
        If rs2!商品编号=rs1!商品编号 Then
          rs2!库存=rs2!库存-rs1!购买数量
          rs2.Update
          Exit For
        End If
        rs2.MoveNext
      Next j
      rs1.MoveNext
    Next i
    MsgBox "操作完成,销售单已添加!"
    '调用窗体的 Load 事件过程,清空"临时销售单"表
    Form_Load '本行代码在窗体的 Load 事件过程编写完成后再添加
  End Sub
```

④ “返回主窗体”命令按钮的事件代码暂不设计。

⑤ 窗体的 Load 事件代码。窗体的 Load 事件主要用于清空“临时销售单”表，即删除“临时销售单”表中的所有记录。

事件代码为

```
Private Sub Form_Load()
  txtGmsl=1  '设置默认购买数量为 1
  Dim i As Integer
  Dim rs As ADODB.Recordset
  Set rs=New ADODB.Recordset
  rs.Open "临时销售单", CurrentProject.Connection, adOpenKeyset, adLockOptimistic, _
adCmdTable
  If rs.RecordCount>=1 Then
    rs.MoveFirst
    '清空"临时销售单"表
    For i=1 To val(rs.RecordCount)
      rs.Delete 1
      rs.Update
      rs.MoveNext
    Next i
  End If
  Me.cldBdsp.Requery
End Sub
```

⑥ “商品编号”文本框的 LostFocus 事件代码。该事件的功能是：当用户输入完毕离开该文本框时，验证输入的商品编号在“商品”表中是否存在。

事件代码为

```
Private Sub txtSpbh_LostFocus()
  If IsNull(Me.txtSpbh) Then Exit Sub
  Dim i As Integer
  Dim rs As ADODB.Recordset
  Set rs=New ADODB.Recordset
  rs.Open"商品",CurrentProject.Connection,adOpenKeyset, _
adLockOptimistic, adCmdTable
  rs.MoveFirst
  For i=1 To val(rs.RecordCount)
    If rs!商品编号=Me.txtSpbh Then  '商品编号在"商品"表中存在
      Exit Sub
```

```
        End If
        rs.MoveNext
    Next i
    MsgBox "你输入的商品编号不存在,请重新输入!"
    Me.txtSpbh=Null
    Me.txtSpbh.SetFocus
    Set rs=Nothing
End Sub
```

【实验验证 11】 创建"销售查询"窗体。"销售查询"窗体用于实现对商品销售信息的查询,可实现按起止日期查询商品销售情况,如图 9-7 所示;也可实现按商品编号查询某种商品的销售情况,如图 9-8 所示。

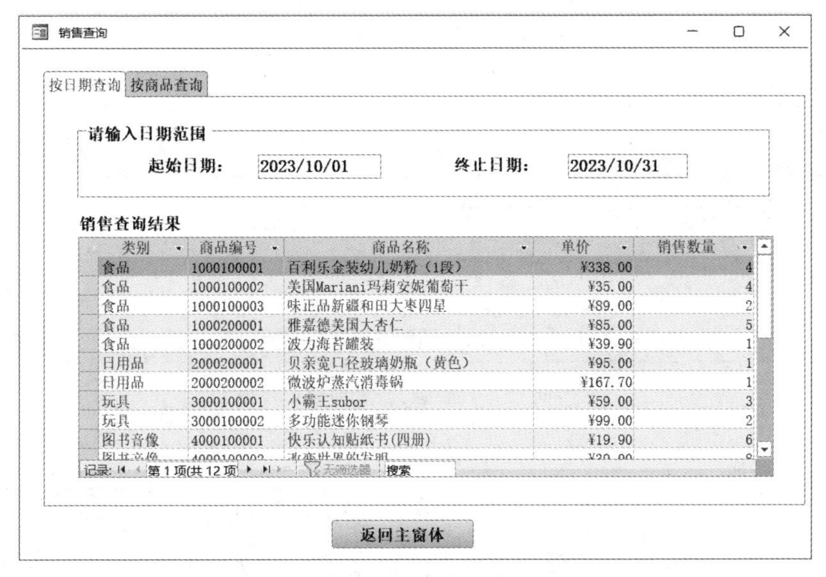

图 9-7 按日期查询

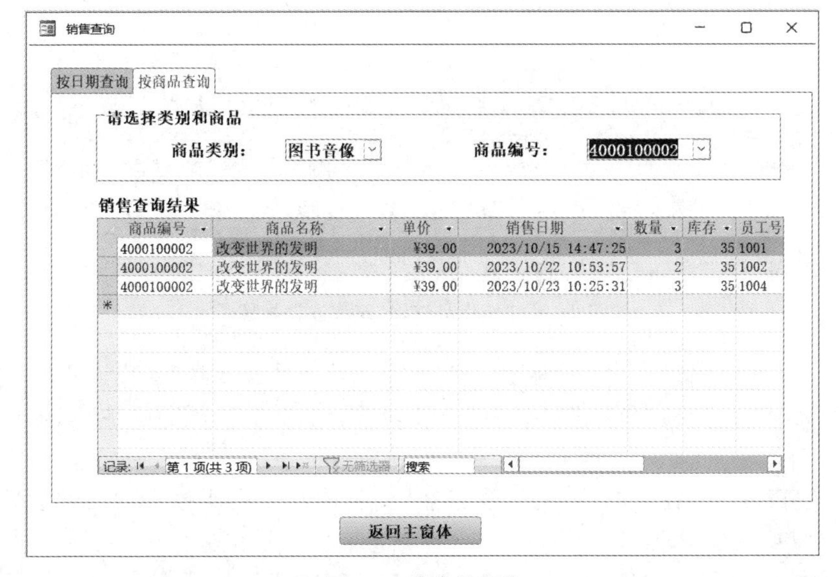

图 9-8 按商品查询

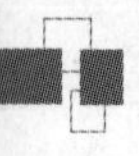

操作步骤如下：

(1) 界面设计。选择“创建”选项卡，单击“窗体”组中的“窗体设计”按钮，打开窗体设计视图。本例创建的是一个多页窗体，因此需要先在窗体上添加一个选项卡控件，然后按图 9-7和图 9-8 分别向选项卡的两个页中添加控件，再按表 9-8 所示设置控件名称，保存窗体名称为“销售查询”。

(2) 创建查询作为子窗体的数据源。创建两个查询——“按日期查询”和“按商品查询”，作为两个子窗体的数据源。查询设计视图分别如图 9-9 和图 9-10 所示。

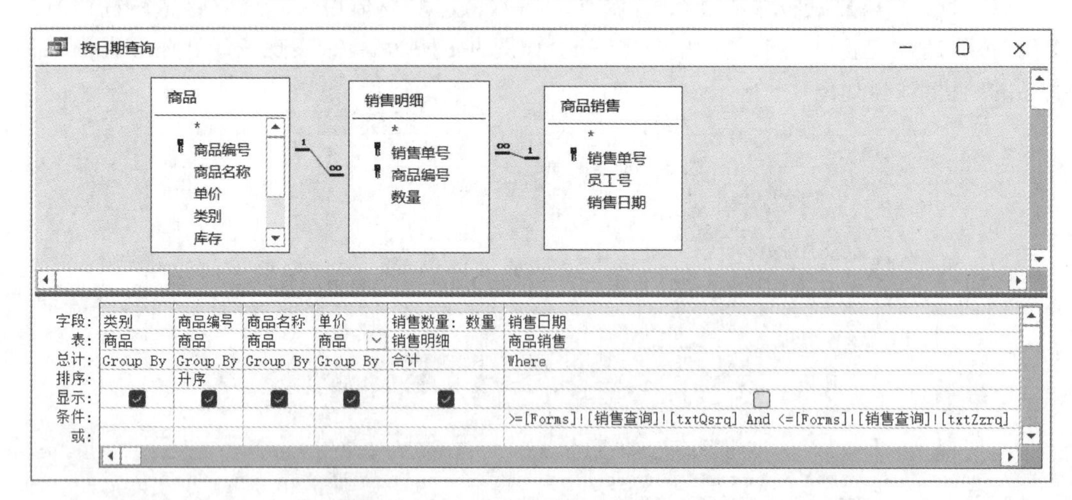

图 9-9 “按日期查询”查询设计视图

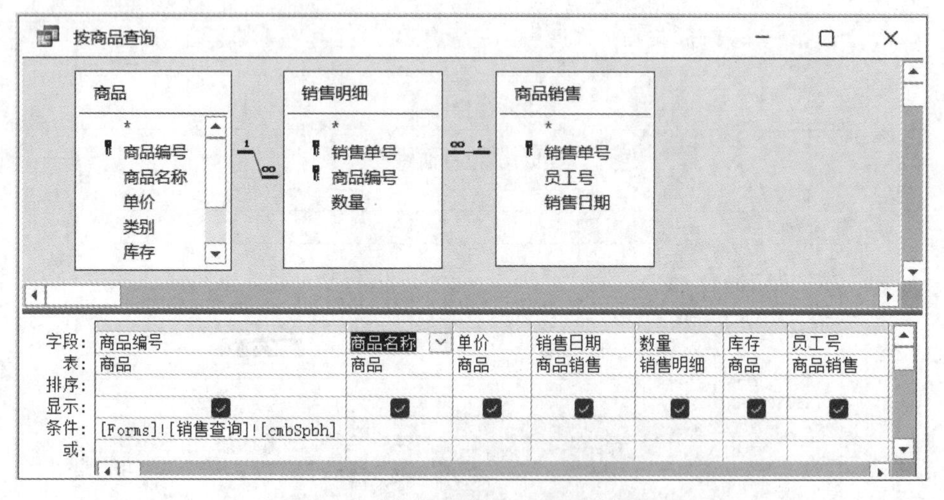

图 9-10 “按商品查询”查询设计视图

说明：图 9-9 的“按日期查询”属于分组查询，设计时需要选择“查询工具设计”选项卡，单击“显示/隐藏”组中的“汇总”按钮，则在查询设计视图的“表”和“排序”之间显示“总计”行。

(3) 设置窗体及其控件的属性。“销售查询”窗体及其主要控件的属性设置如表 9-8 所示。

表 9-8 “销售查询”窗体及其主要控件的属性设置

设置对象	属性名称	属性值
窗体	记录选择器	否
	导航按钮	否
	滚动条	两者均无
2个页	名称	按日期查询、按商品查询
2个文本框	名称	txtQsrq、txtZzrq
	输入掩码	9999/99/99;0;_
“商品类别”组合框	名称	cmbSplb
	行来源类型	表/查询
	行来源	SELECT DISTINCT 类别 FROM 商品
“商品编号”组合框	名称	cmbSpbh
	行来源类型	表/查询
	行来源	SELECT 商品编号 FROM 商品 WHERE 类别=Forms! 销售查询! cmbSplb
2个子窗体	名称	cldRqcx、cldSpcx
	源对象	查询.按日期查询、查询.按商品查询

说明：两个文本框的输入掩码设置方法为：打开文本框的“属性表”对话框，选择“数据”选项卡，单击“输入掩码”后的属性输入框，单击“…”按钮，打开“输入掩码向导”对话框。在“输入掩码向导”对话框中选择“长日期”，单击“完成”按钮。

(4) 编写事件代码为

```
Private Sub cmbSpbh_AfterUpdate()
  cldSpcx.Requery
End Sub
Private Sub cmbSplb_AfterUpdate()
  cmbSpbh.Requery
End Sub
Private Sub txtZzrq_LostFocus()
  cldRqcx.Requery
End Sub
```

【实验验证 12】 创建月统计报表。报表预览视图如图 9-11 所示。

实验分析：月统计报表用于统计指定月份的商品销售情况。本例需先创建一个窗体，用于输入统计的年份和月份，然后根据输入的年份和月份生成报表。

操作步骤如下：

(1) 创建名为“统计报表”的窗体。窗体视图如图 9-12 所示。窗体及其主要控件的属性设置如表 9-9 所示。

2023年10月销售统计

类别　日用品

商品编号	商品名称	单价	销售量	销售额
2000200001	贝亲宽口径玻璃奶瓶（黄色）	¥95.00	1	95
2000200002	微波炉蒸汽消毒锅	¥167.70	1	167.7

销售总量　2　　　销售总额　262.7

类别　食品

商品编号	商品名称	单价	销售量	销售额
1000100001	百利乐金装幼儿奶粉（1段）	¥338.00	4	1352
1000100002	美国Mariani玛莉安妮葡萄干	¥35.00	4	140
1000100003	味正品新疆和田大枣四星	¥89.00	2	178
1000200001	雅嘉德美国大杏仁	¥85.00	5	425
1000200002	波力海苔罐装	¥39.90	1	39.9

销售总量　16　　　销售总额　2134.9

类别　图书音像

商品编号	商品名称	单价	销售量	销售额
4000100001	快乐认知贴纸书(四册)	¥19.90	6	119.4
4000100002	改变世界的发明	¥39.00	8	312
4000200002	淡定的人生不寂寞	¥20.00	3	60

销售总量　17　　　销售总额　491.4

类别　玩具

商品编号	商品名称	单价	销售量	销售额
3000100001	小霸王subor	¥59.00	3	177
3000100002	多功能迷你钢琴	¥99.00	2	198

销售总量　5　　　销售总额　375

月销售总量　40　　　月销售总额　3264

2023年10月28日　　　共 1 页，第 1 页

图 9-11　月统计报表

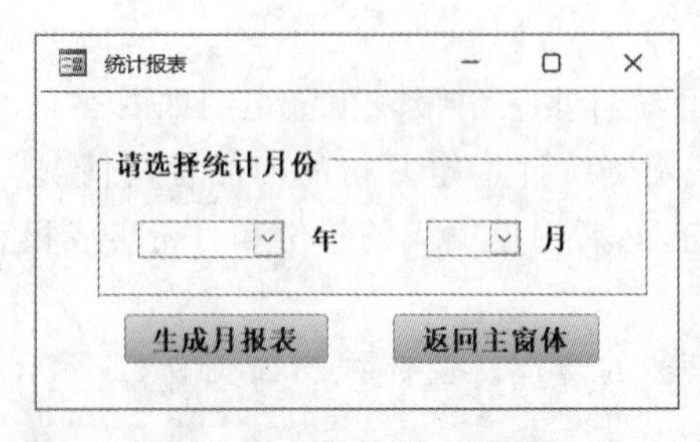

图 9-12　“统计报表”窗体

表 9-9 "统计报表"窗体及其主要控件的属性设置

设置对象	属性名称	属性值
窗体	记录选择器	否
	导航按钮	否
	滚动条	两者均无
"年"组合框	名称	cmbYear
	行来源类型	值列表
"月"组合框	名称	cmbMonth
	行来源类型	值列表
	行来源	1;2;3;4;5;6;7;8;9;10;11;12
2个命令按钮	名称	cmdScbb、cmdExit
	标题	生成月报表、返回主窗体

"统计报表"窗体及其控件的事件代码为

```
Private Sub cmdScbb_Click()
  DoCmd.OpenReport "月统计报表", acViewPreview
End Sub
Private Sub Form_Load()
  Dim i As Integer
  For i=0 To 4
    cmbYear.AddItem Year(Date)-i
  Next i
End Sub
```

(2) 创建查询作为报表的数据源。创建一个名为"按月查询"的分组查询,查询设计视图如图 9-13 所示。

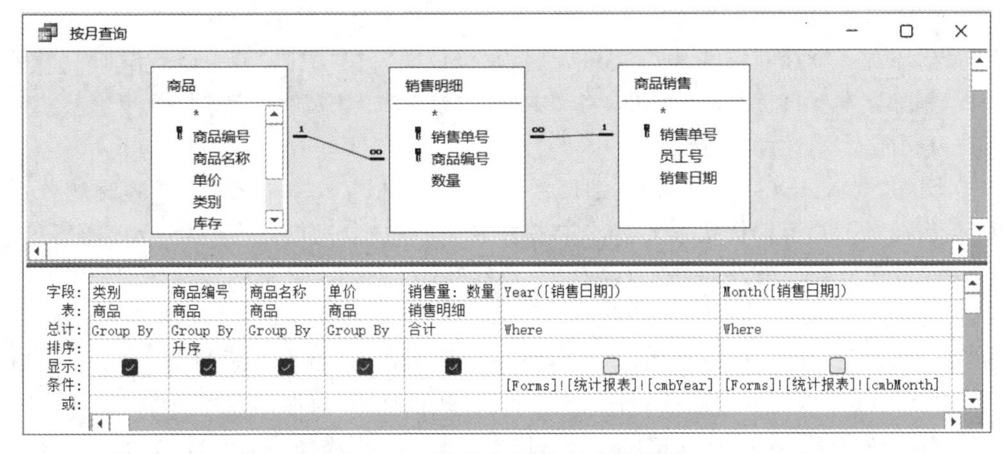

图 9-13 "按月查询"查询设计视图

(3) 用向导方式创建报表。选择"创建"选项卡,单击"报表"组中的"报表向导"按钮,打开“报表向导”对话框。在“报表向导”对话框中，数据源选择“查询：按月查询”，选择全部字段；添加分组级别为“类别”；“汇总选项”设置为对“销售量”字段“汇总”，“显示”为“明细和汇总”；布局方式为“大纲”；方向为“纵向”；报表标题为“月统计报表”。

(4) 在设计视图中修改报表。修改后的设计视图如图 9-14 所示。具体操作如下：

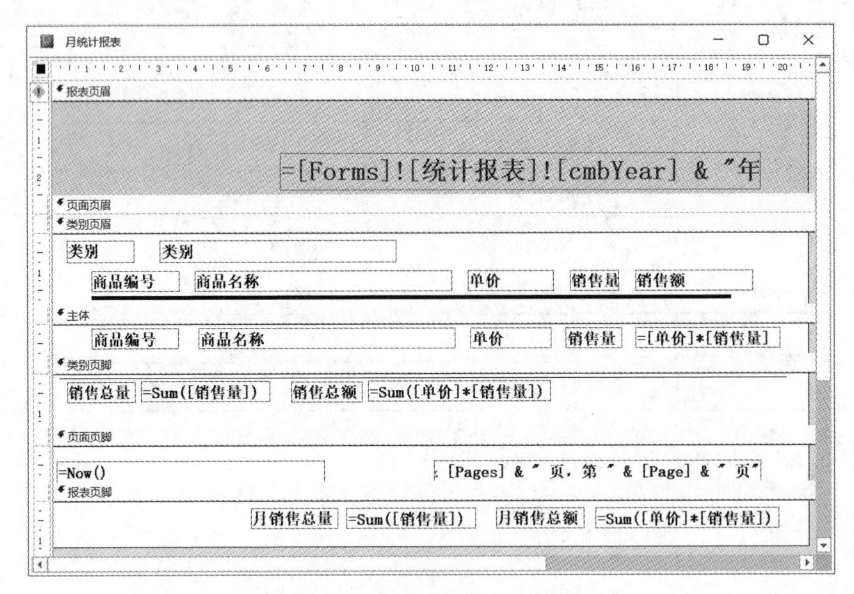

图 9-14 “月统计报表”设计视图

① 打开“月统计报表”的设计视图。

② 删除“报表页眉”节中原有的标签控件，添加一个文本框控件，删除其自带的标签控件。将文本框的“控件来源”属性设置为“=[Forms]![统计报表]![cmbYear] & "年" & [Forms]![统计报表]![cmbMonth] & "月销售统计"”；“背景样式”属性设为“透明”；“边框样式”属性设为“透明”；“字号”属性设为“20”；“字体粗细”属性设为“加粗”。调整文本框的大小和位置。

③ 按照图 9-14 调整“类别页眉”节和“主体”节中各个控件的大小和位置；在“类别页眉”节最后添加一个标签控件，设置标签标题为“销售额”；在“主体”节中最后添加一个文本框控件，删除文本框自带的标签控件，将文本框的“控件来源”属性设置为“=[单价]*[销售量]”；“边框样式”属性设为“透明”。

④ 删除“类别页脚”节中的原有控件，添加两个文本框。文本框对应的标签标题分别设置为“销售总量”和“销售总额”；文本框的“控件来源”属性分别设置为“=Sum([销售量])”和“=Sum([单价]*[销售量])”；文本框的“边框样式”属性设为“透明”。

⑤ 删除“报表页脚”节中的原有控件，添加两个文本框。文本框对应的标签标题分别设置为“月销售总量”和“月销售总额”；文本框的“控件来源”属性分别设置为“=Sum([销售量])”和“=Sum([单价]*[销售量])”；文本框的“边框样式”属性设为“透明”。

⑥ 在“类别页眉”节的下方和“类别页脚”节的上方分别添加一条直线，如图 9-14 所示，将“类别页眉”节中直线的“边框宽度”属性设为“3pt”。

⑦ 适当调整报表各个节的宽度，并调整控件的大小和位置，使界面整齐。

【实验验证 13】 创建主窗体。主窗体用于打开前面创建的各个界面,窗体视图如图 9-15 所示。

图 9-15 主窗体视图

操作步骤如下:

(1) 界面设计。在设计视图中创建窗体并按照图 9-15 所示的界面布局向窗体中添加 1 个标签和 6 个命令按钮,保存窗体名称为"主窗体"。

(2) 属性设置。主窗体及其控件的属性设置如表 9-10 所示。

表 9-10 主窗体及其控件的属性设置

设置对象	属性名称	属 性 值
窗体	记录选择器	否
	导航按钮	否
	滚动条	两者均无
1 个标签	标题	商品销售系统
	字体名称	隶书
	字号	24
6 个命令按钮	标题	商品管理、销售管理、员工管理、销售查询、统计报表、退出系统
	名称	Command1、Command2、Command3、Command4、Command5、Command6
	字体名称	宋体
	字号	14
	字体粗细	加粗

(3) 各命令按钮功能的实现。主窗体中前 5 个命令按钮应实现的功能是先关闭当前窗体,再打开指定的窗体。"退出系统"命令按钮的功能是退出"商品销售系统"应用程序。可以分别为每个命令按钮的 Click 事件编写代码,也可以通过宏操作来实现。本例使用宏实现命令按钮的功能,操作步骤如下:

① 打开宏的设计视图。选择"创建"选项卡,单击"宏与代码"组中的"宏"按钮,打开宏的设计视图。

② 设置子宏。在宏设计视图的"添加新操作"组合框中选择 Submacro,出现"子宏"操

作框。将“子宏”文本框中的 Sub1 修改为“打开商品信息管理窗体”，并添加新操作 CloseWindow 和 OpenForm，分别用于关闭当前窗体和打开“商品信息管理”窗体，设置结果如图 9-16 所示。使用相同的方法依次创建子宏“打开销售管理窗体”“打开员工信息管理窗体”“打开销售查询窗体”“打开统计报表窗体”“退出系统”“返回主窗体”，保存宏的名称为“主窗体到各个窗体的链接”。

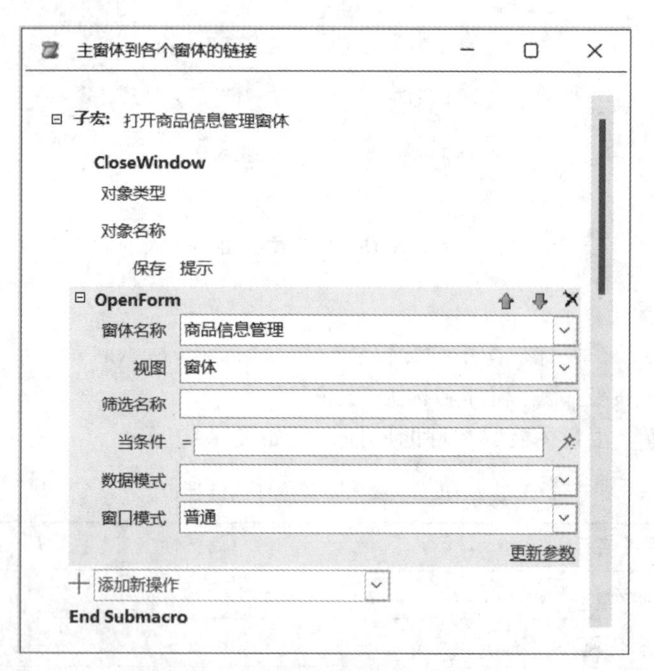

图 9-16 “打开商品信息管理”子宏

说明：子宏“退出系统”和“返回主窗体”的设置如图 9-17 所示。其中子宏“返回主窗体”用于实现其他窗体上“返回主窗体”命令按钮的功能。

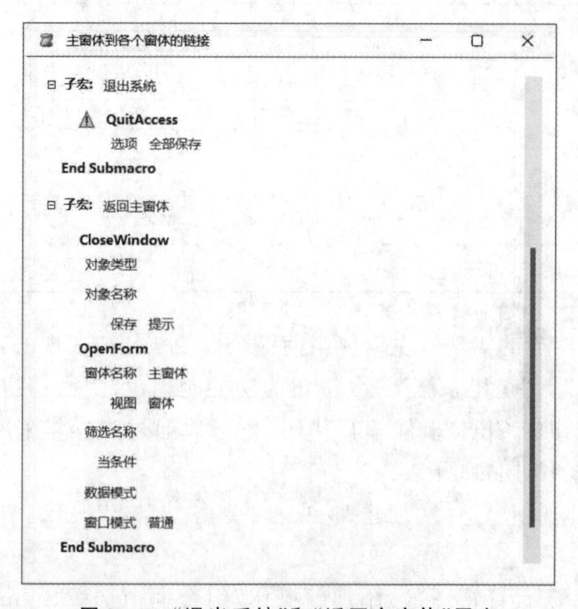

图 9-17 “退出系统”和“返回主窗体”子宏

③ 在主窗体中调用宏。打开主窗体的设计视图,在属性表对话框中选择“商品管理”对应的命令按钮 Command1,单击“事件”选项卡,在“单击”事件之后的文本框中单击,然后从下拉列表中选择“主窗体到各个窗体的链接.打开商品信息管理窗体”,如图 9-18 所示。其他命令按钮的设置方法类似。

④ 设置其他窗体中“返回主窗体”命令按钮的功能。依次打开其他窗体中“返回主窗体”命令按钮的属性表对话框,将其“单击”事件设置为“主窗体到各个窗体的链接.返回主窗体”。

【实验验证 14】 创建系统登录窗体。登录界面是数据库应用系统必须设计的一个界面,只有合法用户才能使用应用系统。“商品销售系统”的登录界面如图 9-19 所示。

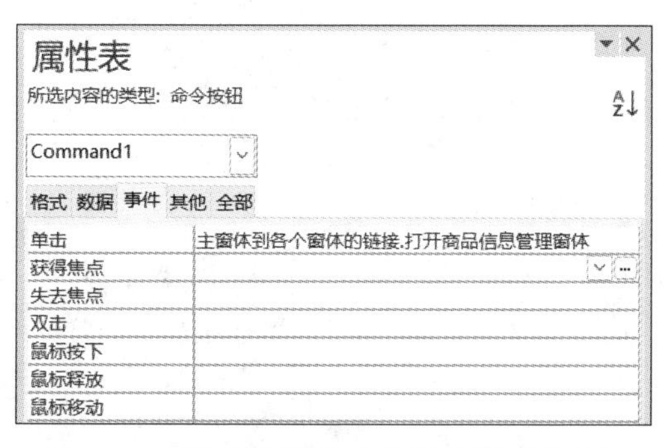

图 9-18 “商品管理”命令按钮的“单击”事件

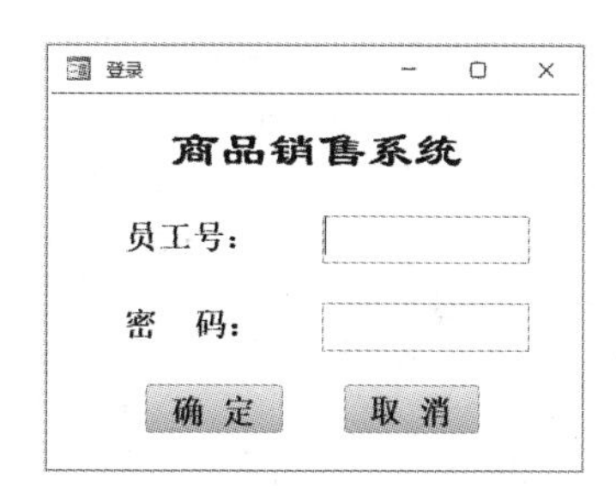

图 9-19 “登录”窗体视图

操作步骤如下:

(1) 界面设计。在设计视图中创建窗体,参照图 9-19 向窗体中添加控件。

(2) 属性设置。窗体及其主要控件的属性设置如表 9-11 所示。

表 9-11 “登录”窗体及其控件的属性设置

设置对象	属性名称	属性值
窗体	记录选择器	否
	导航按钮	否
	滚动条	两者均无
1 个标签	标题	商品销售系统
	字体名称	隶书
	字号	24
“员工号”文本框	名称	txtYgh
“密码”文本框	名称	txtMm
	输入掩码	密码
2 个命令按钮	名称	cmdOk、cmdCancel
	标题	确定、取消

（3）编写事件代码。“登录”窗体需要对“确定”和“取消”两个命令按钮编写Click事件代码。

① “确定”按钮的Click事件代码。“确定”按钮的功能为：检查用户输入的员工号和密码是否正确，正确则进入系统，打开主窗体；否则提示出错信息，并要求用户重新输入。代码为

```
Private Sub cmdOk_Click()
  Dim rs As ADODB.Recordset
  Set rs=New ADODB.Recordset
  rs.Open"员工",CurrentProject.Connection,adOpenKeyset,adLockOptimistic, adCmdTable
  rs.MoveFirst
  Do While Not rs.EOF
    If txtygh=rs!员工号 And txtmm=rs!密码 Then
      '需创建一个名为"公共模块"的标准模块,在其中定义一个全局级变量 ygh
      公共模块.ygh=rs!员工号
      DoCmd.Close                 '关闭当前窗体
      DoCmd.OpenForm "主窗体"      '打开主窗体
      Exit Sub
    End If
    rs.MoveNext
  Loop
  If rs.EOF Then
    MsgBox "你输入的员工号或密码有误,请重新输入!"
    txtygh=""
    txtmm=""
    txtygh.SetFocus
  End If
End Sub
```

说明：合法用户登录后，应该记录其员工号，以便于在实验验证10创建的“销售管理”窗体的“员工号”文本框中显示该员工号。因为要在一个窗体中引用另外一个窗体的数据，所以需定义一个全局级变量ygh，用来存放当前登录用户的员工号，其定义方法为：创建一个名为“公共模块”的标准模块，在其中输入变量定义语句“Public ygh As String”。

② “取消”按钮的Click事件代码。“取消”按钮的功能是取消登录，即退出应用系统，代码为

```
Private Sub cmdCancel_Click()
   DoCmd.Quit
End Sub
```

（4）修改【实验验证10】创建的“销售管理”窗体。

① 员工登录后，打开“销售管理”窗体时，在其“员工号”文本框内显示当前登录的员工号。设置方法为：在“销售管理”窗体的Form_Load事件最后添加一行代码“txtYgh=公共模块.ygh”。

② 打开“员工号”文本框的属性表对话框，在其“数据”选项卡中将“是否锁定”属性设置

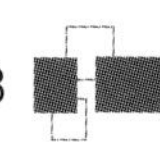

为“是”，锁定文本框，即在窗体运行时禁止用户对该文本框中数据进行修改。

（5）运行“登录”窗体。运行窗体后，按照“员工”表中的记录输入一个正确的员工号和密码，单击“确定”按钮，则打开“主窗体”。在“主窗体”中单击“销售管理”按钮，打开“销售管理”窗体，则在“销售管理”窗体的“员工号”文本框中会自动显示登录的员工号，且文本框中内容不可修改。

【实验验证 15】 设置启动窗体。启动窗体是数据库应用系统运行以后第一个显示的窗体，本例将“登录”窗体设置为启动窗体。

操作步骤如下：

（1）打开“Access 选项”对话框。选择“文件”选项卡，单击“选项”命令，打开“Access 选项”对话框。

（2）设置“当前数据库”选项。在“Access 选项”对话框中单击左侧窗格中的“当前数据库”，在右侧窗格中，将“应用程序标题”设置为“商品销售系统”；“显示窗体”选择“登录”；“显示状态栏”和“显示导航窗格”复选框设置为未选中，设置结果如图 9-20 所示。单击“确定”按钮。

图 9-20　设置“当前数据库”选项

（3）查看设置结果。关闭“商品销售系统”数据库后重新启动，则显示如图 9-21 所示的“商品销售系统”窗口。

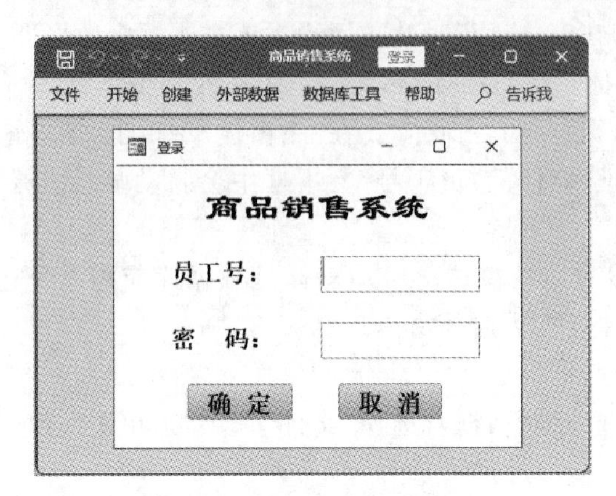

图 9-21 “商品销售系统”窗口

说明：按下功能键 F11，可重新打开“导航窗格”。

第二部分
专项习题

一、章节理论习题

【第 1 章】

（一）单选题

1. 数据库 DB、数据库系统 DBS、数据库管理系统 DBMS 之间的关系是（　　）。

A. DB 包含 DBS 和 DBMS　　B. DBMS 包含 DB 和 DBS

C. DBS 包含 DB 和 DBMS　　D. 没有任何关系

2. 数据库管理系统是（　　）。

A. 操作系统的一部分　　B. 在操作系统支持下的系统软件

C. 一种编译系统　　D. 一种操作系统

3. 用树形结构表示实体集之间联系的数据模型是（　　）。

A. 关系模型　　B. 网状模型　　C. 层次模型　　D. 以上三个都不是

4. 用二维表来表示实体集之间联系的数据模型是（　　）。

A. 实体-联系模型　　B. 层次模型　　C. 网状模型　　D. 关系模型

5. 在关系数据库中，能够唯一地标识一条记录的属性或属性组合，称为（　　）。

A. 关键字　　B. 属性　　C. 关系　　D. 域

6. 在教学管理系统关系数据库中，存储一个学生信息的数据单位是（　　）。

A. 表　　B. 数据库　　C. 字段　　D. 记录

7. 属性的取值范围称为（　　）。

A. 域　　B. 关系模式　　C. 记录　　D. 属性

8. 假设数据库中表 A 与表 B 建立了“一对多”关系，表 B 为“多方”，则下述说法中正确的是（　　）。

A. 表 A 中的一个记录能与表 B 中的多个记录匹配

B. 表 B 中的一个记录能与表 A 中的多个记录匹配

C. 表 A 中的一个字段能与表 B 中的多个字段匹配

D. 表 B 中的一个字段能与表 A 中的多个字段匹配

9. 一间宿舍可住多个学生，则实体集宿舍和学生之间的联系是（　　）。

A. 一对一　　B. 一对多　　C. 多对一　　D. 多对多

10. 学校图书馆规定，一名在校生同时可以借 5 本书，一名教师同时可以借 10 本书，则读者与图书之间的借阅关系是（　　）。

A. 一对一　　B. 一对五　　C. 多对多　　D. 一对多

11. 下列实体的联系中，属于多对多联系的是（　　）。

A. 学生与课程　　B. 学校与校长

C. 住院的病人与病床　　D. 学院与教师

12. 数据库中有 A、B 两个表，均有相同字段 C，在两个表中字段 C 均被设为主键。当通过字段 C 建立两表关系时，该关系为(　　)。

A. 一对一　　B. 一对多　　C. 多对多　　D. 不能建立关系

13. 假设用(书号，书名，作者，出版社，出版日期，库存量，…)一组属性来描述图书，可以作为“关键字”的属性是(　　)。

A. 书号　　B. 书名　　C. 作者　　D. 出版社

14. 设有表示学生选课的三张表，分别为学生 S(学号，姓名，性别，年龄，身份证号)、课程 C(课号，课名)、选课 SC(学号，课号，成绩)，则表 SC 的关键字为(　　)。

A. 课号，成绩　　B. 学号，成绩　　C. 学号，课号　　D. 学号，姓名，成绩

15. 在超市营业过程中，每个时段要安排一个班组上岗值班，每个收款口要配备两名收款员配合工作，共同使用一套收款设备为顾客服务。在数据库中，实体之间属于一对一关系的是(　　)。

A. “顾客”与“收款口”　　B. “收款口”与“收款员”

C. “班组”与“收款员”　　D. “收款口”与“设备”

16. 下列不属于 Access 对象的是(　　)。

A. 表　　B. 文件　　C. 窗体　　D. 查询

17. Access 数据库最基本的对象是(　　)。

A. 表　　B. 宏　　C. 报表　　D. 查询

18. 在 Access 中，可用于设计输入界面的对象是(　　)。

A. 窗体　　B. 报表　　C. 查询　　D. 表

19. 传统的集合运算不包括(　　)。

A. 并　　B. 交　　C. 差　　D. 乘

20. 从关系中找出满足条件的元组的操作称为(　　)。

A. 选择　　B. 投影　　C. 联接　　D. 自然联接

21. 常见的数据库软件系统不包括(　　)。

A. Access　　B. SQL　　C. Oracle　　D. DBMS

22. Access 的数据库类型是(　　)。

A. 层次数据库　　B. 网状数据库　　C. 关系数据库　　D. 面向对象数据库

23. 在 Access 数据库中，用来表示实体的是(　　)。

A. 表　　B. 记录　　C. 字段　　D. 域

(二) 填空题

1. 数据库系统的核心软件是________。

2. 在关系模型中，把数据放在二维表中，每一个二维表称为一个________。

3. 在关系模型中，二维表中的一列称为一个________。

4. 人员基本信息一般包括身份证号、姓名、性别、年龄等。其中可以作为主关键字的是________。

5. 有一个学生选课的关系，已知学生的关系模式为学生(学号，姓名，班级，年龄)，课程的关系模式为课程(课号，课程名，学时)，其中两个关系模式的主关键字分别是学号和课号，

则关系模式选课可定义为：选课(学号，________，成绩)。

6. 在关系 S(A,C,D)和关系 T(D,E,F)中，S 的主键是 A，T 的主键是 D，则称________是关系 S 的外键。

7. 在 Access 2021 中建立的数据库文件的扩展名是________。

8. 用于存放数据库中数据的对象是________。

9. 在 E-R 图中，用________表示实体集，________表示属性，________表示实体集之间的联系。

10. ________操作是指从指定的关系中选择某些属性列构成一个新的关系。

11. 实体与实体之间的联系有 3 种，它们是________、________和________。

12. ________是在输入或删除记录时，为维持表之间已定义的关系而必须遵循的规则。

【第 2 章】

（一）单选题

1. Access 中数据表和数据库的关系是(　　)。

A. 一个数据库可以包含多个表　　B. 一个表只能包含两个数据库
C. 一个表可以包含多个数据库　　D. 一个数据库只能包含一个表

2. 表的组成内容包括(　　)。

A. 查询和字段　　B. 字段和记录　　C. 记录和窗体　　D. 报表和字段

3. 下列选项中，不属于 Access 数据类型的是(　　)。

A. 数字　　B. 短文本　　C. 报表　　D. 时间/日期

4. 如果在创建表时建立字段“性别”，并要求用汉字表示，其数据类型应当是(　　)。

A. 是/否　　B. 数字　　C. 短文本　　D. 长文本

5. 可以插入图片的字段类型是(　　)。

A. 短文本　　B. 长文本　　C. OLE 对象　　D. 超链接

6. 下列关于 OLE 对象的叙述中，正确的是(　　)。

A. 用于输入文本数据　　B. 用于处理超链接数据
C. 用于生成自动编号数据　　D. 用于链接或内嵌 Windows 支持的对象

7. 使用表设计视图定义表中字段时，不是必须设置的内容是(　　)。

A. 字段名称　　B. 数据类型　　C. 说明　　D. 字段属性

8. 下列对数据输入无法起到约束作用的是(　　)。

A. 输入掩码　　B. 有效性规则　　C. 字段名称　　D. 数据类型

9. 定义字段默认值的作用是(　　)。

A. 不得使该字段为空　　B. 在未输入数据之前系统自动提供数据
C. 不允许字段的值超出某个范围　　D. 系统自动把小写字母转化为大写字母

10. 在定义表中字段属性时，对要求输入格式相对固定的数据，例如电话号码 010-12345678，应该定义该字段的(　　)。

A. 格式　　B. 默认值　　C. 输入掩码　　D. 有效性规则

11. 在关于输入掩码的叙述中，错误的是（　　）。

A. 在定义字段的输入掩码时，既可以使用输入掩码向导，也可以直接输入掩码符号

B. 定义字段的输入掩码，是为了设置密码

C. 输入掩码中的字符“0”表示可以选择输入数字0与9之间的一个数

D. 直接使用字符定义输入掩码时，可以根据需要将字符组合起来

12. 在设计表结构时，若输入掩码属性设置为“LLLL”，则能够接收的输入是（　　）。

A. abcd　　B. 1234　　C. AB+C　　D. ABa9

13. 若设置字段的输入掩码为“####-######”，该字段能接收的输入是（　　）。

A. 0755-123456　　B. 0755-abcdef

C. abcd-123456　　D. ####-######

14. 以下关于空值的叙述中，错误的是（　　）。

A. 空值表示字段还没有确定值　　B. Access使用NULL来表示空值

C. 空值等同于空字符串　　D. 空值不等于数值0

15. 在数据库中建立索引的主要作用是（　　）。

A. 节省存储空间　　B. 提高查询速度

C. 便于管理　　D. 防止数据丢失

16. 下列关于索引的叙述中，错误的是（　　）。

A. 可以提高对表中记录的查询速度

B. 可以加快对表中记录的排序速度

C. 可以基于单个字段或多个字段建立索引

D. 可以为所有类型的字段建立索引

17. 以下关于Access表的叙述中，正确的是（　　）。

A. 表一般包含一到两个主题的信息

B. 表设计视图的主要功能是设计表的结构

C. 表的数据表视图只用于显示数据

D. 在表的数据表视图中，不能修改字段名称

18. 一个关系数据库的表中有多条记录，记录之间的相互关系是（　　）。

A. 前后顺序不能任意颠倒，一定要按照输入的顺序排列

B. 前后顺序可以任意颠倒，不影响数据库中的数据关系

C. 前后顺序可以任意颠倒，但排列顺序不同，统计处理结果可能不同

D. 前后顺序不能任意颠倒，一定要按照关键字段值的顺序排列

19. 在Access数据库的表设计视图中，不能进行的操作是（　　）。

A. 修改字段类型　　B. 设置索引　　C. 增加字段　　D. 删除记录

20. 在数据表视图中，不能（　　）。

A. 修改字段的类型　　B. 修改字段的名称

C. 删除一个字段　　D. 删除一条记录

21. Access中，设置为主键的字段（　　）。

A. 不能设置索引　　B. 可设置为“有(有重复)”索引

C. 系统自动设置索引　　D. 可设置为“无”索引

22. 教学管理系统数据库中有学生表、课程表和选课表，为了有效地反映这三张表中数据之间的联系，在创建数据库时应设置(　　)。

A. 默认值　　B. 有效性规则　　C. 索引　　D. 表间关系

23. 下列关于关系数据库中数据表的描述，正确的是(　　)。

A. 数据表相互之间存在联系，但用独立的文件名保存

B. 数据表相互之间存在联系，用表名表示相互间的联系

C. 数据表相互之间不存在联系，完全独立

D. 数据表既相对独立，又相互联系

24. 在关系窗口中，双击两个表之间的连接线，会出现(　　)。

A. 数据表分析向导　　B. 数据关系图窗口

C. 连接线粗细变化　　D. 编辑关系对话框

25. Access 数据库中，为了保持表之间的关系，要求在子表中添加记录时，如果主表中没有与之相关的记录，则不能在子表中添加该记录。为此需要定义的规则是(　　)。

A. 输入掩码　　B. 有效性规则　　C. 默认值　　D. 参照完整性

26. 在 Access 中，参照完整性规则不包括(　　)。

A. 更新规则　　B. 查询规则　　C. 删除规则　　D. 插入规则

27. 在 Access 数据库中，为了保持表之间的关系，要求在主表中修改记录时，子表相关记录随之更改。为此需要定义的参照完整性规则为(　　)。

A. 级联更新相关字段　　B. 级联删除相关字段

C. 级联修改相关字段　　D. 级联插入相关字段

28. 在已经建立的数据表中，若在显示表中内容时想使某些字段不能移动位置，可以使用的方法是(　　)。

A. 排序　　B. 筛选　　C. 隐藏　　D. 冻结

29. 对数据表进行筛选操作的结果是(　　)。

A. 只显示满足条件的记录，将不满足条件的记录从表中删除

B. 显示满足条件的记录，并将这些记录保存在一个新表中

C. 只显示满足条件的记录，不满足条件的记录被隐藏

D. 将满足条件的记录和不满足条件的记录分为两个表进行显示

30. 在 Access 中，如果不想显示数据表中的某些字段，可以使用的操作是(　　)。

A. 隐藏　　B. 删除　　C. 冻结　　D. 筛选

31. 在数据表中，对指定字段查找匹配项，按下图“查找和替换”对话框中的设置，查找的结果是(　　)。

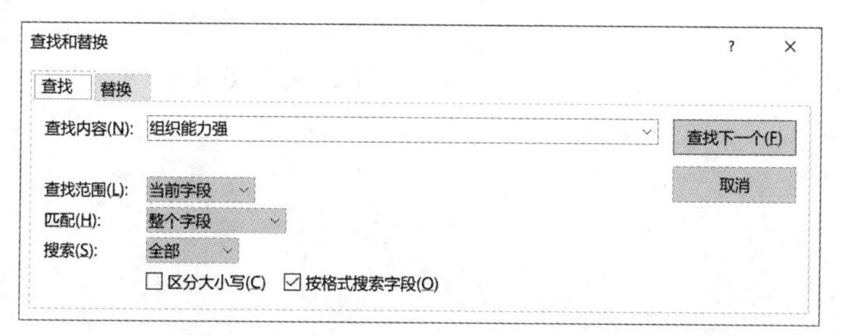

A. 当前字段中包含了字符串“组织能力强”的记录
B. 当前字段仅为“组织能力强”的记录
C. 符合查询内容的第一条记录
D. 符合查询内容的所有记录

32. Access 不能对(　　)数据类型的字段进行排序或索引。
A. 短文本　　B. OLE 对象　　C. 数字　　D. 自动编号

33. 数据类型是(　　)。
A. 字段的另一种说法
B. 决定字段能包含哪类数据的设置
C. 一类数据库应用程序
D. 一类用来描述 Access 表向导允许从中选择的字段名称

34. 下面关于 Access 表的叙述中,错误的是(　　)。
A. 在 Access 表中,可以对长文本型字段进行“格式”属性设置
B. 删除表中含有自动编号型字段的一条记录后,Access 不会对表中自动编号型字段重新编号
C. 创建表之间的关系时,不用关闭所有打开的表
D. 可在 Access 表设计视图的“说明”列中,对字段进行具体的说明

35. 下列关于字段属性的叙述中,正确的是(　　)。
A. 可对任意类型的字段设置“默认值”属性
B. 定义字段默认值的含义是该字段值不允许为空
C. 只有“短文本”型数据能够使用“输入掩码向导”
D. “有效性规则”属性只允许定义一个条件表达式

36. 可以改变“字段大小”属性的字段类型是(　　)。
A. 短文本　　B. OLE 对象　　C. 长文本　　D. 日期/时间

37. 在 Access 中如果要对用户的输入做某种限制,可在设计表字段时(　　)。
A. 设置字段的大小,改变数据类型,设置字段的格式
B. 设置字段的格式,小数位数和标题
C. 设置有效性规则,输入掩码
D. 设置字段的大小,默认值

38. 掩码“LLL000”对应的正确输入数据是(　　)。
A. 555555　　B. aaa555　　C. 555aaa　　D. aaaaaa

39. 若要在一对多的关联关系中,“一方”删除记录后,“多方”自动删除相关记录,应启用(　　)。
A. 有效性规则　　B. 级联删除相关记录
C. 完整性规则　　D. 级联更新相关字段

40. 在 Access 的数据表中删除一条记录,被删除的记录(　　)。
A. 可以恢复到原来设置　　B. 被恢复为最后一条记录
C. 被恢复为第一条记录　　D. 不能恢复

（二）**填空题**

1. 如果表中一个字段是另一个表的主关键字，那么这个字段称为________。

2. 在向数据表中输入数据时，若要求所输入的字符必须是字母，则应该使用的掩码符号是________。

3. Access 数据库中的是/否类型在数据库中占________个字节。

4. 从数据表视图向表中输入数据，在未输入之前，系统自动提供数据的字段的属性是________。

5. 在 Access 中，只有________和________两种数据类型可以设置“字段大小”属性。

6. ________属性可以防止非法数据输入到表中。

7. 当短文本型字段的取值超过 255 个字符时，应该改用________数据类型。

8. 某学校学生的学号由 8 位数字组成，其中不能包括空格，则学号字段正确的输入掩码是________。

9. 对数据表结构进行修改，主要是在数据表的________视图中进行的。

【第 3 章】

（一）**单选题**

1. 在 Access 中，查询的数据源可以是(　　)。

   A. 表　　B. 查询　　C. 表和查询　　D. 表、查询和报表

2. 在查询设计视图中，为“成绩”表的“成绩”字段设置的条件为 Between 80 And 90，则下列表达式中与所设条件功能相同的是(　　)。

   A. 成绩. 成绩>=80 AND 成绩. 成绩<=90

   B. 成绩. 成绩>80　AND 成绩. 成绩<90

   C. 80<=成绩. 成绩<=90

   D. 80<成绩. 成绩<90

3. 如下图所示查询返回的记录是(　　)。

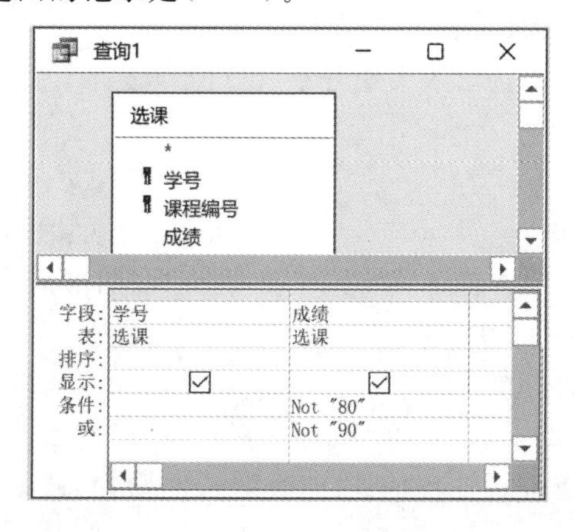

A. 不包含 80 分和 90 分　　　　　　B. 不包含 80 至 90 分数段

C. 包含 80 至 90 分数段　　　　　　D. 所有的记录

4. 查询设计视图如下图所示，则该查询要查找的是(　　)。

字段:	学号	姓名	性别	出生日期	身高	体重
表:	体检	体检	体检	体检	体检	体检
排序:						
显示:	☑	☑	☑	☑	☑	☑
条件:			"女"		>=160	
或:			"男"			

A. 身高在 160 以上的女性和所有男性　　B. 身高在 160 以上的男性和所有女性

C. 身高在 160 以上的女性　　　　　　D. 身高在 160 以上的所有人

5. 条件“Not 工资额＞9000”的含义是(　　)。

A. 选择工资额大于 9000 的记录

B. 选择工资额小于 9000 的记录

C. 选择除了工资额大于 9000 之外的记录

D. 选择除了字段工资额之外的字段，且大于 9000 的记录

6. 假设有一组数据：工资为 12000，职称为“助教”，性别为“女”。在下列逻辑表达式中结果为 False 的是(　　)。

A. 工资＞12000 AND 职称＝"讲师" OR 职称＝"助教"

B. 性别＝"男" OR NOT 职称＝"讲师"

C. 工资＝12000 AND (职称＝"助教" OR 性别＝"男")

D. 工资＞12000 AND (职称＝"助教" OR 性别＝"女")

7. 下图显示的是查询设计视图的“设计网格”部分：

字段:	姓名	性别	工作日期	职称
表:	教师	教师	教师	教师
排序:				
显示:	☑	☑	☑	☑
条件:		"女"	Year([工作日期])<2000	
或:				

从所显示的内容可以判断出该查询要查找的是(　　)。

A. 性别为“女”并且 2000 年以前参加工作的记录

B. 性别为“女”并且 2000 年以后参加工作的记录

C. 性别为“女”或者 2000 年以前参加工作的记录

D. 性别为“女”或者 2000 年以后参加工作的记录

8. 在建立查询时，若要筛选出图书编号是“01”或“02”的记录，可以在查询设计视图条件行中输入(　　)。

A. "01" Or "02"　　　　　　B. "01" And "02"

C. In("01" And "02")　　　　D. Not In("01" And "02")

9. 在 Access 的数据库中已建立了“图书”表，若查找“图书编号”是“12345”和“11111”的记录，应在查询设计视图条件行中输入(　　)。

A. "12345" And "11111"　　　　B. Not In("12345","11111")

C. In("12345","11111")　　　　D. Not("12345" And "11111")

10. 在学生表中建立查询，“姓名”字段的查询条件设置为“Is Null”，运行该查询后，显

示的记录是(　　)。

A. 姓名字段中包含空格的记录　　B. 姓名字段为空的记录

C. 姓名字段中不包含空格的记录　　D. 姓名字段不为空的记录

11. 根据下图所示的查询设计视图内容判断，此查询将显示(　　)。

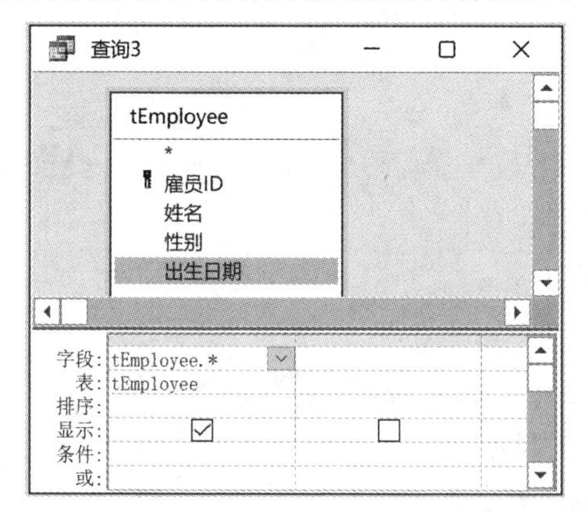

A. 出生日期字段值　　B. 除出生日期以外的所有字段值

C. 所有字段值　　D. 雇员 ID 字段值

12. 要在查找表达式中使用通配符通配一个数字字符，应选用的通配符是(　　)。

A. *　　B. ?　　C. !　　D. #

13. 在查询条件中使用了通配符"!"，它的含义是(　　)。

A. 通配任意长度的字符

B. 通配不在方括号内的任意字符

C. 通配方括号内列出的任一单个字符

D. 错误的使用方法

14. 如果在查询的条件中使用了通配符方括号"[ ]"，它的含义是(　　)。

A. 通配任意长度的字符串

B. 通配不在括号内的任意字符

C. 通配方括号内列出的任一单个字符

D. 错误的使用方法

15. 若要查询某字段值为"JSJ"的记录，在查询设计视图对应字段的条件中，错误的表达式是(　　)。

A. JSJ　　B. "JSJ"　　C. "*JSJ"　　D. Like "JSJ"

16. 若查找某个字段中以字母 A 开头且以字母 Z 结尾的所有记录，则条件表达式应设置为(　　)。

A. Like "A$Z"　　B. Like "A#Z"

C. Like "A?Z"　　D. Like "A*Z"

17. 如果使用向导创建交叉表查询的数据源来自多个表，可以先创建一个(　　)，然后将其作为交叉表查询的数据源。

A. 表　　B. 虚表　　C. 查询　　D. 动态集

18. 教师表的"选择查询"设计视图如下图所示，则查询结果是(　　)。

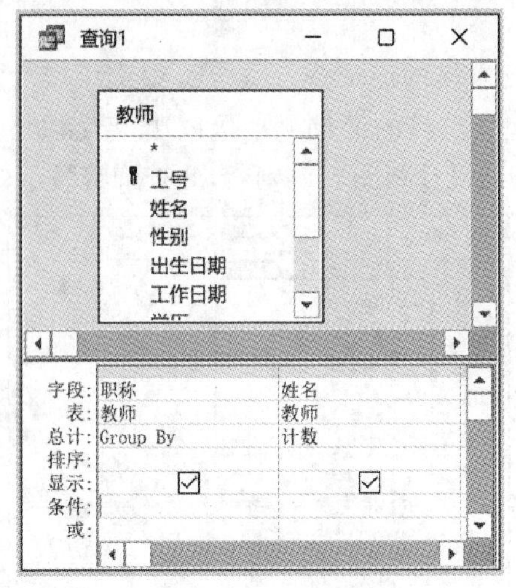

A. 按职称统计各类职称的教师人数

B. 显示教师的职称、姓名和同样职称的人数

C. 按职称的顺序分组显示教师的姓名

D. 显示教师的职称、姓名和同名教师的人数

19. 在创建交叉表查询时,行标题字段的值显示在交叉表的位置是(　　)。

A. 左面若干列　　B. 第一行

C. 上面若干行　　D. 第一列

20. SQL 的含义是(　　)。

A. 结构化查询语言　　B. 数据定义语言

C. 数据库查询语言　　D. 数据库操纵与控制语言

21. SQL 语句不能创建的是(　　)。

A. 报表　　B. 操作查询

C. 选择查询　　D. 数据定义查询

22. 在 SQL 的 SELECT 语句中,用于实现记录筛选的是(　　)。

A. FOR　　B. WHILE　　C. IF　　D. WHERE

23. 下列 SQL 查询语句中,与下图所示的查询结果等价的是(　　)。

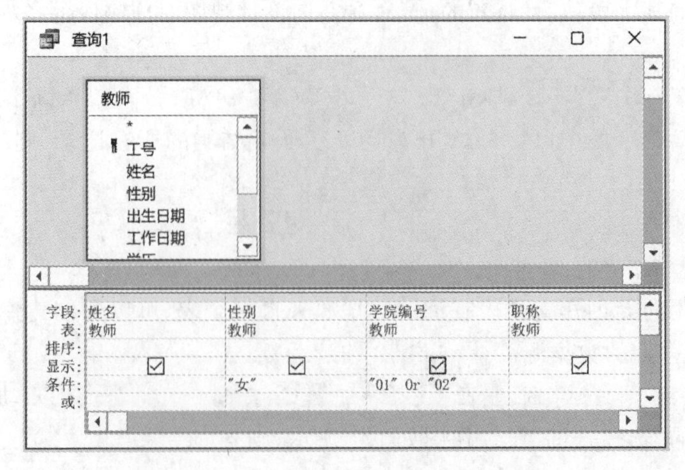

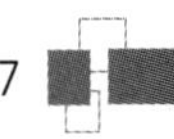

A. SELECT 姓名,性别,学院编号,职称 FROM 教师
WHERE 性别="女" AND 学院编号 IN("01","02")

B. SELECT 姓名,职称 FROM 教师
WHERE 性别="女" AND 学院编号 IN("01","02")

C. SELECT 姓名,性别,学院编号,职称 FROM 教师
WHERE 性别="女" AND 学院编号="01" OR 学院编号="02"

D. SELECT 姓名,职称 FROM 教师
WHERE 性别="女" AND 学院编号="01" OR 学院编号="02"

24. 假设"公司"表中有编号、名称、法人等字段,查找公司名称中有"网络"二字的公司信息,正确的命令是(   )。

A. SELECT * FROM 公司 FOR 名称=" *网络* "

B. SELECT * FROM 公司 FOR 名称 LIKE "*网络*"

C. SELECT * FROM 公司 WHERE 名称="*网络*"

D. SELECT * FROM 公司 WHERE 名称 LIKE "*网络*"

25. 在 SQL 查询中"GROUP BY"的含义是(   )。

A. 设置筛选条件　B. 对查询进行排序　C. 选择字段列　D. 对查询进行分组

26. 已知"借阅"表中有借阅编号、学号和图书编号等字段,每名学生每借阅一本书生成一条记录。要求按学生学号统计出每名学生的借阅次数,下列 SQL 语句中,正确的是(   )。

A. Select 学号,Count(学号) from 借阅

B. Select 学号,Count(学号) from 借阅 Group By 学号

C. Select 学号,Sum(学号) from 借阅

D. Select 学号,Sum(学号)from 借阅 Order By 学号

27. 下图是使用查询设计视图完成的查询,与该查询等价的 SQL 语句是(   )。

A. select 学号,数学 from 成绩 where 数学>(select avg(数学) from 成绩)

B. select 学号 where 数学>(select avg(数学) from 成绩)

C. select 数学 avg(数学) from 成绩

D. select 数学>(select avg(数学) from 成绩)

28. 有商品表内容如表 1 所示。

表1 商品表

部门号	商品号	商品名称	单　价	数　量	产　地
40	0101	A牌电风扇	200.00	10	广东
40	0104	A牌微波炉	235.00	10	广东
40	0105	B牌微波炉	600.00	10	广东
20	1032	C牌传真机	1000.00	20	上海
40	0107	D牌微波炉	420.00	10	北京
20	0110	A牌电话机	200.00	50	广东
20	0112	B牌手机	2000.00	10	广东
40	0202	A牌电冰箱	3000.00	2	广东
30	1041	B牌计算机	6000.00	10	广东
30	0204	C牌计算机	10000.00	10	上海

执行SQL命令：

```
SELECT 部门号,MAX(单价 * 数量) FROM 商品表 GROUP BY 部门号;
```

查询结果的记录数是(　　)。

A. 1　　B. 3　　C. 4　　D. 10

29. 在Access中已建立了学生表，表中有学号、姓名、性别和入学成绩等字段。执行SQL命令：

```
Select 性别,Avg (入学成绩) From 学生 Group by 性别
```

其结果是(　　)。

A. 计算并显示所有学生的性别和入学成绩的平均值

B. 按性别分组计算并显示男女生的入学成绩平均值

C. 计算并显示所有学生的入学成绩平均值

D. 按性别分组计算并显示所有学生的入学成绩的平均值

30. 下列不属于操作查询的是(　　)。

A. 参数查询　　B. 生成表查询　　C. 更新查询　　D. 删除查询

31. 将表A的记录复制到表B中，且不删除表B中的原有记录，可以使用的查询是(　　)。

A. 删除查询　　B. 生成表查询　　C. 追加查询　　D. 交叉表查询

32～36题使用已建立的tEmployee表，表结构及表记录如表2和表3所示。

表2 tEmployee表结构

字段名称	字段类型	字段大小
雇员ID	短文本	10
姓名	短文本	10
性别	短文本	1

续表

字 段 名 称	字 段 类 型	字 段 大 小
出生日期	日期/时间	
职务	短文本	14
简历	长文本	
联系电话	短文本	8

表 3　tEmployee 表记录

雇员 ID	姓名	性别	出生日期	职务	简　　历	联系电话
1	王宁	女	1998-9-1	经理	2022 年大学毕业，曾是销售员	35976450
2	李清	男	1992-7-1	职员	2015 年大学毕业，现为销售员	35976451
3	王创	男	1980-11-1	职员	2003 年专科毕业，现为销售员	35976452
4	郑炎	女	1994-6-1	职员	2016 年大学毕业，现为销售员	35976453
5	魏小红	女	1984-11-1	职员	2006 年专科毕业，现为管理员	35976454

32. 在 tEmployee 表中，“姓名”字段的字段大小为 10，在此列输入数据时，最多可输入的汉字数和英文字符数分别是(　　)。

A. 5　5　　B. 5　10　　C. 10　10　　D. 10　20

33. 若要确保输入的联系电话值只能为 8 位数字，应将该字段的输入掩码设置为(　　)。

A. 00000000　　B. 99999999　　C. ########　　D. ????????

34. 若在“tEmployee”表中查找所有姓“王”的记录，可以在查询设计视图的条件行中输入(　　)。

A. Like "王"　　B. Like "王 * "　　C. ="王"　　D. ="王 * "

35. 下图显示的是查询设计视图的“设计网格”部分，从此部分所示的内容中可以判断出要创建的查询是(　　)。

字段:	职务	性别
表:	tEmployee	tEmployee
排序:		
显示:	☑	☑
条件:	"主任"	
或:		"男"

A. 删除查询　　B. 生成表查询　　C. 选择查询　　D. 更新查询

36. Access 中通配符“-”的含义是(　　)。

A. 通配任意单个运算符　　B. 通配指定范围内的任意单个字符

C. 通配任意多个减号　　D. 通配任意单个字符

37. 查询运行后利用对话框来提示用户输入查询条件的查询是(　　)。

A. 选择查询　　B. 交叉表查询　　C. 参数查询　　D. 操作查询

38. 假设数据表中有一个姓名字段，查找姓名为“张三”或“李四”的记录的查询条件为(　　)。

A. In("张三","李四")　　B. Like "张三" And Like "李四"

C. Like("张三","李四")　　D. "张三" And "李四"

39. 用于指定一个字段值为空值的运算符是(　　)。

A. Null　　B. Is Null　　C. Not Null　　D. Is Not Null

40. 在书写查询条件时，日期型数据应该使用适当的分隔符括起来，正确的分隔符是(　　)。

A. *　　B. %　　C. &　　D. #

41. 查询"书名"字段中包含"等级考试"字样的记录，应该使用的条件是(　　)。

A. Like "等级考试"　　B. Like "*等级考试"

C. Like "等级考试*"　　D. Like "*等级考试*"

42. 若 Access 数据表中有姓名为"李建华"的记录，下列无法查询出"李建华"的表达式是(　　)。

A. Like "华"　　B. Like "*华"　　C. Like "*华*"　　D. Like "??华"

43. 在 Access 中已经建立了"工资"表，表中包括"职工号"、"所在单位"、"基本工资"和"应发工资"等字段，如果要按单位统计应发工资总数，那么在查询设计视图的"所在单位"的"总计"行和"应发工资"的"总计"行中分别选择的是(　　)。

A. sum, group by　　B. count, group by

C. group by, sum　　D. group by, count

44. 要覆盖数据库中已存在的表，可使用的查询是(　　)。

A. 删除查询　　B. 追加查询　　C. 生成表查询　　D. 更新查询

45. 下列关于 SQL 语句的说法中，错误的是(　　)。

A. INSERT 语句可以向数据表中追加新的数据记录

B. UPDATE 语句用来修改数据表中已经存在的数据记录

C. DELETE 语句用来删除数据表中的记录

D. CREATE 语句用来建立表结构并追加新的记录

46. 设 Student 为学生关系，SC 为学生选课关系，Sno 为学生号，Sname 为学生姓名，Cno 为课程号，执行下面 SQL 语句的结果是(　　)。

```
SELECT Student.Sname FROM Student,SC
WHERE Student.Sno=SC.Sno AND SC.Cno="C1"
```

A. 选出选修 C1 课程的学生信息

B. 选出选修 C1 课程的学生姓名

C. 选出 Student 中学生号与 SC 中学生号相等的信息

D. 选出 Student 和 SC 中的一个关系

47. 对"将信息系 2023 年以前参加工作的教师的职称改为副教授"，合适的查询为(　　)。

A. 生成表查询　　B. 更新查询　　C. 删除查询　　D. 追加查询

(二) 填空题

1. SQL 的含义是________。

2. 若要查找最近 20 天之内参加工作的职工记录，查询条件为________。

3. 在 Access 查询的条件表达式中要表示任意单个字符，应使用通配符________。

4. 用 SQL 语句实现查询表名为"图书"表中的所有记录，应该使用的 SELECT 语句是：

SELECT ________。

5. 在 SQL 的 SELECT 语句中用________短语对查询的结果进行排序。

6. 在 SELECT 语句中，HAVING 子句必须与________子句一起使用。

7. 如果要将某表中的若干记录删除，应该创建________查询。

8. 分组查询中，若要统计每组成绩的最高分，应该使用的函数是________。

9. SELECT 命令中用于取消重复记录的关键字是________。

10. Access 数据库中查询有很多种，根据每种方式在执行上的不同，可以分为选择查询、交叉表查询、________、________和 SQL 查询。

【第 4 章】

（一）**单选题**

1. 在 Access 中，如果要处理具有复杂条件或循环结构的问题，应该使用的对象是（　　）。

A. 窗体　　B. 模块　　C. 宏　　D. 报表

2. VBA 中定义符号常量使用的关键字是（　　）。

A. Const　　B. Dim　　C. Public　　D. Static

3. 下列变量名中，合法的是（　　）。

A. 4A　　B. A-1　　C. ABC_1　　D. private

4. 下列数据类型中，不属于 VBA 的是（　　）。

A. 长整型　　B. 布尔型　　C. 变体型　　D. 指针型

5. 下列表达式计算结果为数值类型的是（　　）。

A. #5/5/2020#-#5/1/2020#　　B. "102">"11"

C. 102=98+4　　D. #5/1/2010#+5

6. 以下可以得到"2*5=10"的 VBA 表达式是（　　）。

A. "2*5" & "=" & 2*5　　B. "2*5"+"="+2*5

C. 2*5 & "=" & 2*5　　D. 2*5+"="+2*5

7. 下列逻辑表达式中，能正确表示条件“x 和 y 都是奇数”的是（　　）。

A. x Mod 2=1 Or y Mod 2=1　　B. x Mod 2=0 Or y Mod 2=0

C. x Mod 2=1 And y Mod 2=1　　D. x Mod 2=0 And y Mod 2=0

8. 表达式 Fix(−3.25)和 Fix(3.75)的结果分别是（　　）。

A. −3,3　　B. −4,3　　C. −3,4　　D. −4,4

9. 有如下语句：

```
s=Int(100*Rnd)
```

执行完毕后，s 的值是（　　）。

A. [0,99]的随机整数　　B. [0,100]的随机整数

C. [1,99]的随机整数　　D. [1,100]的随机整数

10. 用于获得字符串 Str 从第 3 个字符开始的 2 个字符的函数是（　　）。

A. Mid(Str,3,2)　　B. Middle(Str,3,2)
C. Right(Str,3,2)　　D. Left(Str,3,2)

11. 用于获得字符串 S 最左边 5 个字符的函数是(　　)。
A. Left(S,5)　　B. Left(S,1,5)　　C. Leftstr(S,5)　　D. Leftstr(S,0,4)

12. 要将一个数字字符串转换成对应的数值,应使用的函数是(　　)。
A. Val　　B. Single　　C. Asc　　D. Space

13. VBA 程序中,可以实现代码注释功能的是(　　)。
A. 方括号([ ])　　B. 冒号(:)　　C. 单引号(')　　D. 双引号(")

14. 执行语句:

```
st=InputBox("请输入字符串", "字符串对话框", "AAAA")
```

当用户输入字符串“BBBB”,按“确认”按钮后,变量 st 的内容是(　　)。
A. AAAA　　B. 请输入字符串　　C. 字符串对话框　　D. BBBB

15. VBA 程序中,多条语句可以写在一行中,其分隔符必须使用符号(　　)。
A. :　　B. '　　C. ;　　D. ,

16. 下列能够交换变量 X 和 Y 的值的程序段是(　　)。
A. Y=X:X=Y　　B. Z=X:Y=Z:X=Y
C. Z=X:X=Y:Y=Z　　D. Z=X:W=Y:Y=Z:X=Y

17. 下列不是分支结构的语句是(　　)。
A. If…Then …End If　　B. If …Then …ElseIf…End If
C. While…Wend　　D. Select Case …End Select

18. 执行如下 VBA 过程后,MsgBox 函数的输出结果是(　　)。

```
Private Sub test()
    a=75
    If a>60 Then i=1
    If a>70 Then i=2
    If a>80 Then i=3
    If a>90 Then i=4
    MsgBox i
End Sub
```

A. 1　　B. 2　　C. 3　　D. 4

19. 下列 Case 语句中错误的是(　　)。
A. Case 0 To 10　　B. Case Is>10
C. Case Is>10 And Is<50　　D. Case 3,5,Is>10

20. 由“For i=1 To 16 Step 3”决定的循环结构,其循环体将被执行(　　)次。
A. 4　　B. 5　　C. 6　　D. 7

21. 由“For i=1 To 9 Step −3”决定的循环结构,其循环体将被执行(　　)次。
A. 0　　B. 1　　C. 4　　D. 5

22. 若变量 i 的初值为 8,则下列循环语句中循环体的执行次数为(　　)。

```
Do While i<=17
        i=i+2
```

```
    Loop
```

A. 3 次　　B. 4 次　　C. 5 次　　D. 6 次

23. 设有如下程序

```
Private Sub test()
    Dim sum As Double, x As Double
    sum=0
    n=0
    For I=1 To 5
        x=n/I
        n=n+1
        sum=sum+x
    Next I
    Debug.Print sum
End Sub
```

该程序通过 For 循环来计算一个表达式的值，这个表达式是(　　)。

A. 1+1/2+2/3+3/4+4/5　　B. 1+1/2+1/3+1/4+1/5

C. 1/2+2/3+3/4+4/5　　D. 1/2+1/3+1/4+1/5

24. 下列 VBA 过程实现的功能是(　　)。

```
Private Sub test()
    Dim num As Integer, a As Integer, b As Integer, i As Integer
    For i=1 To 10
        num=InputBox("请输入数据:", "输入", 1)
        If Int(num/2)=num/2 Then
            a=a+1
        Else
            b=b+1
        End If
    Next i
    MsgBox ("运行结果: a=" & str(a)&",b=" & str(b))
End Sub
```

A. 对输入的 10 个数据求累加和

B. 对输入的 10 个数据求各自的余数，然后再进行累加

C. 对输入的 10 个数据分别统计有几个是整数，有几个是非整数

D. 对输入的 10 个数据分别统计有几个是奇数，有几个是偶数

25. 下列过程用于实现从键盘输入一个成绩值，如果输入的成绩不在 0 和 100 之间，则要求重新输入；如果输入的成绩正确，则进入后续程序处理。

```
Private Sub test()
    Dim flag As Boolean
    result=0: flag=True
    Do While flag
        result=Val(InputBox("请输入学生成绩:", "输入"))
        If result >= 0 And result <= 100 Then
        ________
        Else
```

```
            MsgBox "成绩输入错误,请重新输入"
        End If
    Loop
    Rem  成绩输入正确后的程序代码略
End Sub
```

程序中有一空白处,需要填入一条语句使程序完成其功能。下列选项中错误的语句是(　　)。

A. flag＝False　　B. flag＝Not flag　　C. flag＝True　　D. Exit Do

26. 假定有以下程序段

```
n=0
For i=1 To 3
   For j=-4 To -1
      n=n+1
   Next j
Next i
```

运行完毕后,n 的值是(　　)。

A. 0　　B. 3　　C. 4　　D. 12

27. 下列 VBA 过程执行后,MsgBox 函数的输出结果是(　　)。

```
Private Sub test()
    Dim i, j, x
    For i=1 To 20 Step 2
        x=0
        For j=i To 20 Step 3
            x=x+1
        Next j
    Next i
    MsgBox x
End Sub
```

A. 1　　B. 7　　C. 17　　D. 400

28. 运行下列程序,在立即窗口显示的结果是(　　)。

```
Private Sub test()
    Dim I As Integer, J As Integer
    For I=2 To 10
        For J=2 To I/2
            If I Mod J=0 Then Exit For
        Next J
        If J>Sqr(I) Then Debug.Print I;
    Next I
End Sub
```

A. 1　5　7　9　　B. 4　6　8　　C. 3　5　7　9　　D. 2　3　5　7

29. 语句 Dim NewArray(10) As Integer 的含义是(　　)。

A. 定义了一个整型变量且初值为 10　　B. 定义了由 10 个整数构成的数组

C. 定义了由 11 个整数构成的数组　　D. 将数组的第 10 个元素设置为整型

30. 下列数组声明语句中,正确的是(　　)。

A. Dim A[3,4] As Integer　　B. Dim A(3,4) As Integer

C. Dim A[3;4] As Integer　　D. Dim A(3;4) As Integer

31. 执行如下 VBA 过程后,MsgBox 函数的输出结果是(　　)。

```
Private Sub test()
    Dim a(10, 10) As Integer
    For m=2 To 4
        For n=4 To 5
            a(m,n)=m*n
        Next n
    Next m
    MsgBox a(2,5)+a(3,4)+a(4,5)
End Sub
```

A. 22　　B. 32　　C. 42　　D. 52

32. 在 VBA 中,下列关于过程的描述正确的是(　　)。

A. 过程的定义可以嵌套,但过程的调用不能嵌套

B. 过程的定义不可以嵌套,但过程的调用可以嵌套

C. 过程的定义和过程的调用均可以嵌套

D. 过程的定义和过程的调用均不能嵌套

33. Sub 过程与 Function 过程最本质的区别是(　　)。

A. Sub 过程没有返回值,而 Function 过程能通过过程名返回值

B. Sub 过程可以使用 Call 语句或直接使用过程名调用,而 Function 过程不可以

C. 两种过程的参数传递方式不同

D. Function 过程可以有参数,Sub 过程不可以

34. 使用 Function 语句定义一个函数过程,其返回值的类型(　　)。

A. 只能是符号常量　　B. 只能是数值型或字符型

C. 在调用时由主调过程决定　　D. 在函数定义时由 As 子句声明

35. 如在被调过程中改变了形参的值,但不影响实参值,这种参数传递方式称为(　　)。

A. 按值传递　　B. 按地址传递　　C. ByRef 传递　　D. 按形参传递

36. 在过程定义中有语句:

```
Private Sub GetData(ByRef f As Integer)
```

其中"ByRef"的含义是(　　)。

A. 按值传递　　B. 按地址传递　　C. 形式参数　　D. 实际参数

37. 要想在过程 P1 调用后返回形参 x 和 y 的变化结果,下列定义语句中正确的是(　　)。

A. Sub P1(x as Integer,y as Integer)

B. Sub P1(ByVal x as Integer,y as Integer)

C. Sub P1(x as Integer,ByVal y as Integer)

D. Sub P1(ByVal x as Integer,ByVal y as Integer)

38. 下列主调过程 test 执行后,立即窗口的输出结果是(　　)。

```
Private Sub test()
    Dim x As Integer, y As Integer
    x=12: y=32
    Call Proc(x, y)
    Debug.Print x; y
End Sub
Public Sub Proc(n As Integer, ByVal m As Integer)
    n=n Mod 10
    m=m Mod 10
End Sub
```

A. 2　32　　　B. 12　3　　　C. 2　2　　　D. 12　32

39. 假设有如下被调过程 sfun 和主调过程 test：

```
Sub sfun(x As Single, y As Single)
        t=x
        x=t/y
        y=t Mod y
End Sub
Private Sub test()
    Dim a As Single, b As Single
    a=5: b=4
    sfun a, b
    MsgBox a+b
End Sub
```

运行主调过程 test 后，消息框的输出结果为(　　)。

A. 2　　　B. 2.25　　　C. 5.25　　　D. 9

40. 已知有如下函数过程 result 和主调过程 test：

```
Function result(ByVal x As Integer) As Boolean
    If x Mod 2=0 Then
        result=True
    Else
        result=False
    End If
End Function
Private Sub test()
    x=Val(InputBox("请输入一个整数"))
    If _______ Then
        MsgBox x & "是偶数."
    Else
        MsgBox x & "是奇数."
    End If
End Sub
```

运行主调过程 test，输入 19，MsgBox 函数输出“19 是奇数.”。那么在程序的空白处应填写(　　)。

A. result(x)="偶数"　　　B. result(x)

C. result(x)="奇数"　　　D. NOT result(x)

41. 在 Access 中,如果变量定义在模块的过程内部,当过程执行时才可见,则这种变量的作用域为(　　)。

A. 程序范围　　B. 全局范围　　C. 模块范围　　D. 局部范围

42. 下列叙述中,正确的是(　　)。

A. Sub 过程无返回值

B. Sub 过程有返回值,返回值类型只能是符号常量

C. Sub 过程有返回值,返回值类型可在调用过程时动态决定

D. Sub 过程有返回值,返回值类型可由定义时的 AS 子句声明

43. 在模块的通用声明段使用“Option Base 1”,然后定义二维数组 A(2 to 5,5),则该数组的元素个数为(　　)。

A. 20　　B. 24　　C. 25　　D. 36

44. 表达式“B=Int(A+0.5)”的功能是(　　)。

A. 将变量 A 保留小数点后 1 位　　B. 将变量 A 四舍五入取整

C. 将变量 A 保留小数点后 5 位　　D. 舍去变量 A 的小数部分

45. 在窗体中有一个名为 Command1 的命令按钮,事件代码为

```
Private Sub Command1_Click()
    Dim m(10)
    For k=1 To 10
        m(k)=11-k
    Next k
    x=6
    MsgBox m(2+m(x))
End Sub
```

打开窗体,单击命令按钮,消息框的输出结果是(　　)。

A. 2　　B. 3　　C. 4　　D. 5

(二) 填空题

1. 在 VBA 中双精度型的类型标识是________。
2. 在 VBA 中变体型的类型标识是________。
3. Int(−3.25)的结果是________。
4. 在 VBA 中,求字符串的长度可以使用函数________。
5. 函数 Right("计算机等级考试", 4)的执行结果是________。
6. 函数 Mid("学生信息管理系统", 3,2)的结果是________。
7. 函数 Now()返回值的含义是________。
8. 函数 IIf(0,20,30)的返回值为________。
9. 程序的基本流程控制结构有________、________和________三种。
10. 下列程序段的功能是求 1 到 100 的累加和。请在空白处填入适当的语句,使程序完成指定的功能。

```
Dim s As Integer, m As Integer
s=0
```

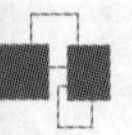


```
m=1
do While _______
    s=s+m
    m=m+1
Loop
```

11. 下列过程的功能是求表达式 1－1/2＋1/3－1/4＋…前 30 项之和。请在空白处填入适当的语句,使程序可以完成指定的功能。

```
Sub Test()
    Dim i as Integer, s As Single, f As Integer
    s=0 : f=1
    For i=1 To 30
        s=s+f/i
        f=_______
    Next i
    Debug.Print "1-1/2+1/3-1/4+…="; s
End Sub
```

12. 下面 VBA 程序段运行结束后,k 的值为________。

```
k=0
For m=0 To 7 step 3
    For n=m-1 To m+1
        k=k+1
    Next n
Next m
```

13. 过程 Test 显示一个如下所示的 4×4 的乘法表。

```
1*1=1   1*2=2   1*3=3   1*4=4
2*2=4   2*3=6   2*4=8
3*3=9   3*4=12
4*4=16
```

请在空白处填入适当的语句,使子过程完成指定的功能。

```
Sub Text()
    Dim i,j As Integer
        For i=1  To  4
            For j=1  To  4
                If _______ Then
                    Debug.Print I & "*" & j & "=" & i * j & Space(2);
                End If
            Next j
        Debug.Print
    Next i
End Sub
```

14. 在使用 Dim 语句定义数组时,在默认情况下,数组下标的下界值为________。

15. 执行如下 VBA 过程后,消息框的输出结果是________。

```
Private Sub test()
    a=75
```

```
    If a>60 Then
        k=1
    ElseIf a>70 Then
        k=2
    ElseIf a>80 Then
        k=3
    ElseIf a>90 Then
        k=4
    End If
    MsgBox k
End Sub
```

16. 执行如下 VBA 过程后，消息框的输出结果是________。

```
Private Sub test()
    s="ABBACDDCAB"
    For i=6 To 2 Step -2
        x=Mid(s, i, i)
        y=Left(s, i)
        z=Right(s, i)
        z=x & y & z
    Next i
    MsgBox z
End Sub
```

17. 执行如下 VBA 过程后，消息框的输出结果是________。

```
Private Sub test()
    For i=1 To 4
        x=3
        For j=1 To 3
            For k=1 To 2
                x=x+3
            Next k
        Next j
    Next i
    MsgBox x
End Sub
```

18. 执行如下 VBA 过程后，消息框的输出结果是________。

```
Private Sub test()
    f0=1: f1=1: k=1
    Do While k <= 5
        F=f0+f1
        f0=f1
        f1=F
        k=k+1
    Loop
    MsgBox "F=" & F
End Sub
```

19. 执行如下 VBA 过程后，消息框的输出结果是________。

```
Private Sub test()
    result=1
    For i=1 To 6 Step 3
      result=result * i
    Next i
    MsgBox result
End Sub
```

20. 有如下 VBA 程序代码，执行主调过程 test 后，立即窗口的输出结果是________。

```
Private Sub test()
    Dim s As Integer
    s=P(1)+P(2)+P(3)+P(4)
    Debug.Print s
End Sub
Public Function P(N As Integer)
    Dim Sum As Integer
    Sum=0
    For i=1 To N
        Sum=Sum+i
    Next i
    P=Sum
End Function
```

21. VBA 表达式 3 * 3\3/3 的输出结果是________。

22. 将一个数值转换成相应字符串的函数是________。

23. 设有如下代码段：

```
x=1
Do
    x=x+2
Loop Until _______
```

运行程序，要求循环体执行 3 次后结束循环，空白处应填入的语句是________。

24. 运行下列过程，输入数据 8、9、3、0 后，窗体中显示结果是________。

```
    Sub test()
        Dim sum As Integer, m As Integer
        sum=0
        Do
            m=InputBox("输入")
            sum=sum+m
        Loop Until m=0
        MsgBox sum
    End Sub
```

25. 下列程序的功能是计算 sum＝1＋(1＋3)＋(1＋3＋5)…＋(1＋3＋5＋…＋39)

```
Sub test()
     t=0
     m=1
     sum=0
     Do
```

```
        t=t+m
        sum=sum+t
        m=________
    Loop While m <= 39
    MsgBox "sum=" & sum
End Sub
```

为了保证程序正确完成上述功能,空白处应填入的语句是________。

26. 在模块窗口编写如下程序,运行主调过程 test 后,消息框的输出结果为________。

```
Public x As Integer
Sub test()
    x=10
    Call s1
    Call s2
    MsgBox x
End Sub
Private Sub s1()
    x=x+20
End Sub
Private Sub s2()
    Dim x As Integer
    x=x+20
End Sub
```

【第 5 章】

(一) 单选题

1. "能被对象所识别的动作"和"对象可执行的动作"分别称为对象的(　　)。
   A. 方法和事件　　B. 事件和方法　　C. 事件和属性　　D. 过程和方法
2. 主窗体和子窗体通常用于显示具有(　　)关系的多个表或查询的数据。
   A. 一对一　　B. 一对多　　C. 多对一　　D. 多对多
3. 下列事件中,不属于窗体事件的是(　　)。
   A. 打开　　B. 关闭　　C. 加载　　D. 取消
4. 加载窗体时被触发的事件是(　　)。
   A. Load　　B. Unload　　C. Click　　D. DbClick
5. 下列属性中,属于窗体的"数据"类属性的是(　　)。
   A. 记录源　　B. 自动居中　　C. 获得焦点　　D. 记录选择器
6. 窗体 Caption 属性的作用是确定窗体的(　　)。
   A. 标题　　B. 名称　　C. 边界类型　　D. 字体
7. 以下不属于窗体控件的是(　　)。
   A. 标签　　B. 复选框　　C. 报表　　D. 选项组

8. 窗体运行时,能够接受数据输入的控件是(　　)。

A. 直线　　B. 文本框　　C. 标签　　D. 命令按钮

9. 要改变窗体上文本框控件的输出内容,应设置的属性是(　　)。

A. 标题　　B. 查询条件　　C. 控件来源　　D. 记录源

10. 以下不属于文本框控件属性的是(　　)。

A. 标题　　B. 可见性　　C. 前景色　　D. 背景色

11. 在窗体中有一个文本框 Text1,编写事件代码为

```
Private Sub Form_Click()
    x=Val(InputBox("输入 x 的值"))
    y=1
    If x <> 0 Then y=2
    Text1.Value=y
End Sub
```

打开窗体运行后,在输入框中输入整数 12,文本框 Text1 中输出的结果是(　　)。

A. 1　　B. 2　　C. 3　　D. 4

12. 在某窗体上有一个命令按钮(名称为 Command1) 和一个文本框(名称为 Text1)。当单击命令按钮时,将变量 sum 的值显示在文本框内,正确的代码是(　　)。

A. Me!Text1.Caption＝sum　　B. Me!Text1.Value＝sum

C. Me!Text1.Text＝sum　　D. Me!Text1.Visible＝sum

13. 为窗体中的命令按钮设置单击时发生的动作,应选择设置其属性对话框的(　　)。

A. 格式选项卡　　B. 事件选项卡　　C. 方法选项卡　　D. 数据选项卡

14. 在窗体上,设置控件 Command0 为不可见的属性是(　　)。

A. Command0.Color　　B. Command0.Caption

C. Command0.Enabled　　D. Command0.Visible

15. 窗体上有 3 个命令按钮,分别命名为 Command1、Command2 和 Command3。编写 Command1 的单击事件过程,完成的功能为:当单击按钮 Command1 时,按钮 Command2 可用,按钮 Command3 不可见。以下事件过程正确的是(　　)。

A.
```
Private Sub Command1_Click()
    Command2.Visible＝True
    Command3.Visible＝False
End Sub
```

B.
```
Private Sub Command1_Click()
    Command2.Enabled＝True
    Command3.Enabled＝False
End Sub
```

C.
```
Private Sub Command1_Click()
    Command2.Enabled＝True
    Command3.Visible＝False
End Sub
```

D.
```
Private Sub Command1_Click()
```

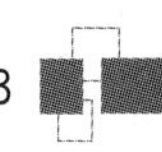

```
    Command2.Visible=True
    Command3.Enabled=False
End Sub
```

16. 在窗体设计过程中，命令按钮 Command0 的事件属性设置如下图所示，则含义是(　　)。

属性表

所选内容的类型：命令按钮

Command0

格式 数据 事件 其他 全部

单击	[事件过程]
获得焦点	
失去焦点	
双击	
鼠标按下	
鼠标释放	
鼠标移动	
键按下	
键释放	
击键	
进入	[事件过程]
退出	

A. 只能为“进入”事件和“单击”事件编写事件过程

B. 不能为“进入”事件和“单击”事件编写事件过程

C. “进入”事件和“单击”事件执行的是同一事件过程

D. 已经为“进入”事件和“单击”事件编写了事件过程

17. 在窗体中添加了一个文本框和一个命令按钮(名称分别为 tText 和 bCommand)，并编写了相应的事件过程。运行此窗体后，在文本框中输入一个字符，则命令按钮上的标题变为“计算机等级考试”。以下能实现上述操作的事件过程是(　　)。

A.
```
Private Sub bCommand_Click()
    Caption="计算机等级考试"
End Sub
```

B.
```
Private Sub tText_Click()
    bCommand.Caption="计算机等级考试"
End Sub
```

C.
```
Private Sub bCommand_Change()
    Caption="计算机等级考试"
End Sub
```

D.
```
Private Sub tText_Change()
    bCommand.Caption="计算机等级考试"
End Sub
```

18～20 题使用下图，窗体的名称为 fmTest，窗体中有一个标签和一个命令按钮，名称分别为 Label1 和 bChange。

窗体1

改变标题颜色

改变标题颜色

18. 在窗体视图中显示该窗体时，要求单击命令按钮后标签上显示的文字颜色变为红色。以下能实现该操作的语句是(　　)。

A. label1.BackColor="255"　　　　B. bChange.BackColor="255"

C. label1.ForeColor="255"　　　　D. bChange.ForeColor="255"

19. 若将窗体的标题设置为“改变文字显示颜色”，应使用的语句是(　　)。

A. Me="改变文字显示颜色"　　　　B. Me.Caption="改变文字显示颜色"

C. Me.text="改变文字显示颜色"　　　　D. Me.Name="改变文字显示颜色"

20. 在窗体视图中显示窗体时，要使窗体中没有记录选择器，应将窗体的“记录选择器”属性值设置为(　　)。

A. 是　　　　B. 否　　　　C. 有　　　　D. 无

21. 确定一个控件在窗体中位置的属性是(　　)。

A. Width 或 Height　　　　B. Width 和 Height

C. Top 或 Left　　　　D. Top 和 Left

22. 修改文本框中数据时触发的事件是(　　)。

A. Getfocus　　　　B. Edit　　　　C. Change　　　　D. LostFocus

23. 在窗体中添加一个命令按钮(名称为 Command1)，然后编写如下代码

```
Private Sub Command1_Click()
   a=0: b=5: c=6
   MsgBox a=b+c
End Sub
```

窗体运行后，如果单击命令按钮，则消息框的输出结果为(　　)。

A. 11　　　　B. a=11　　　　C. 0　　　　D. False

24. Access 的控件对象可以通过设置某个属性来控制该对象是否可用(不可用时显示为灰色状态)，需要设置的属性是(　　)。

A. Default　　　　B. Cancel　　　　C. Enabled　　　　D. Visible

25. Access 数据库中，若要求在窗体上设置输入的数据是取自若干个固定内容数据中的一个，可以使用的控件是(　　)。

A. 选项组　　　　B. 列表框或组合框

C. 文本框　　　　D. 复选框

26. 在教师信息窗体中，为职称字段提供“教授”“副教授”“讲师”等选项供用户直接选择，应使用的控件是(　　)。

A. 标签　　　　B. 组合框　　　　C. 文本框　　　　D. 复选框

27. 以下关于列表框和组合框的叙述正确的是(　　)。

A. 在列表框和组合框中都不能输入新值

B. 可以在组合框中输入新值，而列表框不行

C. 可以在列表框中输入新值，而组合框不行

D. 在列表框和组合框中都可以输入新值

28. 在 Access 中已建立了“雇员”表，其中有用于存放照片的字段。在使用向导为该表创建窗体时，“照片”字段所使用的默认控件是（　　）。

A. 图像框　　B. 绑定对象框　　C. 非绑定对象框　　D. 列表框

29. 在窗体中有一个命令按钮(名称为 Command1)，对应的事件代码为

```
Private Sub Command1_Click()
    sum=0
    For i=10 To 1 Step -2
        sum=sum+i
    Next i
    MsgBox sum
End Sub
```

运行窗体后，单击命令按钮，消息框中的显示结果是（　　）。

A. 10　　B. 30　　C. 55　　D. 其他结果

30. 下列关于窗体的作用叙述，错误的是（　　）。

A. 可以接收用户输入的数据或命令　　B. 可以构造方便、美观的输入/输出界面

C. 可以编辑、显示数据表中的数据　　D. 可以直接存储数据

31. 在窗体上添加一个命令按钮(名为 Command1) 和一个文本框(名为 Text1)，并在命令按钮中编写如下事件代码：

```
Private Sub Command1_Click()
    m=2.17
    n=Len(Str$ (m)+Space(5))
    Me!Text1=n
End Sub
```

打开窗体运行后，单击命令按钮，在文本框中显示（　　）。

A. 5　　B. 8　　C. 9　　D. 10

32. 在窗体中，用来输入或编辑数据的交互控件是（　　）。

A. 文本框　　B. 标签　　C. 复选框　　D. 列表框

33. 若在“销售总数”窗体中有“订货总数”文本框控件，能够正确引用控件值的是（　　）。

A. Forms. [销售总数]. [订货总数]　　B. Forms![销售总数]. [订货总数]

C. Forms. [销售总数]![订货总数]　　D. Forms![销售总数]![订货总数]

34. 若窗体 Frm1 中有一个命令按钮 Cmd1，则窗体和命令按钮的 Click 事件过程名分别为（　　）。

A. Form_Click()、Command1_Click()

B. Frm1_Click()、Command1_Click

C. Form_Click()、Cmd1_Click()

D. Frm1_Click()、Cmd1_Click()

35. 在窗体中为了更新数据表中的字段，要选择相关的控件。正确的控件选择是(　　)。

A. 只能选择绑定型控件

B. 可以选择绑定型或计算型控件

C. 只能选择计算型控件

D. 可以选择绑定型、非绑定型或计算型控件

(二) 填空题

1. 窗体由多个部分组成，每部分称为一个________。

2. 在创建主/子窗体之前，必须设置数据源表之间的________。

3. 命令按钮最常用的事件是________。

4. 在窗体中添加一个命令按钮(名为 Command1) 和一个文本框(名为 Text1)，然后编写如下事件过程：

```
Private Sub Command1_Click()
    Dim x As Integer, y As Integer, z As Integer
    x=5: y=7: z=0
    Me!Text1=""
    Call p1(x, y, z)
    Me!Text1=z
End Sub
Sub p1(a As Integer, b As Integer, c As Integer)
    c=a+b
End Sub
```

打开窗体运行后，单击命令按钮，文本框中显示的内容是________。

5. 有一个 VBA 计算程序的功能如下，该程序用户界面由 4 个文本框和 3 个按钮组成。4 个文本框的名称分别为 Text1、Text2、Text3 和 Text4。3 个按钮分别为清除(名为 Command1)、计算(名为 Command2) 和退出(名为 Command3)。窗体打开运行后，单击"清除"按钮，则清除所有文本框中显示的内容；单击"计算"按钮，则计算在 Text1、Text2 和 Text3 三个文本框中输入的 3 科成绩的平均成绩并将结果存放在 Text4 文本框中；单击"退出"按钮则关闭窗体。请将下列程序补充完整。

```
Private Sub Command1_Click()
    Me!Text1=""
    Me!Text2=""
    Me!Text3=""
    Me!Text4=""
End Sub
Private Sub Command2_Click()
    If Me!Text1="" Or Me!Text2="" Or Me!Text3="" Then
        MsgBox "成绩输入不全"
    Else
        Me!Text4=(________+Val(Me!Text2)+ Val(Me!Text3))/3
    ________
End Sub
```

```
Private Sub Command3_Click()
    Docmd.________
End Sub
```

6. 在窗体中添加一个命令按钮，名称为 Command1，然后编写如下程序：

```
Private Sub Command1_Click()
    Dim s, i
    For i=1 To 10
        s=s+i
    Next i
    MsgBox s
End Sub
```

窗体打开运行后，单击命令按钮，则消息框的输出结果为________。

7. 窗体中有两个命令按钮："显示"(名为 cmdDisplay)和"测试"(名为 cmdTest)。以下事件过程的功能是：单击"测试"按钮时，弹出一个消息框。如果单击消息框的"确定"按钮，就隐藏窗体上的"显示"命令按钮；单击消息框的"取消"按钮关闭窗体。按照功能要求，将程序补充完整。

```
Private Sub cmdTest_Click()
    Answer=________("隐藏按钮", vbOKCancel)
    If Answer=vbOK Then
        cmdDisplay.Visible=________
    Else
        DoCmd.Close
    End If
End Sub
```

8. 在窗体中有一个名为 Command1 的命令按钮，Click 事件的代码为

```
Private Sub Command1_Click()
    F=0
    For n=1 To 10 Step 2
        F=F+n
    Next n
    Me!Lbl.Caption=F
End Sub
```

单击命令按钮后，标签显示的结果是________。

9. 在窗体中有两个文本框，分别为 Text1 和 Text2，以及一个命令按钮 Command1。编写如下两个事件过程：

```
Private Sub Command1_Click()
    a=Text1.Value+Text2.Value
    MsgBox a
End Sub
Private Sub Form_Load()
    Text1.Value=""
    Text2.Value=""
End Sub
```

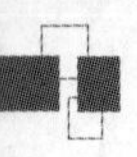

程序运行时，在文本框 Text1 中输入 78，在文本框 Text2 中输入 87，单击命令按钮，消息框中输出的结果为________。

10. ________是窗体中用于显示数据，执行操作和装饰窗体的对象。

11. 将当前窗体标题设置为“Access 窗体”的语句是________。

12. 某窗体中有一个命令按钮，名称为 C1。要求在窗体视图中单击此命令按钮后，命令按钮上的文字颜色变为棕色(棕色代码为 128)，实现该操作的 VBA 语句是________。

13. 在窗体上添加一个命令按钮(名为 Command1)，然后编写如下事件过程。

```
Private Sub Command1_Click()
    Dim b, k
    For k=1 To 6
        b=23+k
    Next k
    MsgBox b+k
End Sub
```

打开窗体后，单击命令按钮，消息框的输出结果是________。

14. 在用户登录窗体中，有一个名为 username 的文本框用于输入用户名，一个名为 pass 的文本框用于输入用户的密码。用户输入用户名和密码后，单击“登录”(名为 login)命令按钮，系统将查找名为“密码表”的数据表。如果密码表中有指定的用户名且密码正确，则系统根据用户的“权限”分别进入“管理员窗体”和“用户窗体”；如果用户名或密码输入错误，则给出相应的提示信息。密码表中的字段均为短文本类型，数据如下图所示。

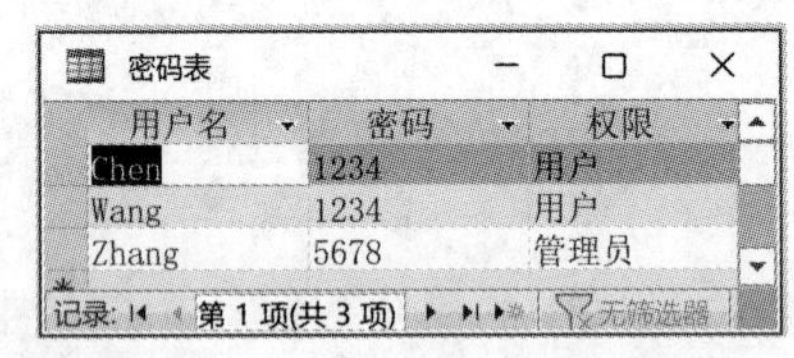

用户名	密码	权限
Chen	1234	用户
Wang	1234	用户
Zhang	5678	管理员

单击“登录”按钮后相关的事件代码如下，请补充完整。

```
Private Sub login_Click()
    Dim str As String
    Dim rs As New ADODB.Recordset
    Dim fd As ADODB.Field
    Set cn=CurrentProject.Connection
    logname=Trim(Me!username)
    pass=Trim(Me!pass)
    If Len(Nz(logname))=0 Then
        MsgBox "请输入用户名"
    ElseIf Len(Nz(pass))=0 Then
        MsgBox "请输入密码"
    Else
        str="select * from 密码表 where 用户名='" & logname & "'and 密码='" & pass
&"'"
        rs.Open str, cn, adOpenDynamic, adLockOptimistic, adCmdText
        If ________ Then
            MsgBox "没有这个用户名或密码输入错误,请重新输入"
            Me.username=" "
```

```
            Me.pass=" "
        Else
            Set ________=rs.Fields("权限")
            If fd="管理员" Then
                DoCmd.Close
                DoCmd.OpenForm "管理员窗体"
                MsgBox "欢迎您,管理员"
            Else
                DoCmd.Close
                DoCmd.OpenForm "用户窗体"
                MsgBox "欢迎使用会员管理系统"
            End If
        End If
    End If
End Sub
```

15. “学生成绩”表含有字段(学号,姓名,数学,外语,专业,总分)。下列程序的功能是:计算每名学生的总分(总分=数学+外语+专业)。请在程序空白处填入适当语句,使程序实现所需功能。

```
Private Sub Command1_Click()
    Dim cn As New ADODB.Connection
    Dim rs As New ADODB.Recordset
    Dim zongfen As ADODB.Field
    Dim shuxue As ADODB.Field
    Dim waiyu As ADODB.Field
    Dim zhuanye As ADODB.Field
    Dim strSQL As String
    Set cn=CurrentProject.Connection
    strSQL="Select * from 成绩表"
    rs.Open strSQL, cn, adOpenDynamic, adLockOptimistic, adCmdText
    Set zongfen=rs.Fields("总分")
    Set shuxue=rs.Fields("数学")
    Set waiyu=rs.Fields("外语")
    Set zhuanye=rs.Fields("专业")
    Do While ________
        zongfen=shuxue+waiyu+zhuanye
        ________
        rs.MoveNext
    Loop
    rs.Close
    cn.Close
    Set rs=Nothing
    Set cn=Nothing
End Sub
```

16. 窗体的计时器事件触发的时间间隔是通过________属性设置的。

【第6章】

（一）单选题

1. 下列关于报表的叙述中，正确的是（　　）。

A. 报表只能输入数据　　B. 报表只能输出数据

C. 报表可以输入和输出数据　　D. 报表不能输入或输出数据

2. 可作为报表记录源的是（　　）。

A. 表　　B. 查询　　C. Select 语句　　D. 以上都可以

3. 要实现报表的分组统计，其操作区域是（　　）。

A. 报表页眉或报表页脚　　B. 页面页眉或页面页脚

C. 主体　　D. 组页眉或组页脚

4. 报表页眉通常用来显示（　　）。

A. 标题　　B. 表中数据　　C. 分组名称　　D. 汇总说明

5. 在使用报表设计视图设计报表时，如果要统计报表中某个字段的全部数据，应将计算表达式放在（　　）。

A. 组页眉/组页脚　　B. 页面页眉/页面页脚

C. 报表页眉/报表页脚　　D. 主体

6. 若要在报表每一页底部都输出信息，需要设置的是（　　）。

A. 页面页脚　　B. 报表页脚　　C. 页面页眉　　D. 报表页眉

7. 要在报表中输出时间，设计报表时要添加一个控件，且需要将该控件的“控件来源”属性设置为时间表达式。最合适的控件是（　　）。

A. 标签　　B. 组合框　　C. 列表框　　D. 文本框

8. 在报表设计的工具栏中，用于修饰版面以达到更好显示效果的控件是（　　）。

A. 直线和矩形　　B. 直线和圆形　　C. 直线和多边形　　D. 矩形和圆形

9. 在报表设计时，如果只在报表最后一页的主体内容之后输出规定的内容，则需要设置的是（　　）。

A. 报表页眉　　B. 报表页脚　　C. 页面页眉　　D. 页面页脚

10. 在报表的视图中，能够预览显示结果，又能够对控件进行调整的视图是（　　）。

A. 设计视图　　B. 报表视图　　C. 布局视图　　C. 打印视图

11. 在报表中，若要得到“数学”字段的最高分，应将控件的“控件来源”属性设置为（　　）。

A. =Max([数学])　　B. =Max["数学"]

C. =Max[数学]　　D. =Max "[数学]"

（二）填空题

1. 报表设计中，通常通过在组页眉或组页脚中创建________控件来显示记录的分组汇总数据。

2. 显示表中数据的控件通常放在________节中。

3. 报表数据输出不可缺少的内容是________节。

4. 要在报表上显示格式为“4/总 15 页”的页码，则计算控件的控件来源应设置为________。

【第 7 章】

（一）单选题

1. 不能够使用宏的数据库对象是(　　)。
   A. 数据表　　B. 窗体　　C. 宏　　D. 报表
2. 在下列关于宏和模块的叙述中，正确的是(　　)。
   A. 模块是能够被程序调用的函数
   B. 通过定义宏可以选择或更新数据
   C. 宏和模块都不能是窗体或报表上的事件代码
   D. 宏是独立的数据库对象，可以提供独立的操作
3. 下列操作中，适宜使用宏的是(　　)。
   A. 修改数据表结构　　B. 创建自定义过程
   C. 打开或关闭窗体　　D. 处理报表中的错误
4. 某窗体中有一命令按钮，在窗体视图中单击此命令按钮打开另一个窗体，需要执行的宏操作是(　　)。
   A. OpenQuery　　B. OpenReport
   C. OpenWindow　　D. OpenForm
5. 宏操作 QuitAccess 的功能是(　　)。
   A. 关闭表　　B. 退出宏
   C. 退出查询　　D. 退出 Access
6. 要限制宏命令的操作条件，可以在创建宏时定义(　　)。
   A. 宏操作对象　　B. 宏条件表达式
   C. 窗体或报表控件属性　　D. 宏操作目标
7. 在宏的参数中，要引用窗体 F1 上 Text1 文本框的值，应该使用的表达式是(　　)。
   A. [Forms]![F1]![Text1]　　B. Text1
   C. [F1].[Text1]　　D. [Forms][Fl][Text1]
8. 宏操作不能处理的是(　　)。
   A. 打开报表　　B. 对错误进行处理
   C. 显示提示信息　　D. 打开和关闭窗体
9. 打开查询的宏操作是(　　)。
   A. OpenForm　　B. OpenQuery
   C. Open　　D. OpenModule

（二）填空题

1. ________是一个或多个操作的集合。

2. 某窗体中有一命令按钮，在窗体视图中单击此命令按钮打开一个报表，需要执行的宏操作是________。

3. 如果希望按指定条件执行宏中的一个或多个操作，这类宏称为________。

4. 可以通过多种方法执行宏：在其他宏中调用该宏；在 VBA 程序中调用该宏；________发生时触发该宏。

5. 如果要建立一个宏，希望执行该宏后，首先打开一个表，然后打开一个窗体，那么在该宏中应该使用________和________两个操作命令。

6. 由多个操作构成的宏，执行时是按________依次执行的。

7. 打开数据库时自动运行的宏，必须命名为________。

二、综合理论习题

（习题来源于2016—2023年全国计算机等级考试二级Access客观题）

【综合理论1】

1. Access是(　　)数据库管理系统。
   A. 层次　　B. 网状　　C. 关系型　　D. 树状
2. 假定姓名是短文本型字段，则查找姓"李"的学生应该使用(　　)。
   A. 姓名 like "李"　　B. 姓名 like "[! 李]"
   C. 姓名 ="李 * "　　D. 姓名 Like "李 * "
3. 子句 where 性别="女" and 工资额＞20000 的作用是处理(　　)。
   A. 性别为"女"并且工资额大于20000的记录
   B. 性别为"女"或者工资额大于20000的记录
   C. 性别为"女"并且非工资额大于20000的记录
   D. 性别为"女"或者工资额大于20000的记录，且二者择一的记录
4. 在Access中，表和数据库的关系是(　　)。
   A. 一个数据库可以包含多个表　　B. 一个表只能包含2个数据库
   C. 一个表可以包含多个数据库　　D. 一个数据库只能包含一个表
5. 在以下叙述中，正确的是(　　)。
   A. Access 2021只能使用系统菜单创建数据库应用系统
   B. Access 2021不具备程序设计能力
   C. Access 2021只具备了模块化程序设计能力
   D. Access 2021具有面向对象的程序设计能力
6. 描述若干操作的组合的是(　　)。
   A. 表　　B. 查询　　C. 窗体　　D. 宏
7. 一个关系对应一个(　　)。
   A. 二维表　　B. 关系模式　　C. 记录　　D. 属性
8. 检查字段中的输入值不合法时，提示的信息是(　　)。
   A. 默认值　　B. 有效性规则　　C. 有效性文本　　D. 索引
9. 下列哪个表最能保证数据的安全？(　　)
   A. 基本表　　B. 查询表　　C. 视图　　D. 物理表
10. 引入类、对象等概念的数据库是(　　)。
    A. 分布式数据库　　B. 面向对象数据库
    C. 多媒体数据库　　D. 数据仓库

11. 查找不姓张的学生,用到的表达式是(　　)。

A. not like "张 * "　　　　B. not like "张?"

C. not like "张 # "　　　　D. not like "张 $ "

12. 运算级别最高的运算符是(　　)。

A. 算术　　B. 关系　　C. 逻辑　　D. 字符

13. 既可以直接输入文字,又可以从列表中选择输入项的控件是(　　)。

A. 选项框　　B. 文本框　　C. 组合框　　D. 列表框

14. 下列不属于窗口事件的是(　　)。

A. 打开　　B. 关闭　　C. 删除　　D. 加载

15. 根据关系模型 Students(学号,姓名,性别,专业),下列 SQL 语句中有错误的是(　　)。

A. SELECT * FROM Students WHERE 专业＝"计算机"

B. SELECT * FROM Students WHERE 1 ＜＞ 1

C. SELECT * FROM Students WHERE "姓名"＝李明

D. SELECT * FROM Students WHERE 专业＝"计算机"&"科学"

16. 根据关系模型 Students(学号,姓名,性别,专业,成绩),查找成绩在 80 与 90 分之间的学生应使用(　　)。

A. SELECT * FROM Students WHERE 80＜成绩＜90

B. SELECT * FROM Students WHERE 80＜成绩 OR 成绩＜90

C. SELECT * FROM Students WHERE 80＜成绩 AND 成绩＜90

D. SELECT * FROM Students WHERE 成绩 IN(80,90)

17. 若取得“学生”数据表的所有记录及字段,其 SQL 语法应是(　　)。

A. select * from 学生

B. select * from 学生 where 12＝12

C. select * from 学生 where 学号＝12

D. 以上皆非

18. 在查询中,默认的字段显示顺序是(　　)。

A. 在表的“数据表视图”中显示的顺序

B. 添加时的顺序

C. 按照字母顺序

D. 按照文字笔画顺序

19. 在 SQL 查询语句中,"DELETE FROM Teacher WHERE 工资＞11150　AND 年龄＞40"的意思是(　　)。

A. 删除 Teacher 表中工资大于 11150 并且年龄大于 40 的记录

B. 删除 Teacher 表中工资大于 11150 或者年龄大于 40 的记录

C. 删除 Teacher 表中的记录,但是保留工资大于 11150 并且年龄大于 40 的记录

D. 删除 Teacher 表中的记录,但是保留工资大于 11150 或者年龄大于 40 的记录

20. 根据关系模型 Teacher(编号,职称),下列 SQL 语句正确的是(　　)。

A. INSERT INTO Teacher(编号,职称) VALUES("070041","助教")

B. INSERT INTO Teacher("070041","助教") VALUES(编号,职称)

C. INSERT INTO VALUES(编号,职称) Teacher("070041","助教")

D. INSERT INTO VALUES("070041","助教") Teacher(编号,职称)

21. 在 SQL 查询语句中,下列说法正确的是(　　)。

A. UPDATE 命令中必须有 FROM 关键字

B. UPDATE 命令中可以没有 WHERE 关键字

C. UPDATE 命令中可以没有 SET 关键字

D. UPDATE 命令中必须有 INTO 关键字

22. 要显示格式为"页码/总页数"的页码,应当设置文本框控件的控件来源属性为(　　)。

A. [Page]/[Pages]　　　　B. =[Page]/[Pages]

C. [Page]&"/"&[Pages]　　　　D. =[Page]&"/"&[Pages]

23. 在宏的条件表达式中,要引用"rptT"报表上名为"txtName"控件的值,可以使用的引用表达式是(　　)。

A. Reports!rptT!txtName　　　　B. Report!txtName

C. rptT!txtName　　　　D. txtName

24. 已定义有参函数 f(m),其中形参 m 是整型量。下面调用该函数,传递实参为 5,将返回的函数数值赋给变量 t。以下正确的是(　　)。

A. t=f(m)　　B. t=Call f(m)　　C. t=f(5)　　D. t=Call f(5)

25. Access 通过数据访问页可以发布的数据(　　)。

A. 只能是静态数据　　　　B. 只能是数据库中保持不变的数据

C. 只能是数据库中变化的数据　　　　D. 是数据库中保存的数据

26. 已知程序段:

```
s=0
For i=1 To 10 Step 2
    s=s+1
    i=i * 2
Next i
```

当循环结束后,变量 i 的值为(　　),变量 s 的值为(　　)。

A. 10　　4　　　　B. 11　　3

C. 22　　3　　　　D. 16　　4

27. 以下可以得到"2 * 5=10"结果的 VBA 表达式为(　　)。

A. "2 * 5" & "=" & 2 * 5　　　　B. "2 * 5"+"="+2 * 5

C. 2 * 5 & "=" & 2 * 5　　　　D. 2 * 5+"="+2 * 5

28. 若要求在文本框中输入文本时达到密码" * "号的显示效果,则应设置的属性是(　　)。

A. "默认值"属性　　　　B. "标题"属性

C. "密码"属性　　　　D. "输入掩码"属性

29. 现有一个已经建好的窗体,窗体中有一命令按钮,单击此按钮,将打开"tEmployee"表。如果采用 VBA 代码完成,下面语句正确的是(　　)。

A. docmd. openform "tEmployee"　　B. docmd. openview "tEmployee"
C. docmd. opentable "tEmployee"　　D. docmd. openreport "tEmployee"

30. 语句 Dim NewArray(10) As Integer 的含义是(　　)。
A. 定义了一个整型变量且初值为 10　　B. 定义了 10 个整数构成的数组
C. 定义了 11 个整数构成的数组　　D. 将数组的第 10 个元素设置为整型

【综合理论 2】

1. 在 Access 中,数据库的基础和核心是(　　)。
A. 表　　B. 查询　　C. 窗体　　D. 宏

2. 如果字段“成绩”的取值范围为 0～100,则错误的有效性规则是(　　)。
A. ＞＝0 and ＜＝100　　B. [成绩]＞＝0 and [成绩]＜＝100
C. 成绩＞＝0 and 成绩＜＝100　　D. 0＜＝[成绩]＜＝100

3. 在 Access 的下列数据类型中,不能建立索引的数据类型是(　　)。
A. 短文本型　　B. 长文本型　　C. 数字型　　D. 日期/时间型

4. Access 数据库管理系统依赖于(　　)操作系统。
A. DOS　　B. Windows　　C. Unix　　D. Linux

5. 数据类型是(　　)。
A. 字段的另一种说法
B. 决定字段能包含哪类数据的设置
C. 一类数据库应用程序
D. 一类用来描述 Access 表向导允许从中选择的字段名称

6. Microsoft 公司面向高端的 DBMS 是(　　)。
A. ACCESS　　B. SQL SERVER　　C. ORACLE　　D. MySQL

7. 唯一确定一条记录的某个属性组是(　　)。
A. 关键字　　B. 关系模式　　C. 记录　　D. 属性

8. 用于在窗体和报表中取代字段中值的是(　　)。
A. 默认值　　B. 标题　　C. 有效性文本　　D. 索引

9. 下列哪个不能保存在数据库文件中?(　　)
A. 表　　B. 页　　C. 查询　　D. 窗体

10. 不属于数据库发展过程的是(　　)。
A. 人工管理阶段　　B. 文件系统阶段
C. 数据库系统阶段　　D. 智能数据库

11. 返回 1999 年 12 月 1 日这一天所在年份的表达式是(　　)。
A. year(12/1/1999)　　B. year("12/1/1999")
C. year(％12/1/1999％)　　D. year(＃12/1/1999＃)

12. 下列哪个能得到“abc1234”?(　　)

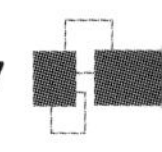

A. "abc"&"1234"　　B. "abc"@"1234"

C. "abc"$"1234"　　D. "abc"#"1234"

13. 下面关于列表框和组合框的叙述正确的是(　　)。

A. 列表框和组合框可以包含一列或几列数据

B. 可以在列表框中输入新值,而组合框不能

C. 可以在组合框中输入新值,而列表框不能

D. 在列表框和组合框中均可以输入新值

14. 窗体有三种视图,分别为"设计视图"、"窗体视图"和"(　　)"。

A. 报表视图　　B. 数据表视图　　C. 查询视图　　D. 大纲视图

15. 根据关系模型 Students(学号,姓名,性别,专业),下列 SQL 语句正确的是(　　)。

A. SELECT * FROM Students WHERE "姓名"= 李明

B. SELECT COUNT(*) FROM Students GROUP BY 性别 WHERE 专业= "计算机"

C. SELECT * FROM Students ORDER BY 学号 DESC

D. SELECT * DISTINCT 专业 FROM Students

16. 根据关系模型 Students(学号,姓名,性别,出生年月),统计学生的平均年龄应使用(　　)。

A. SELECT COUNT() AS 人数,AVG(YEAR(出生年月)) AS 平均年龄 FROM Students

B. SELECT COUNT(*) AS 人数,AVG(YEAR(出生年月)) AS 平均年龄 FROM Students

C. SELECT COUNT(*) AS 人数,AVG(YEAR(DATE())-YEAR(出生年月)) AS 平均年龄 FROM Students

D. SELECT COUNT() AS 人数,AVG(YEAR(DATE())-YEAR(出生年月)) AS 平均年龄 FROM Students

17. 在 SQL 查询语句中,下列说法正确的是(　　)。

A. SELECT 命令中必须有 FROM 关键字

B. SELECT 命令中必须有 WHERE 关键字

C. SELECT 命令中必须有 GROUP 关键字

D. SELECT 命令中必须有 ORDER 关键字

18. 建立一个基于"学生"表的查询,要查找"出生日期"(数据类型为日期/时间型)在1980-06-06 和 1980-07-06 间的学生,在"出生日期"对应列的"条件"行中应输入的表达式是(　　)。

A. between 1980-06-06 and 1980-07-06

B. between #1980-06-06# and #1980-07-06#

C. between 1980-06-06 or 1980-07-06

D. between #1980-06-06# or #1980-07-06#

19. 在 SQL 查询语句中,下列说法正确的是(　　)。

A. 一个 UPDATE 命令一次只能对一个表进行修改

B. 一个 UPDATE 命令同时能对多个表进行修改

C. UPDATE 命令不能对表进行修改

D. 以上说法均不正确

20. 根据关系模型 Teacher(编号,姓名),下列语句能完成插入一条新记录的是(　　)。

A. INSERT INTO Teacher VALUES("070044","付强")

B. INSERT INTO Teacher(学号,姓名)

C. INSERT ("070044","付强") INTO Teacher

D. INSERT (学号,姓名) INTO Teacher

21. 能够使用"输入掩码向导"创建输入掩码的字段类型是(　　)。

A. 数字和日期/时间　　B. 短文本和货币

C. 短文本和日期/时间　　D. 数字和短文本

22. 如果设置报表上某个文本框的控件来源属性为"＝7 Mod 4",则打印预览视图中,该文本框显示的信息为(　　)。

A. 未绑定　　B. 3　　C. 7 Mod 4　　D. 出错

23. 以下关于 VBA 运算符优先级的比较,正确的是(　　)。

A. 算术运算符＞逻辑运算符＞关系运算符

B. 逻辑运算符＞关系运算符＞算术运算符

C. 算术运算符＞关系运算符＞逻辑运算符

D. 以上均是错误的

24. 为窗体上的控件设置 Tab 键的顺序,应选择属性表中的(　　)。

A. 格式选项卡　　B. 数据选项卡　　C. 事件选项卡　　D. 其他选项卡

25. 报表页脚的内容只在报表的(　　)打印输出。

A. 第一页顶部　　B. 每页顶部

C. 最后一页数据末尾　　D. 每页底部

26. VBA 中不能进行错误处理的语句结构是(　　)。

A. On Error Then 标号　　B. On Error Goto 标号

C. On Error Resume Next　　D. On Error Goto 0

27. 假定窗体的名称为 fmTest,则把窗体的标题设置为"Access Test"的语句是(　　)。

A. Me＝"Access Test"　　B. Me.Caption＝"Access Test"

C. Me.Text＝"Access Test"　　D. Me.Name＝"Access Test"

28. 窗体上添加有 3 个命令按钮,分别命名为 Command1、Command2 和 Command3。编写 Command1 的单击事件过程,完成的功能为:当单击按钮 Command1 时,按钮 Command2 可用,按钮 Command3 不可见。以下正确的是(　　)。

A.
```
Private Sub Command1_Click()
        Command2.Visible＝True
        Command3.Visible＝False
    End Sub
```

B.
```
Private Sub Command1_Click()
        Command2.Enabled＝True
```

        Command3.Enabled=False
    End Sub

C. Private Sub Command1_Click()
        Command2.Enabled=True
        Command3.Visible=False
    End Sub

D. Private Sub Command1_Click()
        Command2.Visible=True
        Command3.Enabled=False
    End Sub

29. 在窗体上添加一个命令按钮,名为 Command1,然后编写如下事件过程:

```
Private Sub Command1_Click()
For i=1 To 4
    x=4
    For j=1 To 3
        x=3
        For k=1 To 2
            x=x+6
        Next k
    Next j
Next i
MsgBox x
End Sub
```

打开窗体后,单击命令按钮,消息框的输出结果是(　　)。

A. 7　　B. 15　　C. 157　　D. 538

30. 若设置字段的输入掩码为"####-######",该字段正确的输入数据是(　　)。

A. 0755-123456　　B. 0755-abcdef

C. abcd-123456　　D. ####-######

【综合理论 3】

1. 不是数据库系统特点的是(　　)。

A. 较高的数据独立性　　B. 最低的冗余度

C. 数据多样性　　D. 较好的数据完整性

2. 在一个单位的人事数据库,字段"简历"的数据类型应当为(　　)。

A. 短文本型　　B. 数字型　　C. 日期/时间型　　D. 长文本型

3. 内部计算函数 SUM(字段名)的作用是求同一组中所在字段内所有值的(　　)。

A. 和　　B. 平均值　　C. 最小值　　D. 第一个值

4. 如果在创建表中建立字段"基本工资额",其数据类型应当为(　　)。

A. 短文本类型　　B. 货币类型　　C. 日期类型　　D. 数字类型

5. 定义某一个字段的默认值的作用是(　　)。

A. 当数据不符合有效性规则时所显示的信息

B. 不允许字段的值超出某个范围

C. 在未输入数值之前,系统自动提供数值

D. 系统自动把小写字母转换成大写字母

6. 用户和数据库交互的界面是(　　)。

A. 表　　B. 查询　　C. 窗体　　D. 报表

7. 如果在创建表中建立需要禁止四舍五入的字段,其数据类型应当为(　　)。

A. 数字类型　　B. 长文本类型　　C. 货币类型　　D. OLE 类型

8. 检查字段中的输入值是否合法的是(　　)。

A. 默认值　　B. 有效性规则　　C. 有效性文本　　D. 索引

9. 下列哪个不是关系的类型?(　　)

A. 基本表　　B. 查询表　　C. 视图　　D. 逻辑表

10. 强调研究如何存储和使用,具有海量数据量的是(　　)。

A. 分布式数据库　　B. 面向对象数据库

C. 多媒体数据库　　D. 数据仓库

11. 在 Access 中,与 like 一起用的时候,代表 0 个或者多个字符的是(　　)。

A. *　　B. ?　　C. #　　D. $

12. 表示取余数的是(　　)。

A. /　　B. mod　　C. \　　D. ≈

13. 以下不是数据库特征的是(　　)。

A. 数据独立性　　B. 最低的冗余度　　C. 逻辑性　　D. 数据完整性

14. 下列有关选项组的叙述正确的是(　　)。

A. 如果选项组结合到某个字段,实际上是组框架内的复选框、选项按钮或切换按钮结合到该字段上

B. 选项组中的复选框可选可不选

C. 使用选项组,只要单击选项组中所需的值,就可以为字段选定数据值

D. 以上说法都不对

15. 假设已在 Access 中建立了包含“书名”、“单价”和“数量”三个字段的“tOfg”表,以该表为数据源创建的窗体中,有一个计算订购总金额的文本框,其控件来源为(　　)。

A. [单价]*[数量]

B. =[单价]*[数量]

C. [图书订单表]![单价]*[图书订单表]![数量]

D. =[图书订单表]![单价]*[图书订单表]![数量]

16. 根据关系模型 Students(学号,姓名,性别,专业),查找专业中含有“计算机”的学生应使用(　　)。

A. SELECT * FROM Students WHERE 专业 Like "计算机*"

B. SELECT * FROM Students WHERE 专业 Like "*计算机*"

C. SELECT * FROM Students WHERE 专业="计算机*"

D. SELECT * FROM Students WHERE 专业=="*计算机*"

17. 在 Access 的数据库中建立了"tBook"表，若查找"图书编号"是"112266"和"113388"的记录，应在查询设计视图的条件行中输入(　　)。

A. "112266" and "113388"　　B. not in("112266","113388")

C. in("112266","113388")　　D. not("112266" and "113388")

18. 在 SQL 查询语句中，下列说法不正确的是(　　)。

A. INNER JOIN 关键字不能分开使用

B. INNER JOIN 关键字的作用是连接两个表

C. INNER JOIN 关键字必须与 WHERE 关键字联合使用

D. INNER JOIN 关键字仅仅表示一种连接方式

19. 在产品数据库表中，若上调产品价格，最方便的方法是使用(　　)。

A. 追加　　B. 更新　　C. 删除　　D. 生成表查询

20. 在 SQL 查询语句中，下列说法不正确的是(　　)。

A. UPDATE 命令用于更新表中的记录

B. INSERT 命令用于在表中插入一条新记录

C. DELETE 命令用于删除表

D. SELECT 命令用于查询表中的记录

21. 在 SQL 查询中使用 WHILE 子句指出的是(　　)。

A. 查询目标　　B. 查询结果　　C. 查询视图　　D. 没有这个子句

22. 在报表每一页的底部都输出信息，需要设置的区域是(　　)。

A. 报表页眉　　B. 报表页脚　　C. 页面页眉　　D. 页面页脚

23. 为窗体或报表上的控件设置属性值的宏操作是(　　)。

A. Beep　　B. Echo　　C. MsgBox　　D. SetValue

24. 定义一个二维数组 A(2 to 5,5)，该数组的元素个数为(　　)。

A. 20　　B. 24　　C. 25　　D. 36

25. VBA 中定义符号常量可以用关键字(　　)。

A. Const　　B. Dim　　C. Public　　D. Static

26. 要设置在报表每一页的底部都输出的信息，需要设置(　　)。

A. 报表页眉　　B. 报表页脚　　C. 页面页眉　　D. 页面页脚

27. 假定有以下两个过程：

```
Sub S1(ByVal x As Integer, ByVal y As Integer)
    Dim t As Integer
    t=x
    x=y
    y=t
End Sub
Sub S2(x As Integer, y As Integer)
    Dim t As Integer
    t=x
    x=y
```

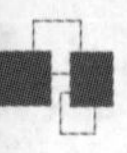


```
    y=t
End Sub
```

则以下说法中正确的是(　　)。

A. 用过程 S1 可以实现交换两个变量的值的操作,S2 不能实现

B. 用过程 S2 可以实现交换两个变量的值的操作,S1 不能实现

C. 用过程 S1 和 S2 都可以实现交换两个变量的值的操作

D. 用过程 S1 和 S2 都不能实现交换两个变量的值的操作

28. 假定有以下程序段:

```
n=0
for i=1 to 3
    for j=-4 to -1
        n=n+1
    next j
next i
```

运行完毕后,n 的值是(　　)。

A. 0　　B. 3　　C. 4　　D. 12

29. 假定有如下的 Sub 过程:

```
Sub sfun(x As Single, y As Single)
    t=x
    x=t/y
    y=t Mod y
End Sub
```

在窗体上添加一个命令按钮(名为 Command1),然后编写如下事件过程:

```
Private Sub Command1_Click()
    Dim a as single
    Dim b as single
    a=5
    b=4
    sfun a,b
    MsgBox a & chr(10)+chr(13) & b
End Sub
```

打开窗体运行后,单击命令按钮,消息框的两行输出内容分别为(　　)。

A. 1 和 1　　B. 1.25 和 1　　C. 1.25 和 4　　D. 5 和 4

30. 假设有一组数据:工资为 8000 元,职称为"讲师",性别为"男"。在下列逻辑表达式中结果为"假"的是(　　)。

A. 工资>8000 AND 职称="助教" OR 职称="讲师"

B. 性别="女" OR NOT 职称="助教"

C. 工资=8000 AND (职称="讲师" OR 性别="女")

D. 工资>8000 AND (职称="讲师" OR 性别="男")

三、综合实践习题

【综合实践 1】

（一）基本操作题

在“综合实践 1\1”文件夹下，存在一个数据库文件“教学管理系统.accdb”和一个 Excel 文件“专业. xls”。在数据库文件中已经建立了一个表对象“学生”。具体操作如下：

1. 分析“学生”表的字段构成，判断并设置其主键。

2. 在“学生”表的“民族”和“班级”字段之间增加一个新字段，字段名称为“政治面貌”，数据类型为短文本，字段大小为 2；在最后增加字段名称“身高”，数据类型为单精度型数字，固定显示小数点后两位。

3. 删除“学生”表中的“家庭电话”字段，并为该表的“省份”字段设置相关属性，实现输入时通过下拉列表选择“江苏”“河北”“山东”或手工输入。

4. 向“学生”表中输入数据有如下要求：“政治面貌”字段的默认值为“团员”，且保证只能输入“团员”或“党员”，输入错误时提示“只能输入"党员"或"团员"”。设置相关属性以实现这些要求。

5. 将文件夹下的“院系. xls”文件导入到“教学管理系统.accdb”数据库文件中，表名不变，分析该表的字段构成，判断并设置其主键；设置表的相关属性，保证输入的“计划最低人数”字段值低于“计划最高人数”字段值，当输入的数据违反有效性规则时，提示“最低人数值必须低于最高人数值”。

6. 建立“院系”表与“学生”表之间的关系，使得院系表中主键更新时自动更新学生表中对应字段。

（二）简单应用题

在“综合实践 1\2”文件夹下，存在一个数据库文件“教学管理系统.accdb”。在数据库文件中已经建立了一个表对象“学生”。请按以下要求完成设计：

1. 创建一个查询，查找并显示所有学生的“学院名称”“姓名”“班级”“性别”“出生日期”5 个字段内容，将查询命名为 qT1。

2. 创建一个查询，查找“班级”字段包含“计算机”且性别为“男”的记录，并显示“姓名”“班级”“学院名称”3 个字段内容，将查询命名为 qT2。

3. 创建一个查询，统计每个学院的总人数及男女生人数及比例。显示“学院”“总人数”“男生人数”“女生人数”“男女比例”列，将查询命名为 qT3。其中，男女比例＝男生人数/女生人数，保留小数点后 2 位。

4. 以表对象“学生”“学院”为数据源创建一个交叉表查询，统计并显示每个学院的总人数及各省份学生的人数。行标题为“学院”，列标题为“省份”，所建查询命名为 qT4。

（三）综合应用题

在“综合实践 1\3”文件夹下，存在一个数据库文件“综合实践 1-3.accdb”，里面已经设计好表对象“t 学生”、查询对象“q 学生”、窗体对象“f 学生”和子窗体对象“f 详情”，同时还设计出以“q 学生”为数据源的报表对象“r 学生”。请在此基础上按照以下要求补充“f 学生”窗体和“r 学生”报表的设计：

1. 在报表的报表页眉节区位置添加一个标签控件，其名称为 bTitle，标题显示为“党员学生基本信息表”；将名称为 tSex 的文本框控件的输出内容设置为“性别”字段值；在报表页脚节区添加一个标签控件和计算控件，标签控件显示“总人数”，计算控件名称为 tCount，内容为学生的总数。

2. 将“f 学生”窗体对象主体节中控件的 Tab 键焦点移动顺序设置为：CItem→TxtDetail→CmdRefer→CmdList→CmdClear→fDetail→“简单查询”。

3. 在窗体加载事件中，实现重置窗体标题为标签 tTitle 的标题内容。

4. 根据以下窗体功能要求，对已给的事件过程进行代码补充，并运行调试。

在窗体中有一个组合框控件和一个文本框控件，名称分别为 CItem 和 TxtDetail；有两个标签控件，名称分别为 Label3 和 Ldetail；还有三个命令按钮，名称分别为 CmdList、CmdRefer 和 CmdClear。在 CItem 组合框中选择某一项目后，Ldetail 标签控件将显示出所选项目名加上“内容：”。在 TxtDetail 文本框中输入具体项目值后，单击 CmdRefer 命令按钮，如果 CItem 和 TxtDetail 两个控件中均有值，则在子窗体中显示找出的相应记录；如果两个控件中没有值，显示提示框，提示框标题为“注意”，提示文字为“查询项目或查询内容不能为空!!!”，提示框中只有一个“确定”按钮。单击 CmdList 命令按钮，在子窗体中显示“t 学生”表中的全部记录；单击 CmdClear 命令按钮，将清空控件 CItem 和 TxtDetail 中的值。

注意：不允许修改窗体对象“f 学生”和子窗体对象“f 详情”中未涉及的控件、属性和任何 VBA 代码；不允许修改报表对象“r 学生”中已有的控件和属性；不允许修改表对象“t 学生”和查询对象“q 学生”。只允许在“*****Add*****”与“*****Add*****”之间的空行内补充一条代码语句，完成设计，不允许增删和修改其他位置已存在的语句。

【综合实践 2】

（一）基本操作题

在“综合实践 2\1”文件夹下，存在一个数据库文件“综合实践 2-1.accdb”和一个 Excel 文件“教师 2. xlsx”以及一个图片文件 020001.bmp，数据库文件中已建立两个表对象“教师”和“学院”。试按以下要求完成各种操作：

1. 设置表对象“教师”的“工作日期”字段验证规则为 1970 年(含)以后的日期；同时设置相应验证文本为“请输入有效日期”；设置表对象“教师”的工作日期字段的默认值为：基于系统日期的来年 1 月 1 日。

2. 将表对象“教师”中编号为 020001 的员工的照片字段值替换为文件夹下的图像文件

020001.bmp 数据。

3. 删除教师表中姓名字段含有“兰”字的记录；隐藏表对象“教师”的“工资”字段。

4. 查找学院编号“04”的学历为“本科”的教师，将其“工号”字段首字符更改为“4”。

5. 删除表对象“教师”和“学院”之间已建立的错误表间关系，重新建立正确关系。

6. 将文件夹下 Excel 文件“教师 2.xlsx”中的数据导入到当前数据库的“教师”表中，并去除重复记录。

（二）简单应用题

在“综合实践 2\2”文件夹下，存在一个数据库文件“综合实践 2-2.accdb”，数据库文件中已建立三个关联表对象“学生”、“课程”和“选课”。试按以下要求完成设计：

1. 创建一个查询，查找并显示少数民族学生男女学生各自人数，字段显示标题为“性别”和“人数”，所建查询命名为 qT1。要求用学号字段来统计人数。

2. 创建一个查询，查找上半年出生的学生的选课记录，并显示“姓名”和“课程名称”两个字段内容，所建查询命名为 qT2。

3. 创建一个查询，显示所有学生选课的总学分信息(成绩大于或等于 60 分才获得对应学分)。输出其“学号”、“姓名”和“总学分”三个字段内容，所建查询命名为 qT3。

4. 创建更新查询，将表对象“学生”中存在不及格(成绩小于 60 分)课程的学生的“需重修”字段值设置为 True，所建查询命名为 qT4，并运行查询。

（三）综合应用题

在“综合实践 2\3”文件夹下，存在一个数据库文件“综合实践 2-3.accdb”，数据库文件中已经设计了表对象“t 学生”、查询对象“q 学生”和窗体对象“f 学生”。同时，给出窗体对象“f 学生”上两个按钮的单击事件代码。具体操作如下：

1. 将窗体“f 学生”上名称为“tSex”的文本框控件改为组合框控件，控件名称不变，标签标题不变。设置组合框控件的相关属性，以实现从下拉列表中选择输入性别值“男”和“女”。

2. 将窗体对象“f 学生”上名称为 tPa 的文本框控件设置为计算控件。要求依据“党员否”字段值显示相应内容。如果“党员否”字段值为 True，显示“党员”两个字；如果“党员否”字段值为 False，显示“非党员”三个字。

3. 补充 VBA 代码，实现 tSex 选择性别后，查询结果显示与 tSex 选择相同性别的数据。

4. 在窗体对象“f 学生”上有“刷新”和“退出”两个命令按钮，名称分别为 bt1 和 bt2。单击“刷新”按钮，窗体记录源改为查询对象“q 学生”；单击“退出”按钮，关闭窗体。请按照 VBA 代码中的指示将代码补充完整。

注意：不允许修改数据库中的表对象“t 学生”；不允许修改查询对象“q 学生”；不允许修改窗体对象“f 学生”中未涉及的控件和属性。程序代码只允许在“*****Add*****”与“*****Add*****”之间的空行内补充一行语句，完成设计，不允许增删和修改其他位置已存在的语句。

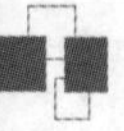

【综合实践 3】

（一）基本操作题

在“综合实践 3\1”文件夹下，存在一个数据库文件“综合实践 3-1.accdb”，数据库文件中已建立两个表对象“教师”和“学院”以及一个报表对象“教师基本信息”。试按以下要求的顺序，完成表及报表的各种操作：

1. 设置“教师”表的职称字段显示为列表框，内容从“教授、副教授、讲师、助教”中选择；有效性规则同样为只能为上述四者之一；同时设置相应有效性文本为“请输入有效职称”。

2. 分析教师的工作年限，将工作年限超过 20 年（含 20 年）的教师“备注”字段的值设置为“老教师”。

3. 将教师“刘晓”的所在学院变更为“人文与艺术学院”。

4. 将“教师”中女教师的信息（学院，工号，姓名，性别，出生日期）导出到数据库相同文件夹下，以文本文件形式保存，命名为“女教师. txt”。要求各数据项间以逗号分隔。

5. 建立表对象“教师”和“学院”的表间关系，并实施参照完整性。

6. 将报表对象“教师基本信息”的记录源设置为表对象“教师”；在报表中“备注”列前增加显示“工作日期”列信息，格式与其他列相符。

（二）简单应用题

在“综合实践 3\2”文件夹下，存在一个数据库文件“综合实践 3-2.accdb”，数据库文件中已建立 6 个表对象：“教师”“学生”“授课”“选课”“课程”“学院”。试按以下要求的顺序，完成表及报表的各种操作：

1. 创建一个查询，运行后会根据教师的出生日期计算并更新到“年龄”列。年龄根据出生日期及当前日期函数进行计算。将查询命名为 qT1。

2. 创建一个查询，按输入的教师姓名查找教师的授课情况，并按“课程名称”字段降序显示“教师姓名”“课程名称”“课程性质”3 个字段的内容，将查询命名为 qT2；当运行该查询时，应显示参数提示信息：“请输入教师姓名”。

3. 创建一个查询，按“课程编号”分类统计最高分成绩与最低分成绩的差，并显示“课程编号”“课程名称”“最高分与最低分的差”内容。其中，最高分与最低分的差由计算得到，将查询命名为 qT3。

4. 创建一个查询，查找教师授课平均成绩排列前 3 位的课程及授课信息，输出其“课程名称”“平均成绩”“教师姓名”三列内容，所建查询命名为 qT4。

5. 创建一个查询，查找计算机学院学生选修人文与艺术学院开设的三门及以上选修课的学生名单，按“姓名”字段升序排列并输出，所建查询命名为 qT5。

（三）综合应用题

在“综合实践 3\3”文件夹下，存在一个数据库文件“综合实践 3-3.accdb”，数据库文件中已经设计了表对象“t 教师”、窗体对象“f 教师”、报表对象“r 教师”和宏对象“m 教师”。同时，给出窗体对象“f 教师”上一个按钮的单击事件代码，试按以下功能要求补充设计：

1. 打开窗体时设置窗体标题为“××××年信息输出”显示，其中“××××”为系统当前年份（要求用相关函数获取），例如“2023 年信息输出”。窗体“打开”事件代码已提供，请补充完整。

2. 调整窗体对象“f 教师”上“退出”按钮（名为 btn2）的大小和位置，要求大小与“报表输出”按钮（名为 btn1）一致，且左边对齐“报表输出”按钮，上边距离“报表输出”按钮 1cm（即 btn2 钮的上边距离 btn1 钮的下边 1cm），请勿变动 btn1 按钮大小及位置。

3. 利用表达式将报表记录数据按照姓氏分组升序排列，同时要求在相关组页眉区域添加一个文本框控件（命名为 tm），设置属性显示姓氏信息，如“陈”“刘”……（这里不用考虑复姓等特殊情况。所有姓名的第一个字符视为其姓氏信息。）

4. 单击窗体“报表输出”按钮（名为 btn1），调用事件代码实现以预览方式打开报表“r 教师”；单击“退出”按钮（名为 btn2），调用设计好的宏“m 教师”来关闭窗体。

注意：不允许修改数据库中的表对象“t 教师”和宏对象“m 教师”；不允许修改窗体对象“f 教师”和报表对象“r 教师”中未涉及的控件和属性。程序代码只允许在“*****Add*****”与“*****Add*****”之间的空行内补充一行语句、完成设计，不允许增删和修改其他位置已存在的语句。

参考答案

章节理论习题

【第1章】

（一）选择题

1～5　CBCDA　6～10　DAABD　11～15　AAACD　16～20　BAADA
21～23　DCB

（二）填空题

1. DBMS　2. 关系　3. 字段　4. 身份证号　5. 课号　6. D
7. .accdb　8. 表　9. 矩形、椭圆、菱形　10. 投影
11. 一对一、一对多、多对多　12. 参照完整性

【第2章】

（一）选择题

1～5　ABCCC　6～10　DCCBC　11～15　BAACB　16～20　DBBDA
21～25　CDDDD　26～30　BADCA　31～35　BBBCD　36～40　ACBBD

（二）填空题

1. 外部关键字　2. L　3. 1　4. 默认值　5. 短文本、数字
6. 有效性规则　7. 长文本　8. 00000000　9. 设计

【第3章】

（一）选择题

1～5　CADAC　6～10　DAACB　11～15　CDBCC　16～20　DCAAA
21～25　ADBDD　26～30　BABBA　31～35　CCABD　36～40　BCABD
41～45　DACCD　46～47　BB

（二）填空题

1. 结构化查询语言　2. Between Date()－20　And Date()　3. ?
4. * From 图书　5. Order By　6. Group By　7. 删除　8. Max()

9. DISTINCT　　10. 参数查询、操作查询

【第 4 章】

（一）选择题

1～5　BACDA　　6～10　ACAAA　　11～15　AACDA　　16～20　CCBCC
21～25　ACCDC　　26～30　DADCB　　31～35　CBADA　　36～40　BAABB
41～45　DAABC

（二）填空题

1. Double　　2. Variant　　3. －4　　4. Len()　　5. 等级考试　　6. 信息
7. 当前日期和时间　　8. 30　　9. 顺序、分支、循环　　10. m＜＝100 或 m＜101
11. －f 或 f*(－1)　　12. 9　　13. j ＞＝ i　　14. 0　　15. 1　　16. BBABAB
17. 21　　18. F＝13　　19. 4　　20. 20　　21. 9　　22. Str 或 CStr
23. x＝7 或 x＞＝7　　24. 20　　25. m＋2　　26. 30

【第 5 章】

（一）选择题

1～5　BBDAA　　6～10　ACBCA　　11～15　BBBDC　　16～20　DDCBB
21～25　DCDCB　　26～30　BBBBD　　31～35　DADCA

（二）填空题

1. 节　　2. 关系　　3. Click　　4. 12　　5. Val(Me!Text1)、End If、Close
6. 55　7. MsgBox、False　　8. 25　　9. 7887　　10. 控件
11. Me. Caption＝"Access 窗体" 或 Form. Caption＝"Access 窗体"
12. C1. ForeColor＝128　　13. 36　　14. rs.eof、fd　　15. Not rs.eof、rs.Update
16. TimerInterval

【第 6 章】

（一）选择题

1～5　BDDAC　　6～11　ADABCA

（二）填空题

1. 文本框　　2. 主体　　3. 主体　　4. ＝[Page] & "/总" & [Pages] & "页"

【第 7 章】

(一) 选择题

1～5　ADCDD　　6～9　BABB

(二) 填空题

1. 宏　　2. OpenReport　　3. 条件宏　　4. 事件　　5. OpenTable、OpenForm
6. 排列次序　　7. AutoExec

综合理论习题

【综合理论 1】

1～5　CDAAD　　6～10　DACCB　　11～15　AACCC
16～20　CBBAA　　21～25　BDACD　　26～30　CADCC

【综合理论 2】

1～5　ADBBB　　6～10　BABBD　　11～15　DACBC
16～20　CABAA　　21～25　CBCDC　　26～30　ABCBA

【综合理论 3】

1～5　CDABC　　6～10　CCBDC　　11～15　ABCCB
16～20　BCCBC　　21～25　DDDBA　　26～30　DBDBD

综合实践习题

说明：本部分的习题为操作题，详细参考答案在本教材附带的电子版教学材料中，读者可以下载【专项习题配套案例\教师版】对应文件夹及其文件。现以【综合实践 1】为例，给出解答题目的操作过程。

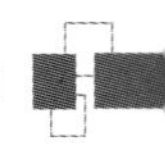

（一）基本操作题

【考点分析】 本题考点：设置主键、添加字段、删除字段，设置默认值及表间关系的建立等。

1.【操作步骤】

步骤1：选中“表”对象，右击“学生”→“设计视图”。

步骤2：选中“产品ID”行，右击该行，在下拉列表中选中“主键”。

2.【操作步骤】

步骤1：右击“班级”，在下拉列表中选中“插入行”。

步骤2：在“字段名称”列输入“政治面貌”，在“数据类型”列的列表中选中“短文本”，在“字段大小”行输入“2”。

步骤2：在末尾空白行“字段名称”列输入“身高”，在“数据类型”列的列表中选中“数字”，在“字段大小”行选择“单精度型”，格式选择“固定”，小数位数填入“2”。

3.【操作步骤】

步骤1：右击“家庭电话”行，在列表中选中“删除行”。

步骤2：在“省份”行的“数据类型”列的列表中选中“查阅向导”，在弹出的对话框中选中“自行键入所需要的值”，单击“下一步”按钮。

步骤3：在弹出的对话框中依次输入“江苏”、“河北”和“山东”，单击“下一步”按钮，然后单击“确定”按钮。

4.【操作步骤】

步骤1：单击“政治面貌”字段行，在“默认值”行中输入“团员”。在“验证规则”行，内容填入“"党员" Or "团员"”。在验证文本行填入“只能输入"党员"或"团员"”。

步骤2：单击“保存”按钮，关闭设计视图。

5.【操作步骤】

步骤1：单击工具栏“文件”→“获取外部数据”→“导入”，在弹出对话框的“查找范围”处找到要导入的文件，然后单击“导入”按钮。单击“下一步”按钮，勾选“第一行包含列标题”，连续单击“下一步”按钮，选择“我自己选择主键”，在其后的下拉列表中选择“学院编号”，单击“下一步”按钮，在“导入到表”文本框中输入“学院”，单击“完成”按钮。

步骤2：右键单击“学院”表对象，选择设计视图，在任意栏按右键选择“属性”打开表属性窗口，在“验证规则”行输入“[计划最高人数]>[计划最低人数]”，在“验证文本”中输入“最低人数值必须低于最高人数值”。关闭并保持设计视图。

6.【操作步骤】

步骤1：单击工具栏“工具”→“关系”→“显示表”，分别选中“学生”表与“学院”表，关闭“显示表”对话框。

步骤2：单击“学生”表中“学院编号”字段，拖动到“学院”表中“学院编号”字段，放开鼠标，在弹出的“编辑关系”对话框中勾选“实施参照完整性”和“级联更新相关字段”，单击“创建”按钮。

步骤3：单击工具栏中“保存”按钮，关闭“关系”界面。

（二）简单应用题

【考点分析】 本题考点：创建条件查询、分组汇总查询、交叉表查询以及一些函数的使用。

1.【操作步骤】

步骤1：选择“创建”菜单，单击“查询设计”按钮。在“显示表”对话框中分别双击“学生”表、“学院”表，关闭“显示表”对话框。确保“学生”表的学院编号列和“学院”表的学院编号列已建立对应关系。

步骤2：分别双击“学院”表中的“学院名称”、学生表中的“班级”、“性别”和“出生日期”字段，将其添加到“字段”行。

步骤3：单击工具栏中的“保存”按钮，另存为“qT1”。切换到数据表视图查看结果是否正确。

2.【操作步骤】

步骤1：选择“创建”菜单，单击“查询设计”按钮。在“显示表”对话框中分别双击“学生”表、“学院”表，关闭“显示表”对话框。确保“学生”表的学院编号列和“学院”表的学院编号列已建立对应关系。

步骤2：分别双击“姓名”“班级”“学院名称”“性别”字段，添加到“字段”行。

步骤3：在“班级”字段的“条件”行输入“Like "计算机 * "”，在“性别”字段的条件行输入“男”，单击“显示”行取消该字段显示。

步骤4：单击工具栏中的“保存”按钮，另存为“qT2”。切换到数据表视图查看结果是否正确。

3.【操作步骤】

步骤1：选择“创建”菜单，单击“查询设计”按钮。在“显示表”对话框中分别双击“学生”表、“学院”表，关闭“显示表”对话框。确保“学生”表的学院编号列和“学院”表的学院编号列已建立对应关系。

步骤2：单击“开始”菜单的“视图”下的三角箭头，再单击“SQL 视图”进入 SQL 编辑视图。

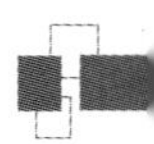

步骤 3：在 SQL 编辑视图中修改 SQL 语句：

```
SELECT 学院.学院名称, Count(学生.学号) AS 总人数, Sum(IIf(学生.性别="男",1,0)) AS 男
生人数, Sum(IIf(学生.性别="女",1,0)) AS 女生人数, round(Sum(IIf(学生.性别="男",1,
0))/Sum(IIf(学生.性别="女",1,0)),2) AS 男女比例
FROM 学生 INNER JOIN 学院 ON 学生.学院编号=学院.学院编号
GROUP BY 学院.学院名称;
```

注意：IIf、round 函数的用法。

步骤 4：单击工具栏中的“保存”按钮，另存为 qT3。切换到数据表视图查看结果是否正确。

4.【操作步骤】

步骤 1：选择“创建”菜单，单击“查询设计”按钮。在“显示表”对话框中双击“学生”及“学院”，关闭“显示表”对话框。确保“学生”表的学院编号列和“学院”表的学院编号列已建立对应关系。

步骤 2：单击菜单栏“设计”→“交叉表”。

步骤 3：将“学院”表的学院名称拖至第一个字段，在“交叉表”行选择“行标题”。

步骤 4：将“学生”表的省份列拖至第二个字段，在“交叉表”行选择“列标题”。

步骤 5：将“学生”表的学号列分别拖至第三、第四个字段。将第三个字段的“字段”行改为“总人数:学号”，将“总计”行改为计数，并将“交叉表”行改为“行标题”。

步骤 6：将第四个字段的“总计”行改为计数，并将“交叉表”行改为值。

步骤 7：单击工具栏中“保存”按钮，另存为 qT4。切换到数据表视图查看结果是否正确。

（三）综合应用题

【考点分析】 本题考点：报表中添加标签、文本框和计算控件及其属性设置、窗体的设计、事件的简单编程。

1.【操作步骤】

步骤 1：选中“报表”对象，右击“r 学生”，在弹出的快捷菜单中选择“设计视图”命令。

步骤 2：选中工具箱中“标签”控件按钮，单击报表页眉处，然后输入“党员学生基本信息表”，单击窗体任一点。

步骤 3：右击“党员学生基本信息表”标签，选择“属性”，单击“全部”选项卡，在“名称”行输入 bTitle。

步骤 4：单击主体部分性别下面的“未绑定”文本框，在右侧属性窗口内的“数据”栏中，找到“控件来源”，下拉选择“性别”。

步骤 5：选中工具箱中“文本框”控件，单击报表页脚节区域内的合适位置，放置 Text 和“未绑定”两个文本框。选中 Text 文本框，将内容修改为“总人数”，单击“未绑定”文本框在右侧属性窗口，选中“全部”选项卡，在“名称”行输入 tCount，在“控件来源”行内输入“＝

Count([学号])”。

步骤 6：保存报表，切换报表视图，检查结果是否正确。

2.【操作步骤】

步骤 1：选中“窗体”对象，右击“f 学生”，在弹出的快捷菜单中选择“设计视图”命令。

步骤 2：在窗体的任意位置右击，在弹出的快捷菜单中选择“Tab 键次序”命令，打开“Tab 键次序”对话框，在“自定义顺序”列表中通过拖动各行来调整 Tab 键的次序。

3.【操作步骤】

步骤 1：在窗体的属性表中，下拉列表中选择“窗体”，在“事件”栏的“加载”行右侧单击按钮，进入代码视图。

步骤 2：在 Form_Load()过程内标明的位置输入语句

```
Form.Caption=tTitle.Caption
```

4.【操作步骤】

步骤 1：在代码视图下，在“cItem_AfterUpdate()”过程内标明位置输入语句

```
Ldetail.Caption=cItem &"内容:"
```

步骤 2：在“CmdList_Click()”过程内标明位置输入语句

```
fDetail.Form.RecordSource="t 学生"
```

步骤 3：在“CmdRefer_Click”过程内标明位置输入语句

```
MsgBox "查询项目或查询内容不能为空!!!",vbOKOnly,"注意"
```

步骤 4：单击工具栏中“保存”按钮，关闭设计视图，测试窗体运行是否正常。